myBook+

W0235728

Ein neues Leseerlebnis

Lesen Sie Ihr Buch online im Browser – geräteunabhängig und ohne Download!

Und so einfach geht's:

- Gehen Sie auf **https://mybookplus.de**, registrieren Sie sich und geben Ihren Buchcode ein, um zu Ihrem Buch zu gelangen
- **Ihren individuellen Buchcode finden Sie am Buchende**

Wir wünschen Ihnen viel Spaß mit myBook+!

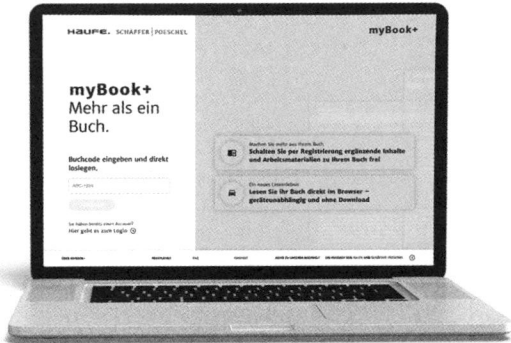

[Ge]Gründet!

Anastasia Barner

[Ge]Gründet!

Start-up-Szene uncovered

1. Auflage

Haufe Group
Freiburg · München · Stuttgart

Bibliografische Information der Deutschen Nationalbibliothek

Die Deutsche Nationalbibliothek verzeichnet diese Publikation in der Deutschen Nationalbibliografie; detaillierte bibliografische Daten sind im Internet über http://dnb.dnb.de/ abrufbar.

Print:	ISBN 978-3-648-16887-5	Bestell-Nr. 10886-0001
ePub:	ISBN 978-3-648-16888-2	Bestell-Nr. 10886-0100
ePDF:	ISBN 978-3-648-16889-9	Bestell-Nr. 10886-0150

Anastasia Barner
[Ge]Gründet!
1. Auflage, Oktober 2023

© 2023 Haufe-Lexware GmbH & Co. KG, Freiburg
www.haufe.de
info@haufe.de

Bildnachweis (Cover): Haufe

Produktmanagement: Mirjam Gabler
Lektorat: Juliane Sowah

Dieses Werk einschließlich aller seiner Teile ist urheberrechtlich geschützt. Alle Rechte, insbesondere die der Vervielfältigung, des auszugsweisen Nachdrucks, der Übersetzung und der Einspeicherung und Verarbeitung in elektronischen Systemen, vorbehalten. Alle Angaben/ Daten nach bestem Wissen, jedoch ohne Gewähr für Vollständigkeit und Richtigkeit.

Sofern diese Publikation ein ergänzendes Online-Angebot beinhaltet, stehen die Inhalte für 12 Monate nach Einstellen bzw. Abverkauf des Buches, mindestens aber für zwei Jahre nach Erscheinen des Buches, online zur Verfügung. Ein Anspruch auf Nutzung darüber hinaus besteht nicht.

Sollte dieses Buch bzw. das Online-Angebot Links auf Webseiten Dritter enthalten, so übernehmen wir für deren Inhalte und die Verfügbarkeit keine Haftung. Wir machen uns diese Inhalte nicht zu eigen und verweisen lediglich auf deren Stand zum Zeitpunkt der Erstveröffentlichung.

Inhaltsverzeichnis

Ein kleiner Einblick – wie alles anfing

»Einfach machen« scheint das Motto derjenigen zu sein, die gründen wollen. Und die Rufe aus der Start-up-Szene sind laut: »Gründe dein Start-up!« Große Versprechungen, tolle Postings, die dir viel Geld und Ruhm verkünden.

Doch eine Sache hat mir bis dato gefehlt: eine Warnung. Eine Art Bedienungsanleitung, die du nicht einfach zur Seite legst, sondern die du auch wirklich liest, um dir ein eigenes, schärferes Bild machen zu können, bevor du das »Produkt« testest beziehungsweise den Weg in die Start-up-Szene auf dich nimmst.

Mein Weg in die Welt, von der ich seit vier Jahren ein Teil bin, war so eine Einfach-machen-Aktion. Und ich hatte Glück. Doch in diesem Buch möchte ich keine unrealistischen Glücksfälle und das eine Prozent zeigen, das es geschafft hat oder schafft, sondern auch denjenigen eine Stimme geben, die zu selten zu Wort kommen. Jene Personen, die einen hohen Preis für das Verfolgen ihrer Träume zahlen mussten, die in Kliniken gelandet sind, weil jung gründen doch nicht immer das Beste ist und jene Menschen, die den ultimativen Erfolg hatten, nur um dann in ein Loch zu fallen und wieder an dem Punkt zu stehen, an dem sie sich fragen: Was jetzt?

Um dieses Buch zu verstehen und zu erklären, wer ich bin und warum ausgerechnet ich die Start-up-Szene »enthülle«, möchte ich damit anfangen, mich vorzustellen. Es ist wie bei einem ersten Date, wo wir uns kennenlernen und ich dich Stück für Stück, Kapitel für Kapitel, tiefer in meine Gedankenwelt blicken lasse. Dabei verurteile ich keinen Menschen und keine Geschichte, über die ich schreibe, sondern gebe Einblicke in die Seiten der Szene, die vielen verborgen bleiben. Ich möchte den Reiz nehmen zu gründen, nur um irgendwie ein Teil davon zu sein und diejenigen ermutigen, die ein Start-up gründen möchten – aber mit dem Wissen begleitet, worauf sie sich einlassen. Denn wer auf der Erfahrung anderer aufbaut, hat nicht nur einen »Cheat Code« und kann gewisse Fallen umgehen, sondern wird auch langfristig erfolgreicher. Ich begegnete einigen dieser »Supermenschen«, die all das unter einen Hut bringen (Sport, Kind/er, glückliche Ehe, beruflichen Erfolg bis hin zum eigenen Unternehmen) und die bei mir den Druck auslösen, auch all das möglichst schnell zu erreichen. Da ich diesen Druck kenne, möchte ich so ehrlich wie möglich sein. Ich werde eingestehen, dass es nicht immer einfach ist – so wie es auch manch andere tun. Denn beim Erzählen von Geschichten aus und über die Start-up-Welt wurde ich von wundervollen Menschen unterstützt, die sensible Thematiken ansprechen, die Mut erfordern.

An dieser Stelle ein Genderhinweis: Das Buch wird kapitelweise immer wieder wechseln zwischen neutraler, weiblicher und männlicher Form. In diesem Kapitel, neutrale Form, wird allerdings »Gründerszene« bewusst in der männlichen Form geschrieben, denn 2019 war die Szene noch sehr männerdominiert mit gerade einmal 15 Prozent Gründerinnen.

1998. Es ist ein kalter und typisch regnerischer Tag im November. In der Charité in Berlin-Mitte wird ein Kind auf die Welt gebracht: Anastasia Barner. Geboren um 6:00 morgens und eines der wenigen Male, an denen ich bis heute um diese Uhrzeit freiwillig wach war – außer ich muss irgendwohin reisen. Von Beginn an war ich extrovertiert. Während andere Babys schreiend in der Krippe lagen, unterhielt ich bereits das Krankenhauspersonal. Auch in jeder Bahn sprach ich als Kindergartenkind alle an. Wenn die Leute besonders traurig aussahen, lud ich sie zu uns nach Hause ein, denn wir hatten ja Platz und lachten immer viel. Der unangenehme Teil war dann nur, wenn meine Mama ihnen klarmachen musste, dass wir sie nicht einfach mitnehmen konnten. Kurz nach der Einschulung in der ersten Klasse erhielt ich die Hauptrolle für die Schulaufführung und für jedes weitere Jahr an der Grundschule in Berlin-Mitte sollte ich fortan die Protagonistin sein, egal ob Papageno oder Mogli. Man muss dazu sagen, dass ich damals noch nicht die für mich typischen langen Haare hatte und mit meinem Pagenschnitt, der immer zerzaust war, eher einem Jungen glich als einer Prinzessin. 14 Jahre später nahm ich dennoch an einem Schönheitswettbewerb teil. In der 4. Klasse realisierte ich, dass es keine Schülerzeitung gab und gründete somit kurzerhand mein erstes »Medienunternehmen« namens Smile. Am Gymnasium ließ ich mich in der 7. Klasse als Schulsprecherin aufstellen und trat der Schulzeitung bei, da ich schon früh meine Leidenschaft fürs Schreiben, egal ob Gedichte oder Artikel, entdeckt hatte. Mit dem letzten offiziellen Interview mit Christiane F. (»Wir Kinder vom Bahnhof Zoo«), das ich führte, gewann meine Schulzeitung einen Wettbewerb und die Berliner Zeitung druckte dieses ebenfalls. So wurde ich mit 14 Jahren Jugendjournalistin der Berliner Zeitung. Sechs Jahre schrieb ich Artikel für diverse Medien wie ze.tt, Kressreport, Berliner Morgenpost und Spiegel Online. Mit 15 Jahren kürte mich der Spiegel als eine der fünf besten (Jugend-)Blattmachenden Deutschlands. Eigentlich stand bis dahin fest: Ich werde Karla Kolumna, allerdings ohne Brille und Motorrad.

Doch wie das Leben wollte (ich selbst hatte das so konkret nicht geplant), wurde aus mir eine der jüngsten Gründerinnen Deutschlands, TEDx-Speakerin und Autorin. Mein Leben war und ist abwechslungsreich. Manchmal muss ich durchatmen, zurückschauen und mich selbst fragen: Ist das wirklich mir passiert?

2017 absolvierte ich mein Abitur an einem Schnellläufergymnasium in Berlin und schrieb mich sofort fürs Studium ein, denn so machten es fast alle in meinem Jahrgang. Die anderen gingen nach Australien, worauf ich weniger Lust hatte, vor allem in Anbetracht der Tatsache, dass sich dort 3.500 bekannte Spinnenarten befinden (laut Schätzungen wird sogar von bis zu 15.000 noch nicht identifizierten Arten gesprochen). NEIN, danke! Ich feierte stattdessen in Berlin die ein oder andere legendäre

Party, reiste, wohnte einige Monate im Ausland und lebte zu dem Zeitpunkt das »normale« Leben einer Achtzehnjährigen.

2019 war das Jahr, in dem ich mich beruflich finden wollte – nachdem ich einiges von der Welt sehen durfte und Praktika absolvierte. Ich bewarb mich für die Axel Springer Akademie, denn der Traum, Journalistin zu werden, war nach wie vor da. Im Juli kam die Zusage: »Sie sind eine Runde weiter.« Eine von drei Hürden war somit bewältigt. Zeitgleich fand ich eher durch Zufall meinen Weg in die Gründerszene.

Durch einen Freund betrat ich die Start-up-Welt – dieser Eintritt war ein wenig wie der Wandschrank bei »Die Chroniken von Narnia«. Auch ich verließ meine mir bekannte Welt – und hatte auf einmal mit einer Szene zu tun, die über Millioneninvestments sprach und dabei recht jung war. Dass sechsstellige Beträge, von denen häufig die Rede war, nicht auf dem Konto der gründenden Person landeten, sondern in das Unternehmen investiert wurden, lernte ich recht schnell. Dennoch stand dieser kleinen Gruppe an Menschen Kapital zu Verfügung, was sich manch andere im Leben nicht erarbeiten können.

Im August hatte ich die zweite Hürde für die Axel Springer Akademie erfolgreich gemeistert und wurde zum Vorstellungsgespräch mit der Akademieleitung und der Chefredaktion von Bild am Sonntag eingeladen. Zeitgleich begleitete ich Freunde, die bereits gegründet hatten, zu einem Start-up Award. Diesen Preis gibt es mittlerweile nicht mehr, aber mein Interesse an der Gründerszene war geweckt. Im September nahm ich einen Tag an einem Entrepreneur-Workshop teil und war mit zwei anderen Frauen neben 25 Männern deutlich in der Minderheit.

Jetzt war nicht nur mein Interesse geweckt, sondern ich erkannte ein grundlegendes Problem: Der Gründerszene fehlte es an (verdammt vielen) Frauen! Auf darauffolgenden Events, Gründertreffen und Start-up-Partys machte ich es mir zum Spaß, Bilder und Videos zu erstellen mit der einfachen Frage: Wie viele Frauen zählt ihr? Meistens war ich auf diesen Veranstaltungen die einzige. Mir war bewusst, ich konnte mich nicht über den Mangel an Frauen, die ein Start-up aufbauen, beschweren, wenn ich nicht selbst die Initiative ergriff und gründete. Einen Tag später kam mir die Idee, wenn auch noch sehr vage, zu einer Möglichkeit, wie Frauen sich gegenseitig unterstützen könnten und zum Gründen anregen. Doch eine Idee ist nichts ohne einen Namen. Bei einem Spaziergang am selben Tag fiel mir der heutige Start-up-Name ein: FeMentor.

Während ich an meiner Idee von FeMentor feilte, traf ich Najda Ivazović, die bei der WeiberWirtschaft tätig war. Es gibt von dem Abend noch ein Bild, auf dem ich strahlend mit Najda zu sehen bin mit dem Titel »Love at first sight«. Eine Woche später besuchte ich Najda in der WeiberWirtschaft in Berlin-Mitte und mir wurde eine Mappe überreicht. Mein erstes Geschenk für meine Idee von FeMentor: Anteile an der Weiber-Wirtschaft eG. Damit wurde ich zur Genossenschafterin.

Als Hintergrund zu der Idee und dem Grund, wieso ich mich entschied, die erste Reverse-Mentoring-Plattform in der DACH-Region aufzubauen: Zu meinem 18. Geburtstag erhielt ich das wohl wertvollste Geschenk, mein Erbe. Das war kein Geld, sondern ein Netzwerk, besser gesagt das Kontaktbuch meiner Mutter, die mir damit überhaupt die Möglichkeit gab, FeMentor aufzubauen. Damals war mir der Wert eines Netzwerkes noch nicht so bewusst. Als mein Umfeld und ich auf die Suche nach Praktikumsplätzen ging, hatte ich das große Glück, dass meine Mutter vernetzt war und mir damit einen direkten Zugang ermöglichen konnte. Mir wurde das Privileg bewusst und ich bat meine Mutter, meinem Freundeskreis ebenfalls behilflich zu sein. Doch das war mir zu wenig, denn ich fand den Vorteil unfair. Wieso sollte jemand mehr Chancen auf eine erfolgreiche Karriere mit einem leichteren Start haben, nur weil die Familie eine Basis zur Verfügung stellen kann? Ich überlegte, wie ich das Netzwerk nutzen könnte, um diese Ungleichheit zu beseitigen. Wenn man privilegiert ist, sollte man sich dessen bewusst sein und diese Vorteile auch teilen. Ich hätte über das Kontaktbuch einen Job finden und die anderen Möglichkeiten verstreichen lassen können. Stattdessen habe ich die Basis genommen, das Netzwerk meiner Mutter geöffnet und zugänglich gemacht. Dadurch konnte FeMentor erst so groß werden. Es ist wichtig, eine solche Basis zu haben, eine Person, die dich fördert und auf der du aufbauen kannst, um zu wachsen. Aus dieser Erkenntnis kam die Idee zu einer Reverse-Mentoring-Plattform, bei der Wissen und Kontakte kostenlos zugänglich sind. Damals starteten wir mit 50 Mentorinnen, die ich durch meine Mutter kannte und die auch mich in meiner Jugend begleitet hatten. Heute engagieren sich mehrere Tausend Frauen als (Fe)Mentorinnen.

Von einer Idee ging ich in die Umsetzung von FeMentor und dachte ursprünglich, ich kann alles selber machen. Nach nur kurzer Zeit gab ich den Versuch auf, eine eigene App für FeMentor zu entwickeln. Man muss dazu sagen, dass ich vorher nie probiert habe, etwas zu programmieren und dennoch sehr ambitioniert war, es selbst zu schaffen. Eine App kann doch nicht so schwer sein? Doch, kann sie und verdammt teuer noch dazu. (Ich führte damals ein Gespräch mit einer Firma, die für die Appentwicklung mindestens 100.000 Euro haben wollte. Das Budget hatte ich einfach nicht.) Ich schob also den Gedanken beiseite, gleich mit einer App auf den Markt zu gehen und entschied mich für eine Website. Mit einem Instagram-Aufruf in meiner Story fragte ich, ob sich jemand mit dem Erstellen von Websites auskennt. Kurze Zeit später erhielt ich eine Nachricht von einem mir bis dato Unbekannten, der sich anbot, für FeMentor eine Website zu designen, da er von der Idee begeistert war. Zu meinem großen Glück zählt Stanisław Pokorski nicht nur zu den ersten Unterstützenden, sondern mittlerweile auch zu meinem Freundeskreis. Damals hätte ich mir nicht ausmalen können, was aus einem »kleinen Projekt«, das FeMentor anfangs für mich war – denn eigentlich hatte ich nach wie vor den Plan, an der Axel Springer Akademie mein Volontariat zu absolvieren –, werden würde.

Im Oktober fand mein Gespräch in der dritten Etage des Axel-Springer-Gebäudes statt. Gemeinsam mit drei anderen Bewerbenden saß ich dort. Während die anderen aufgeregt ihrer Zukunft entgegenblickten, war ich unschlüssig, denn ich hatte angefangen, an FeMentor zu arbeiten und war fest entschlossen, diese Idee umzusetzen – nämlich eine Reverse-Mentoring-Plattform auf die Beine zu stellen, die Frauen unterstützt, an die Spitze zu kommen. Nach dem Gespräch verließ ich das Büro, stieg in den Fahrstuhl und schaute in die Gesichter der journalistisch arbeitenden Menschen, die mir begegneten. Sollte das mein Leben werden? Die Entscheidung wurde mir abgenommen. Die Sorge, wie ich die Gründung und eine Ausbildung zur Journalistin zeitgleich meistern sollte, erledigte sich mit den Worten: »Sehr geehrte Frau Barner, leider habe ich keine gute Nachricht.« Ich würde gerne behaupten, dass ich in dem Moment erleichtert war, doch um ehrlich zu sein, war ich enttäuscht und verzweifelt. Mit Tränen in den Augen las ich weiter: »Es war durchaus knapp. Sie haben Talent gezeigt. Deshalb möchte ich Ihnen raten und konkret anbieten, ein Praktikum bei der BILD am Sonntag zu machen, um Erfahrung zu sammeln und es nächstes Jahr noch einmal zu probieren.« Ich entschied mich dagegen und für die Reise mit FeMentor, die schon in vollem Gange war. Das Ende der E-Mail – »Kämpfen Sie weiter für Ihr Ziel, in jedem Fall wünsche ich Ihnen viel Erfolg und alles Gute für die Zukunft!« – nahm ich als I-Tüpfelchen-Motivation, nicht dem Journalismus den Vorzug zu geben, sondern meinem Ziel, etwas zu verändern. Ich wollte nicht länger über Menschen berichten, die etwas in der Welt bewegen. Ich war entschlossen, selbst für Veränderung zu sorgen.

Zwei Tage später ging die Website von FeMentor online. Ein Knopfdruck, der den weiteren Verlauf meines Lebens grundlegend verändern sollte. Und wer an Karma oder Schicksal glaubt, hat hier einen weiteren Beweis dafür. Am selben Tag – und zwei Tage nachdem ich die Absage aus der 3. Etage von Axel Springer erhielt – wurde ich in demselben Gebäude in der obersten Etage im Journalistenclub von der damaligen Chefredakteurin der B.Z., Miriam Krekel, empfangen. Denn ich erhielt für mein Engagement gegen Cybermobbing und meine Idee von FeMentor den B.Z. Berliner Helden Preis 2019. Es ist nicht üblich, dass man am ersten Tag einer Gründung einen Preis bekommt und dies war eine Ausnahmesituation, für die ich unglaublich dankbar war und bin – denn somit hatten wir von Tag eins mediale Berichterstattung. Und das mit der B.Z., die damals um die 283.000 Leser hatte.

Ich wurde für etwas ausgezeichnet, was ich mir seit meiner Jugend bis hin zu dem Moment, wo ich die Idee hatte, nicht einmal hätte ausmalen können. In der Schule wird man häufig gefragt: Was möchtest du später einmal werden? Mein erster Berufswunsch war Bundeskanzlerin, sogar noch bevor Angela Merkel an der Spitze war. Erst nachdem ich von Disneyfilmen und Barbies beeinflusst wurde, wollte ich unbedingt

Prinzessin werden. Selbst mit Anfang 20 war die Berufswahl »Gründer/Gründerin« keine Option für mich und ich hätte damals geschworen, dass ich nie ein Teil der Startup-Welt sein würde. Heute bin ich dankbar dafür, dass es dennoch so gekommen ist.

Obwohl ich in Berlin geboren wurde und die meiste Zeit aufwuchs, gab es kaum Berührungspunkte zur Gründerszene. Erst wenn du einmal drin bist, bist du wirklich dabei. Es gibt also auch mein Vorher und mein Danach: eine Anastasia vor der Gründerszene und die Version meiner selbst, nachdem ich FeMentor ins Leben gerufen hatte. Ich würde untertreiben, wenn ich behaupte, dass es meine bisherige Existenz verändert hat.

Die Gründung hatte nicht nur Auswirkung auf meine berufliche Laufbahn, sondern führte auch dazu, dass sich mein komplettes Umfeld wandelte, meine Sprache und auch meine Art, mich zu kleiden, beeinflusst wurden. Während meine Generation, die Gen Z, immer mehr Streetstyle trug und trägt, Baggy-Hosen (weite Hosen), die aus den 1990ern zu stammen scheinen, und Retroteile, zwang ich mich anfänglich in Businesskleider oder -anzüge, die eher an eine Beraterin in ihren Dreißigern erinnerten als an eine junge Frau von 20 Jahren. Der berühmte Titel einer Novelle von Gottfried Keller aus dem 19. Jahrhundert – »Kleider machen Leute« – ist nach wie vor aktuell und ich musste schmerzlich erfahren, dass eine junge Frau in der Gründerszene auffällt, wenn sie nicht a) den Businesslook oder b) Turnschuhe und weißes T-Shirt oder Hoodie mit Unternehmenslogo trug. Heute habe ich kein Problem mehr damit aufzufallen und habe einen Mittelweg gefunden, weiterhin eine junge Frau und dennoch in einer Geschäftswelt zu sein. Viele von anderen »geforderte« Erwartungen habe ich abgelegt oder sie nie erfüllt. Bis auf anfängliche und gelegentliche Ausnahmen habe ich mich früh entschieden, mir und meinen Überzeugungen (Aussehen, Auftreten, Aussagen) treu zu bleiben. Das ist auch einer der Gründe, wieso das erste Kapitel sich um das Thema »Selbstfindung« dreht.

Bei alledem ist meine Geschichte eben genau das: meine Geschichte. Jede Person hat ihre eigene, spannende, individuelle. Diese Vielfalt spiegelt sich in den kommenden Kapiteln auch in den Persönlichkeiten wider, die mich auf meinem Weg begleitet haben und die jede für sich mit ihren Erfahrungen ein Role Model ist.

I) Beginnen wir mit dir

Liebe Leserin, lieber Leser, liebe lesende Person, bitte nimm dir aus dem Buch heraus, was bei dir ankommt, was sich richtig anfühlt und dir gute Impulse bietet. Ich bin keine Beraterin oder Coachin, die ein »Richtig« oder »Falsch« vorgeben möchte, geschweige denn kann. Vieles von dem, was du lesen wirst, sind meine persönlichen Gedanken und Erlebnisse – mit denen ich versuche, ehrliche Einblicke in die Start-up-Welt sowie inspirierende Anregungen zu geben. Auch versuche ich, den Druck zu nehmen, (erfolgreich) zu gründen. Die meisten Gründenden in meinem Umfeld sind sich einig: Wenn wir vorher gewusst hätten, was uns erwartet, hätte keiner und keine von uns jemals gegründet. Und trotzdem lieben wir unsere Arbeit und bereuen den Schritt nicht. Daher beginnt das Buch auch mit dir – damit du nicht den Mut verlierst oder aber den Mut aufbringst, (noch) nicht zu gründen.

1 Zwischen Selbstfindung und Start-up

Die Start-up-Szene ist für mich Fluch und Segen zugleich. Fluch, weil sich viel an Oberflächlichkeiten aufgehangen wird. Wer hat wie viele Millionen für seine Investitionsrunde gesammelt? Welche namenhaften Investor:innen oder Venture-Capital-Unternehmen sind daran beteiligt? Hat das Gründungsteam wirklich das Zeug, das nächste Unicorn zu werden? Wirtschaftlicher Erfolg steht an erster Stelle. Ich wünsche mir viel mehr Gründungsvorhaben, wo kein Hyperwachstum, Multimillionenbeträge und Börsengang angestrebt werden, sondern nachhaltiges Wachstum. Vielmehr sollte auch im Vordergrund stehen, einen positiven Beitrag für unsere Gesellschaft zu leisten, weswegen ich das Sozialunternehmertum wertschätze.

Mina Saidze, Gründerin, Tech-Expertin und Autorin

Jung gründen wird in Start-up-Kreisen erst einmal als cool empfunden. Dies wird durch renommierte Magazine und Zeitschriften mit Auszeichnungen an »20 Under 20«, »30 Under 30« und so weiter verstärkt. Dadurch wird der Eindruck vermittelt, dass erfolgreiches Gründen nur in jungen Jahren möglich und erstrebenswert ist – was nicht der Wahrheit entspricht, du kannst in jedem Alter gründen. In der Bubble liegt dennoch ein großer Fokus auf der kommenden Generation und auch die Gästelisten bei einigen Start-up-Veranstaltungen sind gefüllt mit Personen um die oder unter 30 Jahren, als wäre das die Voraussetzung. Doch jung gründen hat den Nachteil, dass es ein wenig ist, wie den ersten Liebeskummer zu haben. »The First Cut Is The Deepest«, Mitte der 1960er geschrieben von Cat Stevens, passt da wunderbar. Beim ersten Liebeskummer hat man das Gefühl, die Welt geht unter, man wird nie wieder lieben können und leidet schrecklich. Beim zweiten Liebeskummer weiß man schon eher, das wird wieder. Es braucht zwar Zeit, aber die Welt ist auch beim ersten Mal nicht untergegangen. Doch was hat das damit zu tun, dass manche sehr oder zu jung ein Start-up auf die Beine zu stellen versuchen? Die meisten Jungunternehmer haben noch keine Berufserfahrungen, gründen entweder während oder nach dem Studium – und bei der ersten Problematik scheint es, als wäre alles verloren. Es fehlt an Gelassenheit, die damit einhergeht und wächst, wenn man älter wird und bereits einige Krisen überstanden und die damit verbundenen Lebens- und Berufserfahrungen gesammelt hat. Dennoch ist jung sein kein Ausschusskriterium. Der jüngste Gründer Deutschlands war 14 Jahre alt und trotz Pubertät erfolgreich. Grundsätzlich ist unter anderem zu beachten, woher eine Person kommt und ob sie Unterstützung von Zuhause erhält, sei es finanzieller Natur und/oder durch bereits vorhandenes unternehmerisches Wissen.

Snack Fact

In der Pubertät verändert sich der Körper und diese »Großbaustelle« erzeugt auch Veränderungen im Gehirn. Die emotionalen Bereiche reifen schneller und das hat Folgen: Aggressivität und Launen, Müdigkeit und Nachtschwärmerei, Risikobereitschaft, Selbstbewusstsein und Gruppenzwang.[1]

Mit Anfang 20 haben sich der Hormonhaushalt und die Gehirnumstrukturierung zwar meistens eingependelt, dennoch ist dies für die meisten eine Phase, in der Selbstzweifel zunehmen: Was möchte ich werden oder sein? Wo soll es für mich hingehen? Doch nicht nur karrierebezogene Zukunftsängste spielen eine Rolle. Der Lebensraum ändert sich, man zieht um, in derselben oder in eine andere Stadt, beginnt eine Ausbildung oder ein Studium oder beendet es, wechselt (teilweise ungewollt) den Freundeskreis, hat Beziehungen oder sehnt sich nach romantischen Liebschaften. Es ist eine Zeit, in der man sich um sich selbst dreht und seinen Platz sucht. Nicht die beste Voraussetzung, wenn man ein Unternehmen aufziehen möchte, bei welchem man langfristig Mitarbeiter einstellt. Die Verantwortung, die auf einmal auf einem lastet, häufig ohne Unterstützung des familiären Umfeldes oder Freundeskreises, kann überfordern und das Erwachsenwerden beschleunigen. Auch die (Umgangs-)Sprache verändert sich. Anfänglich unmerklich, aber durch ein Umfeld bei Start-up-Veranstaltungen oder Investorentreffen, in dem die Beteiligten meist etwas oder deutlich älter sind, führt es dazu, dass gewisse Begriffe, die zum Beispiel Jugendwort des Jahres werden, aus dem Wortschatz fallen. Es scheint unmöglich, bei einer Funding-Runde mit Worten wie »cringe« (Jugendwort 2021), »smash« (Jugendwort 2022), »Geringverdiener«, »wyld« um sich zu schmeißen oder die Anrede »Sie« mit »Digga« zu ersetzen. Obwohl das so manch ein Meeting sicherlich spannender und lustiger gestalten würde.

Zwischen Klimakrise und Selbstfindungsphase

Es ist hart, wenn man sich mit Zukunftsängsten plagt. Gerade in der heutigen Zeit, wo viele – aber nicht alle, auch wenn die Medien häufig dieses Bild kreieren – aus der Generation Z Sorge haben, dass es bald keine Welt mehr geben wird, auf der wir leben können. Aus einer Umfrage der Bertelsmann Stiftung (2022)[2] geht hervor, dass 80 Prozent der Zwölf- bis 18-Jährigen, in Deutschland lebenden Jugendlichen sich Sorgen wegen des Klimas machen. Parallel zu dieser Angst vor den Auswirkungen vor allem der Klimakrise ist die Frage nach der beruflichen Zukunft selbstverständlich auch in dieser Altersgruppe präsent.

Zwischen Studium und Start-up

Für viele ist der vermeintliche Ausweg aus diesen Zweifeln vor allem das Studieren – für sehr viele deutlich vor einer Ausbildung. Ein Studium ist für so manche eine Verlängerung der Schulzeit – weitere drei bis fünf Jahre, in denen es die Möglichkeit gibt zu überlegen, in welche Richtung es gehen soll. Viele Freunde von mir haben angefangen zu studieren, weil die Familie darauf bestanden hat oder das der logischste Weg schien, nachdem man erfolgreich das Abitur bestanden hat.

In Gesprächen stellt sich allerdings häufig schnell heraus, dass das Studienfach eher planlos gewählt wurde – in den meisten Fällen BWL, da hat man von allem so ein bisschen drin. Die jungen Erwachsenen kommen dennoch unsicher aus dem Studium hervor, bloß mit einer Zeile mehr auf dem Lebenslauf: Bachelor-Studium an Uni XY 2017 bis 2021. Durch die Bewerbungen vieler Mentees bei FeMentor sehen wir, dass sich immer mehr junge Menschen fragen, ob sich Studieren für sie lohnt. Gleichzeitig sehen in meiner Generation viele den Sinn hinter einem Studium nicht mehr und sind nicht bereit, für eine so zeitintensive Phase wieder nur an Aufgaben zu arbeiten, die letztlich wie in der Schule von einer Einzelperson bewertet und benotet werden. Das zeigen auch Statistiken, denn der Akademisierungswahn nimmt seit 2020 ab und erstmals sinkt die Abiturquote von 53 Prozent auf 50 Prozent.[3]

Natürlich benötigt man für gewisse Berufe ein abgeschlossenes Studium. Keiner von uns möchte von einem Anwalt vertreten oder Chirurgen operiert werden, der via zehnminütigen YouTube-Videos gelernt hat, wie es funktioniert. Aber gerade für den Einstieg in die Gründerszene gibt es keinen passenden Studiengang, obwohl immer mehr aus der jetzigen Generation den Wunsch nach Unabhängigkeit oder Selbstständigkeit haben. Zwar gibt es ausgewählte Privatuniversitäten, die sich darauf spezialisiert haben oder ein Zusatzangebot anbieten, aber eine teure Universität muss man sich auch erst einmal leisten können.

Unternehmertum hat eine aktuelle und wachsende Berechtigung, studiert beziehungsweise gelernt zu werden. Und es gibt zunehmend Stimmen, die erste Begegnungen mit unternehmerischem Denken bereits in der Schule verorten – dem ich uneingeschränkt zustimme. Statt in der Schule oder spätestens in der Universität Kurse anzubieten, die einem erklären, wie man als Freelancer eine korrekte Steuererklärung macht, werden stattdessen von Professoren immer noch rein theoretische Fragen gestellt, auf die es drei richtige Antworten gibt, die in der Praxis aber situationsabhängig und somit meist »falsch« wären.

Ich selbst habe begonnen zu studieren, aber weder BWL oder etwas Businessbezogenes. Vielleicht hätte es mir Dinge an der einen oder anderen Stelle etwas erleichtert, aber ich habe das Gefühl, dass ich durch meinen frühen Einstieg in das berufliche, praktische Leben mehr Zugänge zu Lösungswegen hatte als mit einem Bachelor- und Masterabschluss einer Businessuniversität. Im Studium gibt es ein »Richtig« und ein »Falsch«, manchmal etwas dazwischen, wohingegen ich weder das eine noch das andere kenne. Ich habe zahlreiche potenzielle Lösungswege (kennen)gelernt. Dadurch gibt es für mich nicht nur eine begrenzte Anzahl von Lösungen, sondern unendlich viele, kreative Optionen, die ich aus der Praxis schöpfe – Learning by Doing mit realen

Problemen und praktikablen Lösungen. Und im Unternehmertum ist genau diese Flexibilität gefragt. Es gibt keine »perfekten«, vorgefertigten Lösungen wie in einer Klausur. Das theoretisch gelernte »Richtig« kann sich während einer wirtschaftlichen Krise als praktisch »falsch« entpuppen und umgekehrt.

Augen auf bei den Alternativen

Eine Alternative nach der Schulzeit ist ein Gap Year im In- oder Ausland. Wer nach dem Schulabschluss erst einmal die Füße hochlegen und ganz Gen-Z-like »chillen« möchte, sollte sich dafür die Zeit nehmen. Und sich beobachten: Kann ich gut entspannen oder bin ich nach zwei Wochen bereits nervös und möchte mehr Klarheit über meine (berufliche) Zukunft? Suche ich mir im Gap Year doch eine Aufgabe, mache eventuell ein Praktikum im Ausland? In jedem Fall ist auch das Gap Year eine Phase, in der man sich selbst begegnen und Erfahrungen sammeln kann.

Ein weiterer Weg: die erste Start-up-Gründung. Teilweise ist diese, je nach Rechtsform und finanziell betrachtet, sogar günstiger als der Flug und die Unterkunftskosten zum Beispiel in Australien oder Kanada. Das heißt nicht, dass Reisen nicht bildet oder relevant ist, aber immer mehr Gen Zs entscheiden sich wegen des Umweltaspektes gegen das Fliegen oder aber haben nicht die finanziellen Mittel, um in die Welt zu ziehen. Aus meiner Sicht und Erfahrung – und trotz aller Nachteile, die ich nicht verschweigen werde – ist Gründen eine sinnvolle Alternative, um sich auszuprobieren, eine Idee, an die man glaubt, in die Tat umzusetzen, sich schon in frühen Jahren etwas zuzutrauen und die »German Angst« hinter sich zu lassen. Zudem gibt es Stipendien und Programme im In- oder Ausland, die in einigen Fällen sogar komplett bezahlt oder vergütet werden.

Ich weiß noch, wie es mir nach der Schulzeit ging. Sobald ich das Abiturzeugnis in der Hand hatte, war ich, die immer selbstbewusst war und wusste, was sie vom Leben will, plötzlich verloren. Es gab so viele Optionen, zu viele. So geht es mittlerweile auch meinen Freunden, die ihr Studium absolviert haben und jetzt vor der Frage stehen: Für welchen der vielen Jobs soll ich mich bewerben?

Overchoice-Effekt

Der Overchoice-Effekt, das Auswahlparadox, bezeichnet eine Überauswahl an Dingen, die das Treffen einer Entscheidung erschwert oder behindert. Das kann die Müsliauswahl in 26 Varianten im Supermarkt sein oder die Wahl zwischen 16.000 möglichen Studienangeboten. Ein zu großes Angebot beziehungsweise die Überforderung, sich zu entscheiden, führt zum Unglücklichsein, wohingegen weniger Auswahl mehr Zufriedenheit bedeutet.[4]

Von der alten »German Angst« und neuem Pioniergeist

Direkt nach meinem Abitur wurde ich von meinem Umfeld, auch Freunden meiner Mutter, bedrängt, ja ein Studium zu absolvieren, denn das gälte doch mehr. Doch mehr als was? Ich halte die Option »Start-up statt Studium« für meine Generation teilweise für passender, denn eigene praktische Erfahrungen können wertvoller sein als die konservative akademische Laufbahn. Die altgedienten Muster und Argumente, etwas »Solides« zu lernen, haben sich aufgebraucht – weg von »Lehrjahre sind keine Herrenjahre« hin zu generationsübergreifendem Lernen mit- und voneinander. Wir müssen mutiger werden, dürfen es sein. Ich wünsche mir für die kommenden Generationen mehr Verständnis aller für Kurven im Lebenslauf. Wir müssen Fehler machen, um daraus zu lernen und auch erste Führungsqualitäten zu entwickeln. Die »German Angst« und unsere Ordnungs- und Sicherheitsliebe (oder besser -zwang) dürfen längst aufgebrochen werden. Der noch schwächelnde Pioniergeist in unserem Land steckt doch in vielen von uns, nicht nur in der Generation Z. Warum ihn nicht endlich leben? Dabei ist mir sehr bewusst, dass es nicht für alle eine Option ist, ein Unternehmen aufzubauen – allein aus finanziellen Gründen. Es geht mir auch nicht um ein Plädoyer ausschließlich für das Gründen, sondern die eigene Bereitschaft zu prüfen und die Chancen zu sehen beziehungsweise nicht zu übersehen, diesen Weg zu gehen.

Während meines Entscheidungsprozesses erprobte ich unterschiedliche Dinge, um einer Antwort näherzukommen, was ich denn tatsächlich werden will. Nach dem Abitur war ich unter anderem Dopingkontrolleurin für Sportlerinnen, Komparsin sowie Kleindarstellerin in Film- und Fernsehproduktionen und schrieb für Schokoladenriegelanbieter Werbetexte in Jugendsprache.

Diese Erfahrungen waren zwar nicht relevant für meine Gründung, halfen mir aber, grundlegende Dinge zu lernen und zu verstehen.

1. Als Komparse wirst du miserabel behandelt. Du hast ein gesondertes Catering, darfst nicht im gleichen Wagen wie die Crew und Schauspieler essen, wenn es denn überhaupt eines für die Komparsen gibt. Teilweise bist du zehn bis zwölf Stunden am Set, frierst in dünnen Kostümen, da die Produktion zwar im Winter gedreht wird, aber es nach Sommer aussehen soll und wirst am Ende abgefertigt mit der Information, dass die Szene doch erst morgen gedreht wird und du doch bitte um 7:00 früh am Set sein sollst. Ich vergleiche die Erfahrung teilweise mit denen, die man als Servicekraft in der Gastronomie macht. Du bist zwar von gut Verdienenden umgeben, wirst aber dennoch schlecht bezahlt, darfst nichts essen und trinken und hast still zu sein. Wenn ich heutzutage Events veranstalte, dann achte ich immer darauf, dass die Hostessen genug zu essen oder zu trinken haben und sich am Ende des Abends auch ein Goodie Bag mitnehmen. **Es war lehrreich, übersehen zu werden** – denn gerade mit einem gewissen Erfolg vergisst man schnell, wie es einmal war.

2. Während meiner Zeit als Dopingkontrolleurin lernte ich, selbst in den skurrilsten Situationen – zum Beispiel wenn ich einen völlig fremden Menschen auf die Toilette begleiten musste – respektvoll und auf Augenhöhe mit Menschen zu sprechen.

3. Als Texterin und Jugendjournalistin habe ich die meisten Erfahrungen mitgenommen. Denn Worte sind Macht und ein gut formulierter Text kann Wunder bewirken, wenn es um Verkäufe und potenzielle Kooperationen geht. Das zu verstehen war ein riesiger Pluspunkt, denn ich wurde für die Rechte von Interviewpartnern sensibilisiert, was mir weiterhin zugute kommt.

Sei bei dir und überhöre dich nicht

Noch nicht das »eigene Ding« gefunden zu haben, kann auch ein Geschenk sein. Denn es gibt kein Zurück, wenn die Karriere einmal gestartet hat. Dann geht es meist bis zur Rente. Das gilt nicht nur für junge Menschen, sondern für alle Altersgruppen. Probiere dich aus, mach dich auf den Weg. Du musst nicht sofort und ad hoc gründen. Höre auf dich, umgib dich mit Leuten, die dich inspirieren, motivieren, aber nicht unter Druck setzen.

Selbstfindung

Selbstfindung bezeichnet in der (Entwicklungs-)Psychologie jenen Prozess während des Übergangs vom Jugendstatus in den Erwachsenenstatus, wobei diese Phase in engem Zusammenhang mit der Persönlichkeitsentwicklung steht. Selbstfindung beschreibt also den in der Pubertät beginnenden Prozess, durch den ein Mensch versucht, sich in seinen Eigenheiten und Zielen zu definieren, und das vor allem in Abgrenzung von der Gesellschaft und ihren Einflüssen.[5]

Wenn man in dieser Zeit gründet, ist das somit eine besondere Herausforderung, denn ein Start-up bedeutet Verantwortung – für dich selbst und für die Mitarbeiter. Nicht selten passiert es, dass die Herausforderung zur Überforderung wird. Umso wichtiger ist es, immer gut auf dich zu hören. Wie fühle ich mich? Habe ich positive Energie oder merke ich, dass ich an Grenzen komme? Was kann ich – rechtzeitig und achtsam – tun, damit ich mein Ziel erreiche, ohne mich zu verlieren oder womöglich in einen Burnout zu schlittern? Wie sieht mein Umfeld aus? Bin ich umgeben von Personen, denen ich vertrauen und auf die ich mich verlassen kann? Denn du wirst dich hier und da verlieren – und dich wieder neu erfinden. Und das gelingt in einem »verlässlichen« Umfeld deutlich besser. Nicht zuletzt bietet diese gesamte Phase gute Learnings für deine Persönlichkeitsentwicklung.

Zu deiner Selbstfindung gehört auch, dass du herausfindest, wie und wo du dich in der (Business-)Welt positionierst. Am Anfang wirst du eher ahnen als wissen, wo du stehst, stehen willst und auch, wie du gesehen werden willst (siehe Kapitel 13). Das Gründen ist ein Prozess – deinen Platz zu finden auch.

Zwischen Yoga Retreat und körperlichen Grenzerfahrungen

Zur Start-up-Welt gehört neben der Idee und dem Aufbau auch der Erfolg, der damit einhergeht (oder nicht). Meist endet er mit dem Verkauf. Nach diesem sind viele erneut mit der Selbstfindung »beschäftigt«.

Der Ausgleich für viele Gründende nach viel Stress, der teils kräftezehrenden Verantwortung und dem Exit, also dem Unternehmensverkauf, besteht darin, sich für einen gewissen Zeitraum ausschließlich auf sich selbst zu konzentrieren – und zwar abseits des beruflichen Umfeldes, in welchem man sich vor dem Unternehmensverkauf befand. Sei es in einem Kloster, zum Meditieren in den Bergen oder Wanderungen mit Übernachtungen im Zelt, back to the roots sozusagen. Teilweise hat es mich fasziniert, dass Personen in meinem Bekanntenkreis, die mehrere Millionen mit ihrem Start-up erwirtschaftet haben, sehr rustikale Urlaube planen. Natürlich gibt es auch die Persönlichkeiten, die nach dem ersten Exit erst einmal den Ferrari, Lamborghini oder die Audemars-Piguet-Uhr kaufen. Aber was verbindet die Yoga-Millionäre mit den Ferrarifahrer-Millionären? Die meisten reinvestieren einen Teil ihres Vermögens in vielversprechende Start-ups. Denn ganz loslassen und die Start-up Bubble verlassen will kaum einer.

Aber jetzt, wo man nicht mehr die Verantwortung für ein Unternehmen trägt, hat man Zeit für »Mental Health« und Zeit, an sich selbst zu arbeiten, nachdem man viel zu viel an anderem gearbeitet, teilweise ungesunde Nahrung zu sich genommen (ja, das Pizzaklischee stimmt) und zu wenig Schlaf abbekommen hat. Hier startet die ständige Selbstoptimierung.

In meinem Start-up-Bekanntenkreis praktizieren geschätzt etwa 75 Prozent Yoga und davon noch einmal 30 Prozent die Wim-Hof-Methode oder sie meditieren.

Wim-Hof-Methode

Die Wim-Hof-Methode ist nach Wim Hof benannt, auch bekannt als »The Iceman«. Er ist ein niederländischer Extremsportler, den viele nachahmen und sich beim Eisbaden in extreme Kälte begeben. Hof ist Rekordhalter für das längste Eisbad (eine Stunde, 52 Minuten und 42 Sekunden bis zum Hals im Eiswasser). Bei der Methode handelt es sich um eine bestimmte Atemtechnik, die dazu führt, dass man mehr Sauerstoff als Kohlenstoffdioxid im Blut hat und dadurch den pH-Wert des Blutes ansteigen lässt.[6]

Also begeben sich lauter reiche Investoren oder Gründende, meistens Männer, spärlich oder nicht bekleidet in die Kälte und stellen sich eisigen Temperaturen. Ich bin eher der Typ, der sich mit einer Tasse Tee, Kuschelsocken und schnulziger Musik auf der Couch selbst sucht. Ich habe oft das Gefühl, dass, je konsumlastiger das gegründete Unternehmen ist oder war, desto mehr scheint der Wunsch nach einer Verbindung zur Natur, zu einem tieferen Ich der Ausgleich zu sein.

Gerade erfolgreiche Ex-Gründer, denen es nach dem Verkauf ihres Unternehmens an einer Mission fehlt, fangen an, aktiv und teilweise manisch an sich zu arbeiten. Von dem einen Retreat geht es zum Zen-Kloster, um dann auf Bali oder in Südafrika zu überwintern. Die Optimierung fängt beim Körperbau an, geht weiter zur Atmung und endet teilweise mit gefährlichen psychedelischen Drogen. Manche gehen sogar so weit, sich freiwillig Froschgift injizieren zu lassen.

Froschgift

Vergiften, um zu entgiften, das verspricht das Froschgift. Beim »Kambô-Ritual«, das aus Südamerika kommt, werden drei im Dreieck ausgerichtete Punkte in den Oberarm gebrannt, über die das Gift als feuchte Masse auf die frische Wunde aufgetragen wird. Oder das Sekret der sonorischen Wüstenkröte wird geraucht, die Wirkung angeblich vergleichbar mit LSD. (Mittlerweile ist der Frosch vom Aussterben bedroht, hoffentlich nicht nur wegen drogenkonsumierender Gründer).[7]

Ich habe mich mit einem Bekannten darüber ausgetauscht, der mir über seine Erfahrungen berichtete, die mit viel Übergeben und aufgequollenem Gesicht zu tun hatten. Das erinnerte mich an meine Weißheitszahnoperation, die ich ungerne wiederholen würde. Versteht mich nicht falsch, sich selbst und seinen Platz in der (Arbeits-)Welt finden zu wollen, der Wunsch nach mehr Ruhe und der Drang, stetig an sich zu wachsen, ist etwas Gutes. Ich zweifle nur teilweise an den Motiven – immer stärkere, teils gesundheitsgefährdende Extreme zu suchen oder Instagram-gezeichneten Idealen hinterher zu hechten. Oft wird auch einfach nur der Zweck verfehlt und ein Yoga Retreat als Datingplattform genutzt, denn da ist die Männerquote ausnahmsweise nicht so hoch und somit weniger Konkurrenz »im Spiel«. Auch hatte ich in den letzten vier Jahren häufig das Gefühl, dass die Arbeit an sich selbst eher aus Langeweile kam. Man hat die Karriereleiter erklommen und was jetzt? Arbeite ich halt mal an mir.

In Gesprächen mit befreundeten Gründern habe ich mich erkundigt, woher der Sportwahn herkommt. Dabei fielen Worte wie »Grenzgänger«, »Optimierung« und »Herausforderung«. Genau die Begriffe, die auch einige in die Start-up-Szene gebracht haben, denn sie wollten ihre Grenzen austesten und eine Gründung ist auf jeden Fall herausfordernd. Als Unternehmer bist du ständig am Ausprobieren und Optimieren. Irgendwann möchte man das eigene Potenzial testen, um zu sehen, was noch alles möglich ist. Dabei gehen einige an ihre Grenzen, um sich etwas zu beweisen. Risikobereitschaft ist eine Eigenschaft, die du bei vielen Unternehmern findest. Sie wollen keine Komfortzone, sondern sind auf der Suche nach dem nächsten Kick. Fast als würden sie ein »Grenzgänger-Gen« in sich tragen. Während sie im Berufsleben Konkurrenten ausstechen, ist der Konkurrenzkampf mit sich selbst der größte, denn ständig müssen die eigene Zeiten übertroffen werden. Ein Freund hat es gut zusammen gefasst: »Es gibt zwei Gründe, woher der Optimierungsgedanke kommt: entweder du bist gelangweilt und suchst eine neue Herausforderung oder du kompensierst etwas damit, wenn du extremen Druck/Stress hast. Dann haben manche die Tendenz, sich in etwas anderes reinzustürzen und sich abzulenken. So Phasen hatte ich auch mit Sportarten.«

Ich sehe diesen Yoga-Meditations-Selbstfindungs-Wahnsinn kritisch, weil es sich bei einigen, nicht allen, eben nur nach einem Trend anfühlt, den man gerade mitnimmt. Aber spätestens, wenn Sätze fallen wie »Ich MUSS jetzt zum Yoga«, wird schnell klar, dass es sich eher um einen Zwang, als eine Findungsreise handelt. Von wegen der Weg ist das Ziel. Einen Vorteil haben Yoga Retreats und trendige Berlin-Mitte-Fitnessstudios aber. Hier begegnest du vielen bereits erfolgreichen Gründern und kannst dich wunderbar vernetzen. Was ich mit diesem Teil sagen will: Um nicht im Optimierungswahn zu enden, solltest du dir schon früh Gedanken machen, was passiert, wenn du dein Start-up erfolgreich hochskaliert hast und wie du während stressiger Phasen einen Ausgleich findest. Solltest du einen Mitgründer haben, ist es wichtig, miteinander darüber zu sprechen, wie ein »Happy End« aussehen würde (zum Beispiel der Verkauf oder Aufbau eines Familienunternehmens, welches über Generationen hinweg besteht) und was geschieht, wenn ihr dieses Ziel erreicht. Es ist auch wichtig zu erörtern, ob du dich bereits mit jungen Jahren zur Ruhe setzen möchtest, falls dies möglich ist oder ob du Challenges brauchst, die dich auf Trab halten.

Zwischen Insta-Story und Realität

Social Media gaukelt uns vor, dass alle erfolgreich(er), glücklich(er) sind und jeder scheint alles perfekt unter einen Hut zu bekommen. Es ist die zeitgenössische Art, uns und unsere Erfolge konstant mit anderen zu messen. Doch wenn man im wahrsten Sinne zu sich selbst finden möchte, auch über die Jugendzeit hinaus, ist es wichtig, bei sich zu bleiben, den Fokus auf das echte, authentische Ich zu setzen und nicht auf die Außendarstellung. Wer sich auf die anderen, ihre Meinung und Beurteilung verlässt, quasi außengesteuert unterwegs ist, wird nicht lange durchhalten.

Egal ob bei Instagram-Umfragen oder in Podcast-Interviews: Immer wieder werde ich nach meinen Ritualen befragt (die nicht sonderlich spektakulär sind), um zu mir zu kommen, bei mir zu sein. Ich wundere mich immer wieder darüber, verstehe aber auch den Hintergrund. Denn ich lese hinter dieser Frage den Wunsch nach – nachahmbaren – Erfolgsrezepten. Die habe ich aber nicht, denn es sind meine persönlichen Rituale, die wenig mit meinem Erfolg zu tun haben. Dennoch nenne ich sie gerne (und würde mich an anderer Stelle über einen Austausch freuen, was du so tust, um nicht durchzudrehen).

Was mir hilft runterzukommen, wenn der Stress zunimmt

1. Vier Tassen Schwarztee am Morgen statt Kaffee.
2. Aufräumen & Klamotten aussortieren (meine Art von Yoga).
3. Kochen & insbesondere backen. Nichts motiviert mich mehr als der Geruch eines Kuchens im Ofen, der durch die Wohnung strömt und auf den es sich für mich so sehr zu warten lohnt. Gerade Backen empfinde ich als heilsam für meine Seele, da ich mit meinem Start-up am Ende kein haptisches Produkt in

den Händen halte. Die Vernetzungen von Mentees & Mentorinnen ist nichts, was »greifbar« ist. Daher empfinde ich handwerkliche Arbeit, bei der ich die einzelnen Prozesse mit der Hand wahrnehme, wie aus Mehl, Eiern und Milch ein Kuchen wird, unglaublich beruhigend.

4. Kitschromane & Fantasybücher. Wenn ich lese, dann möchte ich in eine andere Welt entführt werden und mich nicht beruflich weiterbilden.

5. Meine Mama besuchen oder mit Freunden telefonieren. Es hilft ungemein, gelegentlich das eigene Gedankenkarussell zu verlassen und einen neuen Blickwinkel auf die Dinge zu erhalten.

Und selbstverständlich gibt es auch so einiges, was mich deutlich stresst:

1. LinkedIn-Beiträge von anderen lesen. Auch wenn die meisten erfolgreichen Personen auf LinkedIn mindestens zehn Jahre älter sind als ich, ertappe ich mich teilweise dabei, wie ich mich mit ihnen vergleiche. Wo sie stehen, welche Preise oder Auszeichnungen sie erhalten haben und ich noch nicht.
   - Was ich dagegen tue: Ich konsumiere so wenig wie möglich. Statt die Zeit auf Social Media mit dem Lesen von Beiträgen zu verbringen, versuche ich die Zeit eher zum Produzieren von Content zu nutzen. Den Fokus auf meine Social-Media-Präsenz zu setzen, ist für meine Karriere förderlicher. Auch der Austausch mit anderen Gründern meines Alters ist hilfreich.

2. Instagram-Storys und -Beiträge sind wie das freiwillige Betreten eines Labyrinths. Es ist unglaublich schwer, diese bunte, schillernde Welt zu verlassen und zugleich einen Überblick über die verlorene Zeit zu behalten, die man in der Onlinewelt verbracht hat – ähnlich wie ein Casinobesuch, wo es keine Uhren gibt und das grelle Licht jegliches Zeitgefühl unterdrückt.
   - Was ich dagegen tue: Ich folge niemandem auf Instagram, den ich nicht persönlich kennengelernt habe. Dadurch vermeide ich unrealistische Bilder und Einschätzungen von Personen. Mich interessiert das Leben der Personen, die ich kennenlernen durfte, aber ich versuche Influencer oder erfolgreiche Unternehmer auf sozialen Medien so gut wie es geht zu umgehen.

3. Der Versuch, alle E-Mails und LinkedIn-Nachrichten in einem Rutsch zu beantworten. Es ist einfach unmöglich – und wenn man den Berg abgearbeitet hat, staut sich gefühlt das Doppelte wieder.
   - Was ich dagegen tue: Manchmal ist es in Ordnung, nicht alle Anfragen sofort zu beantworten. Ich priorisiere immer, was zuerst beantwortet werden muss, zum Beispiel Interview- oder Speakeranfragen. Interne Probleme versuche ich auch so zeitnah wie möglich zu regeln. Das ist für mich immer der produktivste Weg, um etwas zu erledigen, aber mir gleichzeitig Zeit einzuräumen, die ich für andere Aktivitäten brauche.

Key Learning

Höre auf, den Träumen, Zielen oder Routinen von anderen hinterherzujagen. Bevor du dich für eine Gründung, ein Studium, eine Ausbildung oder ein Gap Year entscheidest, gib Folgendem Raum:

- Nimm dir die Zeit und finde heraus, wer du bist, was du kannst, was du mit deinem Können bewirken möchtest.
- Sei mutig und traue dich, etwas zu probieren. Du bist nie zu jung oder zu alt, um dich zu (er)finden und gute Ideen zu verwirklichen.
- Finde heraus, wie du mit stressigen Situationen am besten umgehst und finde deine individuellen Routinen, anstatt die von anderen blind zu kopieren.
- Nicht alles ist Gold, was glänzt: Sei dir darüber bewusst, dass Instagram und Co. nur einen kleinen Teil eines Tages oder Lebens darstellen. Bleibe realistisch und versuche, dich von der Blase nicht blenden zu lassen.

2 Starting a Start-up – und was ist dein Warum?

Die Start-up-Szene ist für mich eine Medaille mit zwei Seiten. Grundsätzlich denke ich bei dem Begriff ›Start-up-Szene‹ erstmal an eine Welt voller Möglichkeiten und Innovationen. Eine Welt, in der neue Lösungen ge- und erfunden werden und die mit ihrem offenen Unternehmensgeist die verstaubten Unternehmensphilosophien. Die Start-up-Szene ist für mich ein Raum, in dem Ideen verwirklicht und Träume realisiert werden können, wobei dennoch Freiheit und Flexibilität gewährleistet werden. Es ist ein Raum, wo man wachsen und lernen sowie seine Leidenschaft verfolgend kann. Gleichzeitig konnotiere ich die Szene allerdings auch mit harter Arbeit und einem hohen Risiko. Nicht jedes Projekt wird erfolgreich sein und es erfordert viel Zeit, Mühe und Durchhaltevermögen, eine Idee von der Konzeption bis zur Umsetzung zu bringen. Der (wirtschaftliche) Erfolg kann nicht garantiert werden und viele Start-ups scheitern früh. Ich denke, jede:r sollte sich vor einer Gründung über alle Eventualitäten klar sein und die Risiken wirklich berücksichtigen beziehungsweise einen Plan B haben, sollte es nicht funktionieren. Die Erfolgsgeschichten von Start-ups illusionieren meiner Meinung nach schnell und das wirkliche Investment (nicht nur finanziell) wird oftmals unterschätzt. Generell finde ich einen Aspekt der Start-up-Szene noch sehr interessant: Für mein Gefühl wird der Begriff mittlerweile teilweise missbraucht. Ab wann nennt man sich (noch) Start-up? Ich finde die Definition sehr schwer zu greifen.

Tatjana von Oeynhausen, Geschäftsleitung LA MAISON Victor Schilly & Friends GmbH

Für mich war der Start von FeMentor der einfachste Teil, das Durchhalten der wohl schwerste. Doch genau wie ein Auto, das regelmäßig getankt werden muss, um zu funktionieren, habe ich meinen Treibstoff gefunden. Das regelmäßige Feedback und die Geschichten aus dem Alltag von Frauen, deren Leben sich durch FeMentor zum Besseren gewandelt hat, wurden mein größten Motivatoren.

Doch bevor du diese Treiber findest, musst du dieses eine Start-up, die eine Idee finden, für die du jeden Tag motiviert aufstehst und die dich dazu bewegt, diesen Job Tag für Tag zu machen und weiter machen zu wollen. Und dafür brauchst du ein starkes **Warum**.

In vielen Start-up-Büchern geht es darum, wie man ein Unternehmen gründet, wie man (schnellstmöglich) erfolgreich wird und die erste Million innerhalb eines Jahres erreicht. Für mich klingt das nach einem falschen Versprechen in Anbetracht der Tatsache, dass neun von zehn Start-ups scheitern[8]. Was mir häufig im Kontext und in Gesprächen zu einer Start-up Gründung fehlt, ist die Frage nach dem Warum. Wenn ich gefragt werde, warum ich FeMentor initiiert habe, ist die Antwort meistens recht kurz: Ich hatte eine Idee. Ich habe nicht für das »Feeling« oder den »Lifestyle« (um es im besten Gen-Z-Denglisch zu formulieren) gegründet, sondern weil ich ein Problem und eine Lösung in Form von Reverse Mentoring gesehen habe. Diese fast naive Herangehensweise ist einer der Gründe, dass ich mich am Anfang kaum gesorgt habe, ganz nach dem Motto: Einfach mal machen. Der Glaube an meine Idee von FeMentor und der recht schnelle Erfolg, der eher unverhofft und überraschend kam, haben mich immer mehr in meinem Warum bestärkt. Und mit Erfolg meine ich nicht viel Presse oder eine Personal Brand, die auch folgten, sondern vor allem die E-Mails und Nachrichten von Frauen, deren Leben sich zum Besseren verändert hat. Mentees, die endlich den Mut gefasst haben, nach einer Gehaltserhöhung zu fragen oder den Job zu kündigen, in dem sie unglücklich waren. Mentorinnen, die zusammen mit ihren Mentees gegründet, einen Podcast gestartet oder andere Projekte umgesetzt haben. Insgesamt Frauen, die einen Zugang zu Wissen und einem Netzwerk erhielten, der ihnen vorher verwehrt blieb. Warum mache ich weiter, wenn es anstrengend ist oder ich auf Erfahrungen »verzichte«? Weil ich das Leben von wundervollen Menschen verändern darf, weil ich nicht ein Produkt verkaufen muss, für das ich nicht brenne, sondern mit Personen zusammenarbeiten darf, die es mir leicht machen, nicht aufzugeben, wenn es mal schwer wird.

Genau diese Frage nach dem Warum hat mir und vielen anderen in meinem Umfeld geholfen, motiviert zu bleiben und durchzuhalten. Sich wirklich zu fragen, wieso man gründen möchte und ob dieser Antrieb bis ans »Ziel« reicht. Wohin möchtest du mit deinem Start-up und wohin möchtest du persönlich? Geht es dir darum, deine Miete zu zahlen? Das Start-up schnellstmöglich zu verkaufen, um sorglos leben zu können? Möchtest du die Welt verändern oder sogar verbessern? Oder ist es schlicht dein Ego, was dich motiviert, um sagen zu können, dass du auch in der »coolen Start-up-Welt« mitmischst?

Bei all diesen Fragen geht es nicht darum, deine Motive zu bewerten, sondern darum, sie besser zu verstehen, um die Zukunft für dich und dein Unternehmen zu planen – und zwar auf Basis eines starken, andauernden Antriebs.

Daher solltest du dich nicht nur vor deiner Gründung, sondern fortwährend fragen: Warum mache ich das eigentlich?

Die Antwort auf diese Frage musst du mit niemandem teilen. Aber es ist wichtig, dir selbst gegenüber ehrlich zu bleiben. Sobald du merkst, dass du dein Warum nicht (mehr) beantworten kannst, solltest du umgehend innehalten. Warum motiviert dich der ursprüngliche Grund nicht mehr? Welcher wäre inzwischen wichtiger? Gibt es womöglich gar keine Treiber mehr?

Schauen wir uns die häufigsten Gründe zu gründen an[9] (mehr dazu in Kapitel 10) – wobei sich eine Kombination nicht ausschließt und die Nennung wertfrei ist.

Gründe zu gründen

1. **Unabhängigkeit und Freiheit.** Durch die Selbstständigkeit befreist du dich von Vorgesetzten, die dir Vorgaben machen, häufig ohne auf deine Stärken zu achten. Gerade wenn du aus einem Konzern oder einer größeren Agentur kommst, negative Erfahrungen mit Führungskräften und Vorgesetzten gesammelt hast (u. a. Mobbing am Arbeitsplatz oder dein Potenzial wird nicht ausgeschöpft) oder es dir an den in der Gesellschaft anerkannten Qualifikationen (z. B. Studium) mangelt, was dafür sorgte, dass dir bestimmte berufliche Möglichkeiten verwehrt wurden.
2. **Innovation/Idee, die den jeweiligen Markt verändern beziehungsweise verbessern kann.** Du hast eine tolle Idee und glaubst daran, dass sie einen wertvollen Beitrag für unsere Gesellschaft oder einen Teil von ihr leisten kann. Du bist Idealistin und möchtest etwas verändern. Deine Idee ist gut – obwohl du bisher in etlichen Firmen oder Konzernen keine Interessentinnen gefunden hast.
3. **Starten statt studieren.** Leider gilt in Deutschland immer noch ein Studium als höchste Qualifikation für den Einstieg in einen Beruf – obwohl die Bachelor-Studiengänge zum Leidwesen der Arbeitgeberinnen nicht immer ausreichend für den Beruf qualifizieren. Die Selfmadefrau hat nicht den Stellenwert wie in anderen Ländern. Und ohne Abitur wird es eng mit einer Ausbildung. Du bist es leid, dich mit Mitte 20 in Unternehmen zu bewerben, die fünf Fremdsprachen mit jahrelanger Berufserfahrung und einen Master verlangen, schlecht bezahlen und auch sonst nicht wirklich was für ihre Mitarbeiterinnen tun.
4. **Status & Ansehen.** Beide sind keine seltenen Antreiber für eine Gründung – auch wenn es am Ansehen der Selfmade-Pionierinnen in unserem Land noch mangelt.
5. **Einkommen & finanzielle Freiheit.** Der Wunsch und die Hoffnung, dass der große Reichtum durch eine Gründung kommt, scheint für viele ausreichend. Der Antrieb, langfristig finanziell frei zu sein und genug mit einer Arbeit zu verdienen, die auch gleichzeitig sinnstiftend ist, bringt einige dazu, ein Unternehmen zu gründen.

6. **Alternative zu Arbeitslosigkeit.** Für einige ist die Selbstständigkeit aber auch die einzige Möglichkeit, aus der Arbeitslosigkeit zu gelangen. Wenn das Jobcenter keinen passenden Beruf vorschlägt, dann wird die eigene Expertise zum Job gemacht.

7. **Fortführen der Familientradition.** Nicht immer ist die Übernahme des Familienunternehmens gewollt, doch viele Kinder von Unternehmerinnen treten in die Fußstapfen ihrer Eltern. Entweder indem sie ihr eigenes Start-up aufbauen oder das elterliche Unternehmen fortführen.

Dein unbändiger Wille

Wenn dein Warum klar ist – und zwar eines, von dem du im tiefsten Inneren überzeugt bist, dass es dich eine ganze Weile nicht im Stich lässt –, geht die Reise erst richtig los. Denn nun musst du schauen, ob du auch wirklich bereit bist, in den kommenden Monaten oder Jahren deine – meist ganze – Zeit und Energie für dein Projekt aufzubringen. Dafür ist wichtig zu wissen, worauf du dich einlässt. Wobei du das nicht alles »wissen« kannst – aber du solltest ausreichend Gespräche mit Gründerinnen oder erfolgreichen Mentorinnen aus der Branche führen, um von den großen Hürden (finanziell, mental, psychisch) zumindest gehört und dich mit ihnen auseinandergesetzt zu haben. Dazu gehört auch, dass du dich mental darauf vorbereitest, dass du gefühlt immer an etwas arbeitest. Denn die Arbeit hört nicht im Büro oder nach acht Stunden auf. Sie zieht sich durch alle Lebenslagen, wird zur ständigen Begleiterin und zu einem gewissen Grad auch zur eigenen Identifikation.

Ein befreundeter Investor gab mir früh den Rat, FeMentor von mir zu »trennen«. Was nicht meinte, dass ich nicht weiterhin daran arbeiten sollte, sondern dass meine Gefühle und mein Selbstglaube nicht abhängig vom Erfolg sein sollten. Dieser Rat ist weiterhin Gold wert – und er begleitet mich, auch wenn ich diese Trennung in meinem gesamten beruflichen Leben nicht immer so hinkriege, wie es mir guttun würde. Ich habe dadurch verstanden, dass ich, wenn es mir gutgeht und ich den Druck von FeMentor nehme, besser in Stresssituationen agieren kann, weil eben nicht meine Identität davon abhängt.

Was damit einhergeht: Trotz allen Glaubens in deine Gründung und den Erfolg deines Unternehmens ist es relevant, frühzeitig eine von dem Gründungsunternehmen unabhängige Personal Brand (Kapitel 13) aufzubauen, die auch nach einem Verkauf, einer Insolvenz oder anderen Situationen weiter besteht.

Andrea Fernandez, CEO & Co-Founder von Vitamin, einer Finanzapp für Frauen, ist Ü40, war viele Jahre Angestellte und ist seit 2021 Gründerin. Ich frage sie nach den Unterschieden zwischen diesen beiden Welten.

»Ich stand bereits auf beiden Seiten und kann die Vorteile beider Möglichkeiten wirklich schätzen. Ich denke, das Wichtigste ist, ehrlich zu sich selbst zu sein und zu wissen, ob Gründen etwas ist, das man wirklich tun möchte. Ich habe das Gefühl, dass viele junge Menschen sich gedrängt fühlen zu gründen, weil die Gesellschaft oder ihre Freunde sie in diese Richtung lenken. Ein Unternehmen zu gründen und zu leiten, ist schwer und wenn man nicht tief in sich das Verlangen hat, es durchzuziehen, ist es nichts, was man leichtfertig auf sich nehmen sollte. Eine Anstellung, die man gerne macht, in einem Unternehmen, an das man glaubt, ist ebenfalls ein guter Weg nach vorn. Am Ende des Tages ist es wirklich eine sehr persönliche Entscheidung. Wenn du jedoch die Neugierde und den Wunsch hast, diesen Weg zu gehen, solltest du es auch tun. Mache den nächsten Schritt, um mehr herauszufinden – vielleicht ist es der Beitritt zu einem Accelerator, vielleicht ist es das Ausarbeiten deiner Idee oder das Erstellen eines Geschäftsplans. Das Wichtigste ist, diesen nächsten Schritt zu gehen.«

Neben der Warum-Frage gibt es noch andere Faktoren, die du beachten musst, wie Andrea erläutert. »Sei dir über deine Vision im Klaren. Habe vor Augen, was du erreichen möchtest. Aber sei dir auch bewusst, dass du nicht alle Antworten hast. Du gestaltest deine eigene Reise. Also leg los. Habe Mut und vertraue auf dich selbst. Aber es ist auch sehr wichtig, dass du dir über den Grund klar wirst, warum du deine Gründungsreise unternimmst. Denn das wird dich durch die Höhen und Tiefen der Gründung tragen, von denen es viele gibt.«

Konkrete Tipps VOR einer Gründung von Andrea Fernandez

1. **Baue dir ein starkes Netzwerk auf**, von dem du profitieren kannst – für das du aber auch selbst wertvoll und hilfreich bist. Denn Networking ist immer auch ein Geben und Nehmen.
2. **Nimm dir Zeit, um den oder die richtigen Mitgründenden zu finden** und stelle sicher, dass eure Werte übereinstimmen.
3. **Kenne deine Zahlen**: Beherrsche deinen Geschäftsplan und kenne deine Geschäftszahlen.
4. **Denke daran, dass weiblichen Gründerinnen bei Pitches mehr präventive Fragen als Promotionsfragen gestellt werden.** Wenn du Antworten auf die Fragen der Investoren formulierst, konzentriere dich auf das Wachstumspotenzial deines Unternehmens. Sei mutig!
5. **Verfolge unbeirrt und mutig deine Vision.** Aber vergiss dabei nicht, auch geduldig mit dir zu sein und dich um dich selbst zu kümmern.
6. **Betrachte jede Unterhaltung als potenziellen Pitch**, egal mit wem du sprichst. Du repräsentierst immer auch dein Unternehmen.

Eine Geburt ist schmerzhaft. Gründen auch!

Viele Gründerinnen assoziieren ihr Start-up mit einem Kind. Und dieser Vergleich passt gut, denn auch ein Start-up entsteht aus einem Ideensamen, einer Gedanken-zelle, wächst heran, entwickelt sich und macht Fehler. Man trägt die Verantwortung, die Sorge und die Liebe für das eigene Start-up-Baby. Genau wie ein Kind sollte eine Gründung keine kurzfristige und unüberlegte Entscheidung sein, auch wenn es in manchen Fällen auch ohne Planung gut gehen kann. Du muss dir bewusst sein, dass es ein langfristiges Projekt wird, bei dem du nicht einfach aufhören solltest bezie-hungsweise kannst und das kostenintensiv sein wird. Und trotz der Umstände, dass es anstrengend ist, ein Kind großzuziehen, trotz schlafloser Nächte, Schmerzen und Ängste, entscheiden manche sich für ein zweites, drittes oder sogar viertes Kind.

»Suchtfaktor« als treibendes Warum

Es gibt zwar immer die Möglichkeit, zurück in ein Angestelltenverhältnis zu gehen, doch wenn man einmal Start-up-Luft geschnuppert hat, ist es schwer, nicht mehr »da-bei« zu sein.

In der Start-up-Welt passiert es nicht selten, dass Gründen mit einem gewissen »Suchtfaktor« verbunden ist oder wird. Denn der Spaß an der Tätigkeit bewegt die meisten Unternehmerinnen dazu, Serientäterinnen zu werden und ein weiteres Start-up zu gründen – egal ob sie mit dem vorherigen erfolgreich waren oder nicht. Und das erstaunlicherweise trotz des Stresses und der (Über-)Verantwortung, die sie bei der ersten Gründung häufig erleben.

Das sieht auch Moderatorin und Journalistin Yara Hoffmann so. »Ich kenne Leute, die fast ›addicted‹ sind und immer wieder weitermachen in der Start-up-Szene. Die sich immer wieder dieser Existenzangst stellen und es immer wieder aufs Neue probieren. Am Ende zeigt sich, wer mutig ist, muss durch tiefe Täler und hohe Berge überwinden. Es gehört beides dazu. Erfolg kommt mit dem, der Durchhaltevermögen hat.«

Kontinuierliche Selbstreflexion

Zu einer Gründung, egal ob erfolgreich oder nicht, gehört neben Durchhaltevermögen auch ganz viel Selbstreflexion. Dafür musst du bereit sein, dich ständig Kritik auszu-setzen und mit der Tatsache leben, von anderen befragt und vor allem hinterfragt zu werden.

Ich vergleiche meine Gründung häufig mit einer Rose. Von außen sehen meine Erfolge schön aus, aber wer näherkommt, erkennt auch die Stacheln, die blutige Stellen ver-ursachen.

Daher wiederhole ich das nicht umsonst. Es ist ganz wichtig, dass du dir vor der Grün-dung klar bist: Will ich das wirklich – oder nicht? Denn die meisten Gründungsberatungen gehen diese Fragen nicht mit dir durch, sondern setzen direkt bei der Idee und dem Finanzplan an. Doch es ist der Mensch hinter einem Start-up, der dieses möglich und erfolgreich macht, nicht umgekehrt.

Die häufigsten (sieben) Gründe zu gründen habe ich bereits genannt. In meinem Fall war es eine »Just-do-it«-Aktion, die auf eine Idee folgte. Doch es ist etwas anderes, ob du 20 Jahre alt bist, gerade studierst und die Zeit dafür hast – oder ob du für eine Familie und Kinder zu sorgen hast, gewöhnt bist, ein festes Einkommen zu beziehen und die Sicherheit liebst, die damit einhergeht.

Ideenreich vs. ideenlos

»Ich würde so gerne selbstständig sein, aber ich habe einfach nicht DIE Idee.« Häufig kommen Gründungsinteressierte unterschiedlichen Alters auf mich zu mit der Frage, wie ich auf FeMentor kam und ob es Tricks gibt, an Start-up-Ideen zu kommen, da sie ebenfalls gerne gründen würden. Meine erste Rückfrage ist fast immer: Hast du denn schon irgendeine Idee? In 90 Prozent der Fälle wird diese Frage verneint. Für mich ist es unvorstellbar, einfach nur gründen zu wollen um des Gründens willen. Natürlich klingt es spannend, deine eigene Chefin zu sein und an etwas zu arbeiten, was du geschaffen hast. Aber wie willst du ohne klaren Ansatz gründen?

Und auch ich, die eine Vorstellung hatte, von der ich völlig überzeugt war, habe teilweise gezweifelt und gesagt, dass ich nicht mehr kann oder will. Aber ich hatte immer mein Warum vor Augen – und das hat mich weitermachen lassen. Wenn also deine Idee entweder nicht deine eigene ist oder du nicht komplett hinter ihr stehst und für sie brennst, solltest du noch nicht gründen. Wenn du noch auf der Suche bist, kannst du dich mit Gründerinnen austauschen oder sogar bei einem Start-up als Co-Founder einsteigen, da so manche Unternehmen noch jemanden im Gründerinnenteam suchen.

Flexibilität und Willensstärke

Ein Unternehmen zu gründen bedeutet, du rennst einen Marathon. Du kannst zwar viel (alleine) trainieren, aber mindestens beim ersten Lauf wirst du, was das Ergebnis betrifft, völlig »unvorbereitet« an den Start gehen – auch wenn du denkst, dass du für alle Eventualitäten vorbereitet bist. Und was beim Gründen hinzukommt und anders ist als beim Marathon: Dein Warum muss dich als großes Ziel immer begleiten – denn die Etappenziele werden sich, gewollt oder ungewollt, ändern und sind nicht immer planbar. »Der Weg ist das Ziel« passt da wie die Faust aufs Auge. Auf diesem Weg gilt es auch Spaß an der Sache zu haben und etwas in der Welt zu bewegen (Stichwort: positive impact) und nicht ausschließlich »schnellen Reichtum« als Warum zu definieren.

Wenn dein großes Ziel (nach einer erfolgreichen Gründung) der spätere Verkauf deines Start-ups ist, dann ist auch hier die bittere Wahrheit, dass es schwer wird. Das heißt nicht, dass du dein Start-up nicht erfolgreich verkaufen kannst. Aber es heißt, dass du die Zeit bis zum Verkauf nicht viel Freude haben wirst. Denn auf dem ganzen Weg dorthin fehlt dir ein täglich greifbares Warum, das all die nötige Arbeit mit Freude verbindet und tiefergreifender ist als nur der Wunsch nach einer satten Verkaufssumme.

Elena Margulis ist Marketingexpertin und war sechs Jahre lang Unternehmerin. Sie hat zwei Start-ups mitgegründet, die nicht ihre ursprüngliche Idee waren. Irgendwann hat der innere Antrieb gefehlt.

»Ich kann hier nur für mich sprechen – denn hinter jeder Gründung verbergen sich diverse und vielschichtige Motivationsgründe. Bis ein Start-up erfolgreich ist, dauert es meist viele Jahre. Und der Weg dahin ist alles andere als glamourös, geschweige denn besonders gut vergütet. Als Unternehmerin musst du schon sehr gute Gründe haben, um das alles mitzumachen. Der innere Motor ist eigentlich das Einzige, was dich antreibt. Wenn dieser aber, egal durch welche äußeren Faktoren (Probleme im Gründerteam, Finanzierungsschwierigkeiten, Erfolg bleibt aus, et cetera), ständig an sein PS-Limit kommt, dann brennt der nun mal durch. Und du musst schon sehr viele Ersatzmotoren haben, um diesen immer wieder auszuwechseln und weiterzumachen. Ich bin bei beiden Start-ups nie an den Punkt gekommen, dass ich hundert Prozent gefühlt habe, dass es auch meine Idee hätte sein können. Außerdem gab es immer etwas an der Art meiner Mitgründer, die mich das spüren lassen haben. Ich stelle mir vor, dass du, wenn es deine eigene Idee von Beginn an ist und du von Tag null dabei bist, vielleicht einfach ein paar mehr Ersatzmotoren übrig hast und somit einen noch längeren Atem.«

> **Tipp**
>
> Wer trotz fehlender Start-up-Idee gründen möchte, kann sich auf Plattformen wie founderio, START-UP SUCHT, CoFoundersLab umschauen oder an Accelerator-Programmen wie Antler, Founder Institute und Y Combinator teilnehmen.

Beim Bau eines Hauses (= dein Start-up) muss es, bevor der erste Stein gelegt wird, einen Plan geben, alles abgemessen und das richtige Bauunternehmen (= Unterstützerinnen, Investorinnen usw.) gefunden werden.

Übersetzt für die Start-up-Szene heißt das:
1. Passendes Grundstück suchen = die erste Idee finden. Diese muss nicht final sein und kann erweitert oder angepasst werden, aber fürs Erste muss es eine Grundidee geben.
2. Abschluss einer Baufinanzierung = dir über die eigenen Finanzen klar werden und einen Finanzplan erstellen. Wie lange kannst du ohne festes Einkommen überbrücken? Welche Gelder brauchst du für die Gründung, für eine Notarin, deine Webseite und so weiter?

3. Baumaterialien vergleichen = schauen, ob dein Start-up-Name verfügbar ist und welche Konkurrenz es schon gibt.

4. Bauunternehmen/USP definieren = dein Alleinstellungsmerkmal (Unique Selling Point, USP) finden! Neben dem Namen und der dahinterliegenden Idee musst du dich positionieren. Was macht dich besonders?

5. Kauf des Grundstücks = die Rechtsform wählen und anmelden. Bevor du dich für eine Rechtsform entscheidest, solltest du dich mit Anwältinnen austauschen und überlegen, ob du dich für ein Stipendium bewerben möchtest. Viele Start-up-Akzeleratorinnen bewilligen nur »Ideen« und keine bereits gegründeten Start-ups mit Rechtsform.

6. Planung = Hier werden der erste Businessplan und ein 5-Jahres-Plan erstellt. Die Monetarisierung und das Geschäftsmodell sollten in diesem Schritt ebenfalls geplant werden.

7. Baugenehmigung = Als Gründerin solltest du dir schon am Anfang Gedanken machen, ob du bootstrappen möchtest oder dich um ein Investment bemühst. Die Start-up-Baugenehmigung ist also abhängig von dieser Entscheidung und den (finanziellen) Mitteln.

8. Rohbau = Hier wird die Idee zu etwas Handfestem und die Strukturen des Unternehmens werden nach der Testphase festgelegt.

9. Bauabnahme = Selbst wenn du dich für ein Investment entschieden hast, solltest du frühzeitig Kundinnengewinnung betreiben.

10. Innenausbau = Das Innere deines Start-ups besteht immer aus dem Team, welches genauso wichtig für den Erfolg ist wie die Finanzen. Gute Mitarbeitende müssen gefunden und sukzessive eingestellt werden.

Die erste Website, der erste Businessplan oder Finanzplan und das erste Geschäftsmodell, nicht einmal der Name muss bei einem Start-up gleich bleiben. Veränderung gehört dazu, gerade in der Szene. Es ist wie eine dauerhafte Testphase in den ersten drei Jahren, in denen geschaut wird, ob es und was Sinn macht, beim Markt ankommt und Kundinnen generiert. Mir hat es am Anfang geholfen, Zeitdruck zu haben und nicht viel Zeit darauf zu verwenden, die Idee zu hinterfragen. Und dennoch habe ich FeMentor anfänglich als »Side-Projekt«, als Nebenbei-Projekt betrachtet. Dadurch habe ich mir den Druck genommen, dass mein erstes Start-up direkt erfolgreich sein muss. Mich hat der Erfolg dann eher überrascht. Dass ich innerhalb von zwei Jahren eines der spannendsten Frauennetzwerke aufgebaut habe laut der Zeitschrift Emotion[10], war für mich daher zunächst eher wie: »Ich soll das gemacht haben? Wir stehen doch erst am Anfang.«

Meine erste Website ist mehrfach erneuert worden und das ist auch gut so. Dennoch »schäme« ich mich nicht, dass sie nicht perfekt aussah, denn dadurch hatte ich erst einmal etwas vorzuzeigen, eine Art Visitenkarte. Ich musste nicht immer die Idee erklären, sondern konnte den Link schicken, was gleich professioneller wirkte und ohnehin ein Must-have ist. Auch den Start-up-Namen finden ist wie ein Outfit für ein erstes Date suchen. Man probiert unterschiedliche Sachen und Kombinationen aus – und oft wird es dann doch, das erste Outfit beziehungsweise der erste Einfall. Den Namen zu FeMentor habe ich beim Spazierengehen gefunden und ursprünglich fanden Personen, denen ich davon erzählte, ihn schrecklich. Er würde zu sehr an »fermentieren«, »Dementor« von Harry Potter oder »Fermenter« erinnern. Wer Harry Potter nicht kennt: »Dementoren gehören zu den übelsten magischen Wesen, die es gibt. Sie entstehen, ohne sich zu paaren.«[11] Keine Begriffe, mit denen ich FeMentor oder unsere FeMentorinnen in Zusammenhang bringen wollte. Dennoch war ich von dem Namen angetan und entschied mich für ihn. Doch auch der Name eines Start-ups kann sich im Laufe der Gründung sowie danach ändern. Daraus kannst du dann beispielsweise eine Pressemitteilung machen im Sinne von »Start-up XY heißt jetzt YX«. Berühmte Unternehmen wie Home24 (vorher Möbel-Profi.de), jomondo (früher loomondo) oder Outfittery (zuvor Paul Secret) haben im Laufe der Zeit das Businessmodell behalten, den Namen aber gewechselt.[12] Daher musst du bei deiner Namensfindung nicht gleich beim ersten Mal richtig liegen. Allerdings musst du dir, wie im obigen Bauplan in Punkt 3 beschrieben, einen rechtssicheren Namen aussuchen. Denn manche Start-ups müssen den Namen ändern, wenn eine Wettbewerberin eine Klage einreicht, dass der Markenauftritt und der Name zu sehr an den eigenen erinnern.

Vor meiner Gründung habe ich mich informiert, ob der Name und die Websitedomain verfügbar sind. Wir waren die erste Reverse-Mentoring-Plattform in Europa, daher gab es für uns keine direkte Konkurrenz, die wir uns anschauen konnten. Mein Rat an alle angehenden Gründerinnen ist, sich vorher zwar mit bereits existierenden Start-ups in derselben Branche auseinanderzusetzen, dies aber zu minimieren. Der Fokus sollte beim eigenen Unternehmen bleiben und es passiert schnell, dass man gesehene Ideen auf anderen Websites mit den eigenen verwechselt und diese dann kopiert.

Außerdem verliert man häufig aus den Augen, dass es die Konkurrenz schon länger gibt, diese also bereits Marketing und Website auf den Markt angepasst haben. Dein Ziel sollte es nicht sein, die Kundschaft bestehender Unternehmen abzuwerben, sondern neue Kundinnen zu gewinnen, die sich noch für kein anderes Start-up entschieden haben.

Um einen Tipp zu verbildlichen: Ein Start-up ist wie ein neues Café an der Ecke, wo noch kein anderes oder keines mehr ist. Entweder läuft die Ecke nicht gut und vorherige Cafés sind eingegangen oder keine hat es an dieser Stelle versucht. Das gilt es am besten vor der Gründung herauszufinden. Erst nach dem Markteintritt gibt es einen realen Einblick in die Branche beziehungsweise in die Reife deiner (Geschäfts-)Idee. Nach dem ersten MVP können eventuelle Fehlinvestitionen oder Monetarisierungsmodelle rechtzeitig angepasst werden.

Minimum Viable Product (MVP)

Ein MVP ist ein minimal funktionsfähiges Produkt. Es geht darum, den Wachstum des Start-ups schnell voranzutreiben, in kurzen Intervallen ein (Teil-)Produkt auf den Markt zu bringen und erstes Kundinnenfeedback zu erhalten. Damit können frühzeitig Erfolge gemessen und Risiken erkannt werden.[13]

Um im Cafébeispiel zu bleiben: Zunächst bietest du nur Kaffeespezialitäten an – erkennst aber anhand des Feedbacks, dass es auch sehr viele Teeliebhaberinnen gibt.

Meine Tipps für den Start deines Start-ups

1. **Der Name und das Geschäftsmodell kommen nach der Idee.** Behalte den Fokus darauf und tausche dich mit anderen erfahrenen Gründerinnen aus.
2. **Gehe Schritt für Schritt** und versuche nicht, drei Stufen auf einmal zu nehmen. Das kann das Ende vom Anfang sein.
3. Perfektionismus ist schön und gut, aber in der Start-up-Szene geht es eher um **Flexibilität und Geschwindigkeit.** Statt die perfekte Website zu gestalten, solltest du Kundinnengespräche führen und die »wahren« Bedürfnisse erfahren, um Wachstums- und Optimierungschancen im Sinne deiner potenziellen Kundinnen zu sehen.
4. Sei die »**Traumnutzerin**« deines Start-ups. Es wird immer andere geben, die deine Idee oder dein Design nicht gut finden. Zu dir, deiner Persönlichkeit muss es passen, deine Vision muss es ausdrücken, dann wird es auch einheitlich und stimmig.
5. **Definiere drei bis fünf »perfekte Nutzerinnen«** deines Start-ups. Wie alt sind sie, was machen sie gerne? Damit findest du deine Zielgruppe (oder auch mehrere), auf die du dich fokussieren kannst und die du gezielt ansprechen möchtest. Damit verweise ich auf die sogenannten Personas, mit denen du typische Vertreterinnen deiner Zielgruppe erstellst.
6. **Checke deine Finanzen** und informiere dich über Förderungen, bevor du ein Investment an- oder einen Kredit aufnimmst. Viele Programme sind nur vor einem ersten Investment möglich und diese Chancen solltest du dir nicht entgehen lassen. Gerade wenn es dir an finanziellen Mitteln fehlt, sind das gute Polster, um mit einem Gefühl von Sicherheit zu starten.
7. **Überanalysiere deine Start-up-Idee nicht.** Du solltest dich natürlich informieren und eine Gründung wohl überlegt angehen, dennoch ist es irgendwann an der Zeit zu starten, wenn du dich bewusst dafür entschieden hast. Je schneller, desto besser.

Sei dir über deine Motive der Gründung, über dein Warum bewusst. Nur gründen um des Gründens willen sollte nicht der einzige Grund sein.

Dein persönliches Warum

3 Liebe, Beziehung und Übergriffe

Die Start-up-Szene kann ein wunderbarer Ort sein, voller Unterstützung und Menschen, die begeistert davon sind, etwas zu bewegen. Sie kann aber auch sehr oberflächlich, kalt und manipulativ sein. Ich halte mich an die helle Seite mit positiven Personen, die den Wert der Menschlichkeit priorisieren und leben. Für mich ist es jedoch auch sehr wichtig, meine Freund:innen außerhalb der Start-up-Szene zu priorisieren. Menschen, die in ganz unterschiedlichen Bereichen unterwegs sind und ganz anders auf Dinge schauen. Menschlichkeit und andere Blickwinkel, daran halte ich mich und das inspiriert mich sehr.

Rosa Miriam Reinhardt, Gründerin in der politischen Arena

Ich hätte vorher nicht gedacht, dass die Berufswahl Auswirkungen auf das Dating-Leben haben würde, wurde aber eines Besseren belehrt. In der Gründerszene steht für viele das Start-up an erster Stelle, was dazu führen kann, dass zwischenmenschliche Beziehungen darunter leiden und das Liebesleben zu kurz kommt. Gründende sind gut darin, sich zu pitchen – aber auch, wenn es sich um die Liebe dreht?

Ist das ein Geschäftstermin, ein Date oder schiere Grenzüberschreitung?
»Möchtest du mich heiraten?« Diese Frage hatte ich zu einem späteren Zeitpunkt erwartet – und vor allem von einem Menschen, der mich tatsächlich schon einmal in persona getroffen hat. Den Heiratsantrag erhielt ich auf LinkedIn von einem mir unbekannten Mann. Dass LinkedIn von einigen fälschlicherweise als Dating-App verstanden wird, ist besonders Frauen bereits bekannt. LinkedIn fühlt sich an wie die neue Datingplattform für (mehr oder weniger) erfolgreiche Persönlichkeiten. Auch ich habe schon unzählige Datinganfragen erhalten oder Termine vereinbart, die seitens meines »Terminpartners« aber nur abends beim Dinner möglich waren, wo bei mir schon die Alarmglocken läuten. Andererseits hat sich manches Date zu einem Beratungstermin entwickelt und letztendlich zu einer Geschäfts- statt Liebesbeziehung geführt.

Nach so manchem »Geschäftstermin« war ich mir unsicher, ob es sich wirklich um ein Gespräch auf Augenhöhe zwischen zwei potenziellen Kooperationspartnern handelte oder um ein Date. Selten ist dies erwünscht, teilweise unangebracht, gerade bei einem Altersunterschied von 25 Jahren oder mehr. Die Grenze scheint zu verschwimmen und damit geht es nicht nur mir so. Einige meiner Freundinnen, die ebenfalls Teil der Start-up-Szene sind, unabhängig davon, ob sie gegründet haben, in einem VC arbeiten oder in einem Start-up: Die Verwirrung kennen viele Frauen, die sich bei den Motiven ihres Gegenübers unsicher sind.

Um solche Situation zu vermeiden, finde ich es wichtig, eine Person nicht mit falschen Versprechungen oder Andeutungen in ein Treffen zu locken. Auch wenn LinkedIn keine Datingplattform ist, kann ich es verstehen, wenn man sich schockverliebt, weil die Beiträge humorvoll geschrieben sind, das Bild ansprechend ist und die Persönlichkeit einem ins Auge fällt. Dann aber sind ein angemessener Ton, ein Herantasten und eine offene Nachricht ehrlicher als die »Zeitverschwendung«, wenn die eine Seite davon ausgeht, zu einem Geschäftsessen und keinem Date zu gehen. Solltest du also ein romantisches Interesse an einer Person haben, mache nicht sofort einen LinkedIn-Antrag mit Ring-Emoji oder lade die Person zu einem vorgetäuschten »beruflichen« Kennenlernen ein, sondern frage offen und ehrlich, ob dein Gegenüber sich in einem privaten Rahmen treffen möchte. Problem gelöst!

Das große Tabuthema: Sexuelle Belästigung

Es gibt unerwiderte Liebe – und es gibt sexuelle Belästigung. Ich habe mit mir gehadert, ob ich dieses Thema ansprechen soll, aber mein Titel heißt nun mal auch UNCOVER und daher werde ich so offen wie möglich sein. Denn es ist ein Risiko, über eine der größten Schattenseiten der Businesswelt, und damit meine ich nicht nur die Gründerszene, zu sprechen: sexuelle Belästigung.

Das Hashtag #MeToo bekam im Oktober 2017 immense mediale Aufmerksamkeit, denn der Filmproduzent Harvey Weinstein verursachte einen Skandal, der öffentlich wurde: Gleich mehrere Frauen beschuldigten ihn der sexuellen Belästigung. Und diese Beschuldigungen hatten Bestand, denn Weinstein wurde 2020 zu 23 und 2023 zu weiteren 16 Jahren Haft verurteilt. Der Hashtag löste eine Welle von mehreren Millionen Postings aus, von Frauen aus den unterschiedlichsten Branchen, die sich trauten, über ihre eigenen Erfahrungen zu sprechen.[14]

2023 gibt es eine Schlagzeilenwelle über sexuelle Belästigung in der Start-up-Szene. Und ich könnte bei jedem weiteren Artikel und Post, den ich dazu lese, weinen. Wir setzen uns so sehr für mehr Frauen in der Gründerszene ein, der Hashtag #FemaleEmpowerment trendet – und dennoch schaffen wir es nicht, weibliche Gründende zu schützen. Mir werden immer wieder Artikel geschickt mit der Bitte, auch über diese Schattenseite in meinem Buch zu sprechen. Und das tue ich!

Bei einer Fragerunde nach einer Keynote im Mai 2023 fragt mich ein Gründungsinteressierter, was an den Artikeln über sexuelle Belästigung in der Start-up-Szene dran ist und ob es wirklich so schlimm ist. Meine Antwort: Es ist sogar noch schlimmer.

Eine Studie der UN Women von 2021 hat gezeigt, dass allein im United Kingdom nur drei Prozent der Frauen zwischen 18 und 24 Jahren angaben, nie sexuelle Belästigung erlebt zu haben. Doch das Problem gibt es weltweit. Neun von zehn Start-ups scheitern, das ist viel. Aber was schockierender ist: Nahezu neun von zehn Frauen auf der

Welt fühlen sich unsicher in öffentlichen Räumen. Alle zehn Minuten stirbt eine heranwachsendes Mädchen an den Folgen von Gewalt.[15]

Ich kenne betroffene Frauen und auch einige Männer, die Geschichten aus Start-ups kennen, die schlimmer sind als das, worüber derzeit in Artikeln berichtet wird. Und sie trauen sich nicht, darüber zu sprechen. »Ich kann darüber nicht reden, wir sind gerade in einer Fundraising-Runde, die prüfen da genau.« – »Wir haben eine Geheimhaltung unterschrieben, darüber darf ich leider nicht sprechen.« – »Ich habe Angst, darüber zu sprechen, selbst wenn es anonym ist.« Solche Nachrichten erhielt ich, nachdem ich Betroffene angefragt habe. Aber ich darf Geschichten erzählen, die in der Presse gelandet oder in meinem Umfeld passiert sind (wobei ich die Erzählungen anonymisiere).

Machtmissbrauch. Das ist das erste Wort, das mir einfällt, als mir von einem Investor erzählt wird, der die Hand auf das Bein der Gründerin legt, die ihr Start-up pitcht, da er Interesse bekundet hatte. Dass das Interesse nicht nur dem Start-up galt, sondern auch der Gründerin, wäre ihr nicht in den Sinn gekommen. Also sitzt sie da, beim Essen im Restaurant, versucht, das Thema auf Zahlen und Fakten zu lenken und fühlt sich unwohl. Sie braucht das Geld, denn ihr Erspartes steckt in dem, was sie gerade versucht aufzubauen und woran sie glaubt. Es wäre so einfach aufzustehen, ihm das Glas Wasser ins Gesicht zu schütten und ihm die Meinung zu geigen – aber er ist gut vernetzt. Er würde sie als sensibel und unreif bezeichnen, anderen davon abraten, in sie zu investieren. Das Risiko ist zu hoch. Also bleibt sie sitzen. Sie isst, sie lacht und wünscht sich nach Hause. Gleich ist der Hauptgang da, danach lehnt sie eine Nachspeise ab. Beim Verlassen des Restaurants liegt die Hand des Investors auf ihrem unteren Rücken. Er bietet ihr an, sich ein Taxi zu teilen, sie lehnt dankend ab. Endlich zu Hause weiß sie, zu einem Investment wird es nicht kommen, denn die Einladung war klar: Komm mit oder vergiss es. Sie hat sich für sich selbst entschieden.

Das Machtgefälle zwischen Investoren und Geldsuchenden ist groß. Da kann es vorkommen, dass Hintergedanken im Spiel sind und es sich für die investierende Person neben dem eventuellen finanziellen Erfolg auch anderweitig lohnen muss. Das ist gefährlich und hier fehlt es mir in der Start-up-Szene an einer »Rettungsstelle«, an die sich Gründende wenden können, die ähnlich wie ein Kummerkasten in einem Unternehmen fungiert. Da du als gründende Person meistens in der höchsten Position deines Unternehmens sitzt, kannst du dich nicht bei der HR-Abteilung melden, wenn du dich unwohl bis belästigt fühlst und bist häufig mit deinen Problemen allein. Hinzu kommt: Durch die Abhängigkeit von bestimmten Personen in der Szene fehlt einigen der Mut, sich dagegen aufzulehnen.

Fälle aus der Start-up-Szene, die erschüttern

Wenn ich so manchen Artikel lese, möchte ich Alkohol bei Firmen- und Weihnachtsfeiern verbieten lassen. Was viele in die Start-up-Szene lockt, sind die coolen Partys, der lockere Umgang und das freundliche Du, nichts mehr mit steifem Siezen. Dabei ist eine klare Grenze zwischen Beruf und Persönlichem wichtig, fehlt aber zu häufig. Wenn aus der spaßigen Party dann ein Albtraum wird, gerade für Frauen, ist das nicht mehr lustig.

Nur wenige Fälle sind der Presse bekannt, dabei gibt es eindeutig mehr. Es ist nicht so, dass Journalisten und Journalistinnen darüber nicht berichten wollen, aber kaum eine Betroffene (in dem Fall bewusst weibliche Form) traut sich, ihre Geschichte zu teilen. Zu viel hängt an dem Job, dem Gehalt und dem Ruf. Und genau hier muss in unserer Gesellschaft, in unserem Denken angesetzt werden. Wie kann es sein, dass eine sexuell belästigte Person glaubt, ihr »guter Ruf« könnte Schaden nehmen, wenn sie doch das Opfer ist?! Ein Hinweis an dieser Stelle: Gerne hätte ich aus bereits erschienenen (!) Artikeln auf konkrete Fälle hingewiesen, doch da eine Klage nicht unwahrscheinlich gewesen wäre, habe ich darauf verzichtet.

In Deutschland ist sexuelle Belästigung am Arbeitsplatz keine Seltenheit. Jede elfte erwerbstätige Person gibt laut Umfragen der Antidiskriminierungsstelle des Bundes an, schon einmal am Arbeitsplatz sexuell belästigt worden zu sein. Davon sind drei Viertel Frauen.[16]

Ein Nachteil, wenn du dich dafür entscheiden solltest, in einem Start-up zu arbeiten: Die wenigsten Start-ups haben eine Frauenbeauftragte. Das Bundesgleichstellungsgesetz (BGleiG) regelt, dass (erst!) ab 100 Beschäftigten eine Gleichstellungsbeauftragte gewählt wird (§ 19 BGleiG[17]).

Ich kann mich nur im Namen der Täter und der Gründerszene, die das unter den Teppich kehrt, entschuldigen. Und ich wünschte, ich könnte an dieser Stelle eine klare Handlungsempfehlung aussprechen, doch das kann ich nicht. Was ich tun kann, ist, darüber zu sprechen. Und dir empfehle ich das auch – in der Öffentlichkeit, mit Freunden und Freundinnen oder in einer Therapie. Auf keinen Fall solltest du, falls du so eine Situation erlebst oder erlebt hast, alleine damit sein!

Beziehungen und andere Komplikationen

Auch gründende Menschen wollen lieben, sie wollen eine Beziehung, eine Partnerschaft. Doch das ist ein Unterfangen, was sich teilweise schwieriger herausstellt als erwartet. Viele Unternehmer haben so hohe Ansprüche, dass es sich bei einem Date eher wie ein Bewerbungsgespräch anfühlt: »Wie viel verdienst du? Hast du das gleiche finanzielle Level wie ich? Machst du Sport? Hast du das ›richtige Mindset‹, den richtigen Job und siehst auch noch wie mein Traumpartner aus?«

Wenn der Beruf zum Leben wird, dann schwappt das auch in die Beziehungen über. Daher wünschen sich einige Gründer einen Partner, der keinen Nine-to-five-Job hat. Das macht durchaus Sinn, da die Beziehung an mangelnder Zeit scheitern könnte. Ein Gründer muss häufig spontan verreisen und wünscht sich die zeitliche Flexibilität ebenfalls beim Partner. Außerdem sind die Geschichten von »Gleichgesinnten« spannend und man hat sich immer etwas zu erzählen. Und auch wenn ich die Gründe von Freunden verstehe, die sich eine Beziehung mit anderen Gründern wünschen, bin ich der Überzeugung, dass Beziehungen mit Unternehmern schwierig sind.

Dafür habe ich in meinem Umkreis mit Gründern und Angestellten darüber gesprochen, was für sie gegen eine Partnerschaft mit Gründern spricht.

Vier Gründe gegen eine Partnerschaft mit einem Gründer

1. **Die mangelnde Einkommenssicherheit.** Dadurch wird die Wohnungssuche schwierig, ebenso wie das Beantragen eines Kredits.
2. **Ein Kinderwunsch**, wenn der Partner bereits ein »Start-up-Baby« hat. Das Gefühl, an zweiter Stelle zu stehen, spricht für einige eher für einen Partner, der in einem Angestelltenverhältnis tätig ist.
3. **Die Momente des Scheiterns**, die die Beziehung überschatten. Einige Partnerschaften in meinem Umfeld sind daran gescheitert, dass die beruflichen Probleme in die Beziehung getragen wurden und die Person in den Zeiträumen emotional nicht verfügbar war.
4. **Fehlende Konstante im Leben** (da das Gründerdasein nicht vorhersehbar ist), die Unsicherheit hinterlässt.

Eine Kritik an der (Gründer-)Liebe

In der Start-up-Szene bist du immer auf der Suche: nach Co-Foundern, Investoren, Kooperationen und auch der Liebe, falls du diese noch nicht gefunden hast. Doch häufig bleiben die Suchenden in ihrer Blase, schauen sich dort um, wo sie auch die geschäftlichen Beziehungen gefunden haben. Natürlich ist der Gedanke verlockend, ein Power Couple zu sein, zusammen die Welt zu erobern und zu verändern, Geschäftsreisen gemeinsam zu machen und beruflich an demselben zu arbeiten. Ich persönlich finde es beeindruckend, aber gleichzeitig riskant, mit dem Partner zu gründen. Was passiert bei der Trennung? Wer hält welche Anteile oder wird das Unternehmen eingestellt oder verkauft? Diese Fragen sollten unbedingt vorher abgeklärt werden.

»Ich möchte jemanden, der ein unternehmerisches Mindset hat, in keiner Festanstellung arbeitet, größer als ich ist, gerne reist, versteht, dass ich beruflich viel unterwegs bin und …« Die Liste des Traumpartners geht endlos weiter und wird von Wunsch zu Wunsch unrealistischer. Immer wieder nehme ich wahr, dass einige erfolgreiche Frauen noch erfolgreichere Männer haben möchten. Er soll noch mehr verdienen, sie soll zu ihm aufschauen können, er soll weiter Karriere machen, aber gleichzeitig fürsorglich und verfügbar sein. Für mich klingt das nach »one in a million«, wenn nicht »one in ten million«.

Diese Gründer haben es schwer auf dem Dating-Markt, denn:
1. Sie schließen kategorisch den Traumpartner anhand der Berufswahl aus.
2. Sie schüchtern einen bestimmten Typ Mensch ein – durch das Auftreten, ein besseres Gehalt und die Dominanz, die sich mit der Führung eines Unternehmens häufig einstellt.
3. Sie haben meist keine Zeit für Dating und wenn, dann nur zu ihren Bedingungen.
4. Die Kriterien ambitioniert, richtiges Mindset (womit wohl unternehmerisches Denken gemeint ist), Flexibilität und Verständnis sind keine Attribute, die nur in der Gründerszene wiederzufinden sind, werden aber nur dort gesucht.

Gründer & Gründerin – und es funktioniert doch
Sophie Kühn ist Gründerin und datet nicht mehr, denn sie ist glücklich verheiratet – mit einem Gründer.

»Als Gründerin von Miss Sophie und Ehefrau eines erfolgreichen Unternehmers gestaltet sich unsere Beziehung als spannende und herausfordernde Reise. Wir teilen viele gemeinsame Interessen und verstehen die vielen Höhen und Tiefen des Unternehmertums. Unsere Beziehung ist geprägt von Verständnis, Kommunikation und gemeinsamen Zielen. Da wir beide die Herausforderungen kennen, können wir uns gegenseitig besser unterstützen. Offene und ehrliche Kommunikation hilft uns, auf dem Laufenden zu bleiben und konstruktives Feedback zu geben. Bei Niederlagen hilft der Austausch extrem. Wie sagt man so schön: Geteiltes Leid ist halbes Leid – in unserer Situation absolut wahr! Eine der größten Herausforderungen ist, Zeit zu finden für einen gemeinsamen Ausgleich. Wir versuchen, genügend Zeit für uns als Paar und Familie zu reservieren, um unsere Beziehung zu stärken und ausreichend Raum zur Entspannung zu schaffen. Durch unsere ähnlichen Werte und Ziele vertrauen wir uns auf einer tiefen Ebene und können uns gegenseitig motivieren. Wir sind jeweils der größte Fan des anderen und es gibt nichts Schöneres! Eine Beziehung zwischen zwei Menschen, die ein Unternehmenden führen, kann also sehr gut funktionieren, wenn man offen kommuniziert, genügend Raum für Ausgleich schafft und sich gegenseitig unterstützt, um gemeinsam die Freuden und Herausforderungen des Unternehmertums zu meistern.«

Zwei Babys: Start-up und Kind
Die Ehe funktioniert, das Start-up-Baby läuft und dann plötzlich schwanger! Häufig wird auf den sozialen Medien das Bild kreiert: Alles ist möglich und einfach. Dass es machbar ist, möchte ich gar nicht bestreiten, aber dennoch erzeugen die Postings einen enormen Druck, dass alles – Geschäftsfrau, Mutter und liebende Partnerin – auf

einmal erreicht werden muss, denn es ist ja ausführbar. Sophie ist ehrlich darin, was es bedeutet, beides zu sein: Gründerin und Mutter.

»Als Mutter einer kleinen Tochter und Unternehmerin ist das Jonglieren zwischen Familie und Start-up eine tägliche Herausforderung. Die Geburt meiner Tochter hat meinen Blickwinkel auf das Leben und das Unternehmertum verändert – meine Prioritäten haben sich verschoben. Meine Tochter hat mir beigebracht, die Bedeutung von Zeitmanagement, Prioritäten und Flexibilität noch mehr zu schätzen. Sie hat mich auch daran erinnert, dass es wichtig ist, Raum für persönliches Wachstum und Familienzeit zu schaffen, während ich meine beruflichen Ziele verfolge. Diese Balance hilft mir, als Unternehmerin und Mutter erfolgreich zu sein, denn nur eine glückliche Mutter ist eine gute Mutter. Der Spagat zwischen Beruf und Mutter ist zwar anstrengend, aber für mich persönlich deutlich erfüllender als nur eine der beiden Möglichkeiten.«

In meinem Umfeld gibt es einige erfolgreiche Unternehmerinnen zwischen 20 und 50 Jahren mit Kindern. Einige haben sich selbstständig gemacht, gerade weil das Kind auf die Welt kam und die flexiblen Arbeitszeiten sowie die Hoffnung auf finanzielle Freiheit verlockend waren. Andere sind nach der Gründung schwanger geworden, was sie entweder dazu bewegt hat, das Unternehmen zu verkaufen oder weiterzumachen. Es ist möglich, es ist situationsabhängig und ich bewundere viele der Frauen, die Partnerschaft, Kind(er) und Beruf vereinbaren. Meine Mutter war mir da ein großes Vorbild. Sie hat sich nach meiner Geburt selbstständig gemacht, da der Beruf, den sie vorher in einer Festanstellung ausübte, nicht kinderfreundlich war. Sie hat sich dafür entschieden, in meinem Leben so präsent wie möglich zu sein und mich, wenn es nicht anders ging, mit zu Terminen oder Events genommen. Was sich letztendlich als sehr wertvoll für meine Entwicklung herausgestellt hat.

Mein Tipp an Eltern: Nimm dein Kind mit, wenn es möglich ist! Du musst deine Rolle als Elternteil und berufstätige Person nicht trennen. Dadurch, dass meine Mutter mir beide Seiten von sich gezeigt hat und ich sie bei der Arbeit wahrgenommen habe genau wie als liebende Mutter, die morgens mein Frühstück mit mir zubereitet und mich nach der Schule bei Hausaufgaben (mehr oder weniger gut) beraten hat, gab es für mich nie ein Entweder-oder, sondern ich lernte von früh an: Karriere und Kind – das geht!

Gastbeitrag von Dr. Date Bianca Praetorius

In der Bravo gab es Doktor Sommer, in diesem Buch haben wir Doktor Date Bianca Praetorius. Sie ist Start-up Pitch Coachin, Aktivistin, Co-Founderin von KlimaUnion und seit neustem Gründerin der ersten No-Bullshit Datingplattform CHERRISH.

»Entrepreneurship ist die Popkultur der Millennials. Wer zwischen 1981 und 1995 geboren ist, ist Millennial. Ich bin 1984 geboren, bin also ein sogenanntes ›elder millennial«. Die Millennials waren die erste Generation ohne musikalische Popkultur. Wir sind zu jung für Hip-Hop, zu jung für Grunge, zu jung für Punk, zu jung für Techno. All das haben wir zwar miterlebt, aber nichts mit aus den Angeln gehoben. Wir haben dazu getanzt, aber geownt haben wir es nicht. Egal in welche Fashion Outfits ich mich verliebt hatte – es waren immer Mode-Revivals aus wilden Jahrzehnten vor mir, von denen ich selbst kein Teil gewesen bin. Wir waren schon immer nur Remix. Doch dann kam das iPhone. Die Verbreitung des Laptop. Social Media. Das Internet war endlich ripe & ready. Die Generation Y (aka die Millennials) hatte endlich ihr erstes eigenes Lebensgefühl, etwas, das wirklich neu war: Du kannst dich mit einem Laptop auf dem Schoß von überall selbst verwirklichen, arbeiten oder gleich ein ganzes Imperium bauen. Durch die Verbreitung von Facebook waren alle Bekanntschaften, die man im Leben eben so macht, nur noch einen Fingertipp entfernt. Mit ein paar Zeilen Code lässt sich ein Unternehmen aufbauen. Eine Idee, eine App, ein Start-up.

Entrepreneurship ist die Popkultur der Millenials.

Der App Store brachte die Digitalisierung in die Welt, mit Millionen kleiner Start-ups, eins hinter jeder App. Millionen hoffnungsvoller Millennials. Goldgräberstimmung ohne Gold. Durch das Internet konnte man überall auf der Welt kollaborieren. Die schöne neue Welt miterschaffen, diesmal wirklich. Das Lebensgefühl der beruflichen Freiheit und der kreativen Selbst(er)findung. Nicht für einen schnöden Konzern arbeiten, sondern sein eigenes Ding machen. You do you, darling. So ein popkultureller Tsunami geht natürlich an keiner Frau vorbei. Entrepreneure, das sind nicht nur Nerds in Hoodies oder WHU-Studenten mit Poloshirt. Plötzlich war es da: Female Entrepreneurship, Women in Tech, Female Leadership, Girlboss, Feminism for the many. In unserer Kindheit war Feminismus noch Batiklatzhose und Alice Schwarzer. Plötzlich wurden es H&M-Shirt und Beyoncé.

Female Empowerment machte Millennials zu Mainstream-FeministInnen.

Wir female Millennials sind längst Erwachsene und der popkulturelle Tsunami schlägt seine nächsten Wellen für die Gen Z, geboren 1995 bis 2010. Die sind natürlich auch FeministInnen und selbstverständlich entrepreneurial, aber auch hier hüpft die Welle noch eine Stufe höher: die Creator Economy. Freelancing heißt nicht mehr nur, Projekte von Kunden vom Laptop auf Bali erledigen, sondern das eigene Purpose-Thema finden und eigene Kanäle befüllen, meinetwegen auch von Bali aus. Und: Content Creator sind zu 50 Prozent Frauen. So eine Gender Equality ist unheard-of in allen anderen Wachstumsmärkten. Influencertum ist weiblich. Und mit Reichweite kommt Gestaltungsmacht. Und auch die ist zum ersten Mal in der Geschichte ever vornehmlich weiblich. Von Hundetraining bis Gentle Parenting, von Vegan Food bis Automechanik. Für jedes Thema 100.000 Content Creator, immer mehr davon mit Geschäftsmodell, das tatsächlich funktioniert. Junge Frauen führen das Creator-Sein an und sie nehmen sich auch historisch ›männliche‹ Themen, zum Beispiel Finance. Für junge Frauen ist es das erste Mal cool, sich mit Investing & EFTs auszukennen. Ihr eigenes Geld zu verdienen, ist völlig basic. Alles, was die eigene Unabhängigkeit und Selbstwerdung fördert, ist präsent: Die eigene Lust zu kennen und ihr Higher Self zu pflegen, ist gleichermaßen täglicher Teil der neuen, weiblichen Selbstverständlichkeit. Selbstoptimierung. Dieses Wort sage ich mit der größten Liebe und Wertschätzung gegenüber dem Leben. Girl, du hast ein Leben und es gilt, alles da rauszuholen – aus Wertschätzung diesem Wunder gegenüber. Darauf achtgeben und es nicht zu verschwenden, ist en vogue. Count your Blessings und Healthy Living gehen Hand in Hand aus Liebe dem Leben gegenüber. Große Ziele, große Gefühle. Lebensoptimierungsmaximierung is female.

Grow girl, go girl, preach woman.

Bei diesem selbstermächtigten, selbstwirksamen Lebensgefühl sind ganze zwei Generationen von Frauen mit an Bord. Gründerinnen allen voraus.

Nur, was ist mit der Liebe?

Es gibt neben der Selbstverwirklichung und dem Purpose-driven-Lebensentwurf nämlich noch ein zweites, nicht weniger wichtiges, weil urmenschliches Ziel: die Liebe zu finden. Beziehungen für Gründerinnen, Selfmadefrauen, Bold-big-picture-Babes haben aber ein Problem: Wo Ziele, Ambition und Erfolg einen Mann in den Augen von den meisten Frauen sexyer und sexyer machen, lassen Ziele, Ambition und Erfolg Frauen in den Augen für Männer (jaja, natürlich not all men, calm your horses, Uwe …) eher mit Schulterzucken zurück. She is a ten, but … (was so viel bedeutet wie: Sie ist eine Traumfrau, aber …) Diese Business Attitude … die ist irgendwie so männlich.

Aha.

›Unternehmenschefinnen, die wirken auf mich irgendwie hart und verkrampft.‹

Aha.

›Dieses strategische Denken, das ist mir irgendwie nicht weiblich genug.‹

Ja, irgendwie, Henning.

Nachtigall, ick hör dir kotzen.

Frauen, die gründen oder ihr eigenes, groß gedachtes Ding machen, lassen Männer sich nicht selten irgendwie fehl am Platz fühlen. Ob es Männer nur ›eher unangenehm‹ ist, sie ›einschüchtert‹ oder gar ›in ihrer Männlichkeit bedroht‹, das weiß ich nicht.

Aber, in aller Empathie, es ist ein kleines bisschen schwerer, ein Mann zu sein, wenn die Frau neben dir dich eventuell out-performt, out-earnt oder out-smartet. Wenn sie dich auf den ersten Blick nicht braucht. Eventuell unterlegen zu sein, ist nämlich im Männerbild nicht vorgesehen. Es zwingt Männer, ihr Rolle neu zu finden und das ist nun mal nicht so leicht. Für Frauen ist es gelernt, dass sie den Mann an ihrer Seite bewundern, zu ihm aufschauen und ihm finanziell oder karrieretechnisch unterlegen sind. Das ist der Normalzustand. Andersrum eher nicht.

Aber wir reden über Frauen, die gründen. Wenn es also andersherum ist, dann ist es ein Problem – für die Männer und auch für manche Frauen. Manchmal für das Umfeld von beiden. Frauen, die gründen, zeichnen ein neues, selbstbestimmtes, unabhängiges und wahnsinnig cooles Frauenbild. Aber der Preis, den sie für ihren Erfolg bezahlen, ist manchmal ziemlich hoch.

Wenn eine Frau ihr Leben einem Baby widmet, was für sie ihr Business ist, wird es schlagartig schwerer in der Liebe. Das denke ich mir nicht aus, dazu gibt es Studien. Die University of Bath fand heraus, dass, sobald die Frau mehr als 40 Prozent des Haushaltseinkommen zusteuert, Männer Mental-Health-Probleme bekommen. Wenn Frauen befördert werden, steigen die Scheidungsraten. Wenn Frauen einen Oscar bekommen, übrigens auch.

Gründerin sein heißt, in einem männlichen Feld überleben zu müssen. Du verhandelst meistens mit Männern. Du bist meistens die einzige Frau. Das kann alles auch ganz cool sein, muss es aber nicht. Du musst dich als Entrepreneur für dein Thema völlig einsetzen. Nur so halb und in Teilzeit, so funktioniert selten ein Unternehmen. Dass Frauen etwas haben, das ihnen was bedeutet, was nicht ihre Kinder und Familie sind, ist im gesellschaftlichen Bild zumindest nicht allgegenwärtig. Frauen haben oft weniger Hobbys, Frauen sprechen in Filmen (die von Männern geschrieben wurden) oft nicht viel oder wenn doch, dann über die Männer, die sie begehren oder ihnen das Herz gebrochen haben. Als Gründerin bist du die Antithese dazu.

Pioneers of the world, unite. Gründer + Gründerin = <3?

Andere Gründer wissen ja, wie es ist, eine Company zu leiten und sind generell offen für ungewöhnliche Lebenskonzepte, weil ja auch gründen in Deutschland nicht die Norm ist. Aber: Eine Beziehung mit zwei Gründern ist eine Beziehung zu viert. Du, ich, meine Company, deine Company. Das kann toll sein, muss es aber nicht. Es ist ja auch einfach unkomplizierter, wenn es einen Protagonisten und einen Nebendarsteller gibt. Es ist einfacher, wenn klar ist, wer die ›wichtigere‹ Firma hat und wer supportet. Dann kann sich der Mann von seiner Partnerin vielleicht erhoffen, dass sie bei großen Lebensentscheidungen mit ihm umzieht, ihm den Rücken freihält etc. Zumindest läuft es millionenfach so, jeden Tag. Wenn beide Partner jedoch ein sinnstiftendes großes

Projekt im Leben haben – so wie eine Gründung –, dann ist das komplizierter. Verhandlungen über Haushalt, Care-Arbeit, Mental Load: Wer ist wessen Hauptdarsteller und wie oft. Es braucht mehr Verhandlung, Neuverhandlung, wieder neu abwiegen. Das ist zwar Teil einer jeden Beziehung, aber zwischen Gründern ist das meistens nochmal eine Stufe intensiver. Es kann aber auch ein – gemeinsamer – Traum sein. Zusammen in großer Unabhängigkeit das Leben miteinander gestalten: Ich halte das für die modernste und progressivste Form von romantischer Beziehung. Und mit einer gründenden Person habe ich jemanden, der mein Leben zumindest versteht. Dennoch, als Mann kann ich sehr, sehr, sehr, sehr easy ›nach unten‹ daten. Gründer sein macht einen jeden Mann noch wertvoller auf dem Dating-Markt, Gründerin zu sein, nicht unbedingt.

In Kurzform: Ein Mann gründet und er wird automatisch Frauen um sich haben, die das attraktiv finden. Die Gruppe an Frauen, die sich neben ihm sehen lassen können, ist sehr groß. Einfach weil es der Norm entspricht. Alte Trampelpfade, well-known Territorium.

Gründerinnen fordern das Rollenbild der Männer heraus. – Auch wenn sie das gar nicht vorhaben.

Als Frau gründe ich und die Anzahl der Männer, die sich neben mir sehen können, ist nicht sehr groß. Denn außer sie sind selbst NOCH erfolgreicher oder NOCH ambitionierter, würde das bedeuten: Sie müssen ihr Rollenmodell mit sich selbst und der Gesellschaft noch einmal neu verhandeln. Und dazu sind viele (noch) nicht bereit. Das Beschriebene gilt übrigens nicht nur für Gründerinnen, sondern auch für Leistungssportlerinnen, Professorinnen, Politikerinnen, Richterinnen etc.

Hier könnte die Analyse enden: Frauen level-up their Role Models und zack, kommen Männer nicht mehr klar und entlieben sich wie von Geisterhand. Die arme, erfolgreiche Frau. Aber das ist nicht die ganze Wahrheit: Gründerin sein heißt: zero Bullshit-Toleranz. Unternehmerin sein, bold sein, your own Role Model sein, your own flowers kaufen: Das passiert ja nicht einfach so. Wer sein Leben selbst gestaltet, an sich arbeitet, große Dinge bauen möchte, diese Frauen haben eine geringere Bullshit-Toleranz. Wen du als Frau etwas aufbaust, bist du am Hindernisse aus dem Weg räumen, all day long. Deine Toleranz für Quatsch und Käse ist also begrenzt. Man kann sagen: Nicht nur ist der Kreis kleiner, sondern deine Standards auch höher. Und Standards runterbringen ist kaum möglich und so sinnvoll wie Dreirad fahren, wenn man schon auf dem Einrad Saltos schlagen kann.

Not an option.

Die Zeit ist reif, diese Gender-Dating-Gap (ja, Uwe und Henning, es hat bereits einen Namen) zu ändern. Zeit, dass Liebe und Beziehung nicht auf einer veralteten Software laufen.

Female Entrepreneurs, Frauen der Gen Z und der Millennials, Gründerinnen aller Art werden die letzte Generation an Frauen sein, deren Rollenshift in der Liebe überhaupt noch erwähnenswert sein wird. Lasst uns an einem neuen Normal arbeiten, wo Gründerinnen, die das Family Income stemmen, Gründerinnen, die Tag und Nacht an ihrer Company arbeiten, Gründerinnen, die hunderte Leute führen, völlig normal sind und selbstverständlich in einer glücklichen, liebevollen warmherzigen Beziehung leben. So normal, dass ein Artikel darüber verrückt wäre.«

Key Learning

Glück in der Liebe, Pech im Spiel heißt es. Umformuliert für dieses Kapitel: Glück in der Karriere, Schwierigkeiten in der Liebe. Es scheint für viele eine Entweder-oder-Entscheidung zu sein, statt dass beides möglich ist: eine erfüllende Partnerschaft und berufliche Selbstverwirklichung. Nicht nur Gründende haben es nicht immer einfach mit Beziehungen, aber mir war es wichtig, in diesem Kapitel darauf einzugehen, worauf du eventuell verzichten musst, wenn dein Start-up an erster Stelle steht.

4 Founding Females

Die Start-up-Szene ist für mich wie ein wahnsinnig spannender Film, der sehr vielschichtig ist. Eine Mischung aus Drama, Thriller, Leidenschaft und Fiction. Und egal wie tief man drinsteckt, ist nicht alles, was passiert, sachlich und logisch begründbar.

Aimie-Sarah Carstensen, Gründerin ArtNight

Es gibt sie, die Female Founder – auch wenn in den Medien und vielen Businessmagazinen weiterhin kaum über sie berichtet wird. Trotz des »Female Empowerment Hypes« scheinen viele Gründerinnen in der Start-up-Szene übersehen zu werden. »Wir haben bereits eine Frau auf dem Panel, reicht das nicht?« Doch in diesem Kapitel soll es nicht um die Benennung der Problematik gehen, sondern um Tipps von erfolgreichen Gründerinnen und um eine Schattenseite der Female-Empowerment-Bewegung.

Und auch wenn ich mir wünschen würde, dass es nicht so wäre, ist die Gründerinnenszene auch manchmal ein Kampf. Natürlich nicht immer und es gibt auch wundervolle Unterstützerinnen, aber das eine schließt das andere nicht aus. Hinter manchem Like steht ein »… aber ich gönne dir das nicht«. Bei einigen Kommentaren bedeutet es, »warum bin das eigentlich nicht ich?«. – »Ich supporte dich«, ist manchmal eine Lüge ins Gesicht.

Female-Founder-Fakten

Auch wenn die Female Founder Bubble häufig rosa gezeichnet wird, ist die Realität nicht ganz so rosig. Fangen wir bei den Zahlen in Deutschland an.

1. 20,3 % der Gründenden sind weiblich.[18]
2. 12 % der Entscheiderinnen in VCs sind Frauen.[19]
3. 1,9 % des Venture Capital geht an weibliche Gründungsteams.[20]
4. 13,8 % aller in deutsche Start-ups investierenden Angels sind weiblich.[21]

Um die (weiblichen) Role Models von morgen zu erschaffen, brauchen wir Superheldinnen. In Relation gibt es noch zu viele Superhelden und zu wenig Frauen, die sichtbar sind.

Female Empowerment ist nicht nur ein Hashtag

Als (junge) Gründerin in der Szene macht es nicht immer Spaß. Verurteilung, Lästereien, Vorurteile, Stutenbissigkeit und Konkurrenzkampf sind Begriffe, die mir einfallen, wenn ich an die Female Founder Bubble denke. Auf der anderen Seite denke ich an Zusammenhalt, Unterstützung, Empathie – und Dringlichkeit, da es an der Zeit ist, dass mehr Frauen den Mut ergreifen, dem nachzugehen, wovon sie träumen. Und das muss nicht immer gründen sein. Es kann eine Freelancerinnen-Tätigkeit werden, ein Neben-job, wenn es der Hauptjob erlaubt, ein zweites Studium oder die Entscheidung, die Kindererziehung zu übernehmen.

Dieses Kapitel bedeutet einen Zwiespalt für mich. Ich schreibe über eine Welt, die ich schätze, von der ich ein Teil bin und die mir viel gibt. Und dennoch gibt es die Momen-te, in denen ich bei einem Event mit hochrotem Kopf sitze, mich ärgere und nicht weiß, wie ich mit einer Situation umgehen soll. Dabei handelt es sich nicht um Männer, die mich angehen oder einen Spruch klopfen, sondern um Frauen, die anderen oder eben mir das Gefühl geben, unerwünscht zu sein. Es gibt diese Momente, in denen ich mit-bekomme, wie eine Frau, die über 15 Jahre älter ist, über mein Äußeres, mein Outfit oder meinen Auftritt herzieht. Es sind teilweise Personen, die in der Öffentlichkeit und auf Social Media für Female Empowerment »stehen«. Doch nur weil sich jemand öf-fentlich für Female Empowerment ausspricht, ist die Person nicht automatisch unter-stützend für andere Frauen. Für mich trügt der von den meisten so wahrgenommene Schein deutlich: Nicht jede Frau, die es in Deutschland geschafft hat, sich einen Na-men in der Gründerinnenszene zu machen, setzt sich für andere Frauen ein.

Ich trete inzwischen bewusst weiblich auf, denn genau das hat mir bei meinem Eintritt in der Start-up-Szene gefehlt: eine Gründerin als Vorbild, die Karriere macht, auf den großen Bühnen steht, aber nicht im Businessanzug und mit Kurzhaarfrisur, sondern in einem rosa Kleid, mit geflochtenen langen Haaren – alles in allem eine Frau, die ihre Weiblichkeit nicht versteckt, sondern in voller Blüte zelebriert. Mittlerweile gibt es diese Frauen und ich darf mich zu ihnen zählen. Die Unterstützung von anderen darf nicht daran gebunden sein, was man selbst als Vorteil draus ziehen kann und nur dann garantiert sein, wenn der Kleidungsstil in das Bild der anderen passt.

Und auch wenn ich teilweise damit »schockiere« oder nicht beabsichtigt mit meiner Kleiderwahl provoziere (teilweise bin ich wirklich überrascht, was als provokant an-gesehen wird), kann ich nur sagen:

Good to know

Expertise ist in dir, nicht an dir!

Als Frau kannst du es auch in der heutigen Zeit meist immer noch nicht richtig ma-chen, was ebenso schockierend ist. Daher mach einfach. Female Empowerment hat vorwiegend Gründerinnen »im Visier«, dabei will nicht jede Frau gründen. Und das kann ich auch nachvollziehen, denn es ist anstrengend. Mein klares Statement: Wir alle, die gesamte Gesellschaft, müssen Frauen ermutigen, ihren Weg zu gehen – auch wenn der nicht vorsieht, Führungskraft oder Unternehmerin zu werden.

In meinem Arbeitsumfeld, vor allem auf Events, befinden sich immer wieder so-genannte »Female Supporter«. Sogenannt, weil sie sich in der Realität leider häufig konträr verhalten. Statt andere Frauen in den Kreis einzuladen, werden sie ausge-schlossen. Ein Beispiel: Ich war als Speakerin eingeladen und im Nachgang, beim Netzwerken, wurde zwar mit mir gesprochen, aber die einzige andere junge Frau auf dem Event wurde ignoriert. – Wer auch immer sich gerade angesprochen fühlt (oder es sollte): Warum tut ihr das? Statt junge Frauen in den Kreis aufzunehmen, werden sie ausgegrenzt. – Ich setzte mich also zu der 18-Jährigen und kam mit ihr ins Gespräch. Wir vernetzten uns und ich half ihr im Nachgang, eine Mentorin zu finden, da sie sich zu dem Zeitpunkt noch nicht sicher war, wohin es beruflich gehen sollte. Kein großer Akt, aber ein Anfang – und das ist für mich Female Support.

Frauen-Empowerment fängt nicht bei LinkedIn Postings an, sondern beginnt beim ersten Treffen, beim Aufeinander-Zugehen: einfach mal eine Frau ansprechen, die man noch nicht kennt oder die eventuell nicht »relevant« für einen scheint. Wir sind so damit beschäftigt, uns nach vorne zu orientieren, dass wir häufig diejenigen ver-gessen, die ein Teil unseres Erfolges waren oder die in ähnlichen Situationen sind, die wir bereits überwunden haben. Wir verlieren aus den Augen, an welchem Punkt wir einmal standen und uns genau das wünschten, was wir jetzt haben – und damals auch Unterstützung gebraucht hätten oder bekommen haben.

Mir war es immer ein Anliegen, herausragenden Frauen eine Plattform zu bieten, auf der sie sich vernetzen können. »Herausragend« bei FeMentor bedeutet: Sie haben viel-leicht noch nicht das Cover eines Magazins geziert noch waren sie besonders aktiv auf den sozialen Medien, aber jede von ihnen hat spannende und erfolgreiche Geschich-ten erlebt und vor allem erarbeitet. Mit FeMentor haben wir es geschafft, diesen Frau-en einen Raum und Sichtbarkeit zu geben sowie die Möglichkeit, sich zu vernetzen. Von Anfang an habe ich mir ein Ziel gesetzt: FeMentor bleibt kostenlos für alle Frauen, der Zugang zu Know-how und wertvollen Kontakten soll nicht an eine finanzielle Hür-de gebunden sein.

Female Empowerment als Businessmodell?

Das Geschäftsmodell »Female Empowerment« zieht. Viele Netzwerke, Unternehmen und Start-ups schmücken sich damit. Doch wenn Frauen zum Geschäftsmodell wer-den, verfehlen wir die eigentliche Mission: dass Frauen dieselben Chancen zustehen wie Männern und dieselben Möglichkeiten, die für Männer seit Jahrzehnten selbstver-ständlich sind.

Viele springen, ohne groß über die Motive sowie das eigentliche Ziel nachzudenken, auf ein Trendthema auf, welches derzeit Female Founder sind. Der Trend und der Markt existieren und schon versuchen unterschiedliche Institutionen, diesen zu mo-netarisieren. Bootcamps für Gründerinnen, Wie-du-WIRKLICH-selbstsicher-wirst-Kurse verbunden mit überteuerten Preisen versprechen Frauen: Wenn sie nur das richtige Coaching machen, kommt der (female) Erfolg ganz bestimmt. Oder wenn eine Jury für eine Preisverleihung selektiert wird und dazu noch eine Frau, am besten mit Migrationshintergrund oder aus der LGBTQA+-Community, passen würde, dann kann man die restlichen Positionen wie gewohnt besetzen.

Das ist Pink Washing beziehungsweise Feminist Washing!

Pink Washing

Pink Washing bedeutet, dass sich ein Unternehmen als reine PR-Maßnahme für die LGBTQA+-Community ausspricht und Unterstützung vorgaukelt, diese aber nicht in die Tat umsetzt. Es geht lediglich darum, ein »inklusives« Image zu kreieren.[22]

Feminist Washing gibt es, seit es ein Trend geworden ist, Feministin zu sein oder sich als solche auszugeben. Denn Feminismus erzeugt Aufmerksamkeit, die sich viele Unternehmen oder Personen in der Öffentlichkeit wünschen. Daher verkaufen sie Produkte von oder für Frauen mit feministischen Sprüchen oder zeigen vermeintliche Solidarität, die dann aber beim Gehalt oder anderen Aspekten aufhört.[23]

Es fühlt sich teilweise als Frau an, als wäre man bei DSDSF – Deutschland sucht die Superfeministin. Dafür musst du die »richtigen« Postings machen, wirken wie eine Aktivistin, aber bloß keine sein, emanzipiert, aber nur zu den Bedingungen der DSDSF-Jury. Und wehe, die zeigt Haut, das passt nicht ins Bild.

Migrationshintergrund, mehrfache Mutter und megaerfolgreich

Kenza Ait Si Abbou ist noch viel mehr als das und weiß um die fehlenden Frauen in der Tech-Branche. »Ich kann ehrlicherweise die ›Frauenfrage‹ nicht mehr hören. Deutschland hat ein großes Problem, was die Anerkennung der fehlenden Gleichberechtigung von Frauen angeht. Gleichberechtigung ist zwar gesetzlich geregelt, aber die Durchsetzung davon bleibt der Realität fern. In der Tech-Branche sind Frauen statistisch unterrepräsentiert, das ist richtig. Die Gründe dafür liegen aber nicht in der Branche, sondern in der Sozialisierung. Mädchen wird immer noch gesagt, dass sie nicht gut in Mathe sein können beziehungsweise wird empfohlen, ›etwas Vernünftiges‹ zu studieren. Dieser soziale Druck beeinflusst die Entscheidung für das Studium, für den Beruf, für die Arbeitszeit etc. Das Patriarchat hält die Frauen von den einflussreichen Jobs fern und die Tech-Branche gehört nun mal dazu. Das muss sich aber ändern, denn gerade in der Tech-Branche, wo die Zukunft gestaltet wird, brauchen wir diverse Perspektiven und eine bessere Repräsentation der Gesellschaft.«

Was können wir also tun für ehrliches Female Empowerment? In meinem TEDx Talk »The power of creating the role models of tomorrow« geht es darum, wie wir eine Gender Equality, eine Gleichstellung der Geschlechter erreichen können.

Was es wirklich braucht für Female Empowerment

1. **Diverse Vorbilder.** Damit meine ich, dass es nicht nur ein »Bild« von Feministinnen geben darf, sondern dass wir unterschiedliche Vorbilder brauchen, die unterschiedliche Frauen ansprechen. Nicht jede kann sich mit nur einer Person identifizieren, weshalb wir diverse Role Models unterschiedlicher Geschlechter benötigen.
2. **(Google-)Einstellungen ändern.** Wenn du »erfolgreiche Männer« oder »erfolgreiche Frauen« googelst, kommen Bilder von Personen, die in grauen oder schwarzen Anzügen gekleidet sind. Damit generieren wir das Gefühl, dass eine Frau für einen gewissen Erfolg alle Farbe aus ihrem Leben streichen muss, Röcke bis übers Knie tragen sollte und dezente hohe Schuhe. Doch »Erfolg« hat viele Gesichter und ist nicht an eine klassische Businesskleidung gebunden – besonders nicht mehr in meiner Generation Z.
3. **(Leider) Eine (Frauen-)Quote.** Kaum eine Person möchte eine »Quote« sein und nur wegen ihr wahrgenommen werden – aber die braucht es derzeit für Veränderung. Allerdings müssen parallel und zeitnah die Erwartungen an Funktionen, Positionen und Role Models angepasst werden. Das Geschlecht darf keine Rolle mehr spielen.
4. **Gleichberechtigung.** Es muss ein Verständnis dafür geben, dass Frauen Männer nicht ausschließen wollen, sondern dass Frauen erst einmal aufschließen (müssen), um Begegnungen auf Augenhöhe zu ermöglichen. Damit meine ich Gehalt, (berufliche) Position und auch Macht.
5. **Gendergerechte Sprache und Wege.** Wir brauchen verschiedene Zugänge und andere Ansprachen für unterschiedliche Geschlechter.
6. **Ehrlichkeit.** Start-ups sollten kein Green, Pink oder Feminist Washing betreiben, nur um ein gutes Image zu erhalten – sondern ehrlich und authentisch die Themen unterstützen, die ihnen im wahrsten Sinne am Herzen liegen.

Männer gründen anders, Frauen auch

Unterschiedliche Geschlechter, unterschiedliche Gründungsgeschichten. Wenn Frauen gründen, dann häufig im sozialen Bereich und mit einer anderen Motivation. Die Hälfte der Gründerinnen baut ein Unternehmen im Kontext einer gesellschaftlichen oder sozialen Problematik auf, Männer tun dies nur zu einem Drittel.

Und noch ein paar Fakten zum Gründungs-Deutschland[24]:
* 219.000 Frauen machten sich 2019 laut Gründungsmonitor der staatlichen Bank KfW soloselbstständig.
* Leider mangelt es der Tech-Szene noch an Gründerinnen, obwohl dies ein lukrativer Bereich ist.
* Der Anteil weiblicher Gründerinnen liegt bei 20 Prozent.
* In Gründungsteams beträgt der Frauenanteil 28 Prozent.

- Im Gegensatz zu Männern gründen Frauen häufiger allein und stellen weniger Mitarbeiterinnen ein – was daran liegen kann, dass Frauen weniger Geld bekommen.

In den USA sieht es nicht besser aus. Dort sammelten Start-ups 2019 um die 100 Milliarden US-Dollar von VCs ein und davon gingen gerade einmal 2,2 Prozent an Frauen. Dabei sind Unternehmen, die von Frauen geführt werden, erfolgreicher.[25]

Doch warum ist die Gründendenszene nach wie vor nur ein Fünftel weiblich? Als Frau gründen bedeutet, noch mehr Hürden zu haben. Männer müssen für eine Gründung einen Halbmarathon rennen, Frauen dagegen einen Ultramarathon, 254 Kilometer durch den Amazonas bei 40 Grad und begleitet von Krokodilen, Schlangen, Spinnen überwinden.[26] Aber nicht nur als Gründerin, sondern generell als Frau werden dir andere Fragen gestellt, zum Beispiel bei Wirtschaftskonferenzen solche, die abwertend formuliert werden. Die Wissenschaftlerin Alicia Sasser fand gemeinsam mit Justin Wolfers heraus, nachdem sie etwa 460 wissenschaftliche Vorträge untersuchten, dass Frauen kritischer beurteilt werden, gerade in Wirtschaftswissenschaften.[27]

Zu den Hürden gehören allerdings nicht nur fehlendes Geld, fehlende Vorbilder und Ansprechpartnerinnen in Führungspositionen in potenziellen Partnerunternehmen, sondern auch der eigene Anspruch. Frauen geben 120 Prozent und zeigen ihr Produkt häufig dann erst, wenn es WIRKLICH perfekt ist. Aufgrund der enormen Anspruchshaltung an sich selbst fragen viele angehende Gründerinnen auch nicht nach Hilfe – was ein Fehler ist! Die Selbstzweifel hindern die meisten Frauen daran, anderen ihre Idee zu zeigen oder darüber zu sprechen. Dabei ist ein Austausch gerade am Anfang relevant.

Katharina Kreutzer hat als junge Frau in der Start-up-Szene auch gute Erfahrungen gemacht. »Die Problematik der Quoten ist definitiv berechtigt und wir sollten nicht aufhören, dafür zu arbeiten und zu kämpfen. Meine persönliche Auffassung ist, dass sich bereits vieles ändert. Ich bekomme viel positives Feedback und werde (auch in männerlastigen Bereichen) mit offenen Armen empfangen.«

Auch ich habe viele Unterstützer (ja, bewusst die männliche Form). Zudem: Der »böse weiße alte Mann« ist manchmal auch eine (alte oder junge) Frau. Das »Feindbild« findet sich bei allen Geschlechtern wieder. Bei FeMentor haben wir Frauen, die mit Personen jeden Geschlechts Probleme haben und die Person, die den Aufstieg verhindert hat, eine Vorgesetzte war. In einem Gespräch sagte mir eine Gründerin: »Darf ich ehrlich sein? Den meisten Support habe ich von Männern erhalten.« Ja, auch diese Geschichten gibt es.

Die Konkurrenz unter Frauen – beziehungsweise dass Frauen anderen Frauen den Aufstieg verweigern –, in der Start-up-Szene nicht unüblich, ist ein Problem, besonders wenn du dich in einer ähnlichen Branche, zum Beispiel der Kosmetik, befindest. Es ist ein harter Kampf, denn du hast bereits die Hürde auf dich genommen, dich durch den Gründungsdschungel zu schlagen mit allen Problematiken. Und auch wenn du endlich den Urwald besiegt hast, ist der Kämpferinnengeist nicht erloschen. Nach all den Tücken erwartest du an der nächsten Ecke wieder eine Falle, weshalb du vorsichtig bist. Was aber auch dazu führen kann, dass du dir von anderen nicht helfen lässt, aus Angst, dass es ein Trick ist, oder diese sogar sabotierst. Das Phänomen wurde 1973 bekannt als Queen Bee Syndrome.[28]

Queen Bee Syndrome

Es kann nur eine (Bienen-)Königin geben! Das Queen Bee Syndrome, das Bienenkönigin-Syndrom, beschreibt eine weibliche Führungsperson, die sich in einer (beruflichen) Männerwelt behauptet hat und anschließend das Verhalten ihrer männlichen Kollegen an andere Frauen weitergibt – also den Karriereweg anderer Frauen erschwert und (weiblichen) Nachwuchs als Konkurrenz sieht, der einer den Platz an der Spitze weg nehmen könnten. Das kann sich durch Ausgrenzung, schlecht über andere reden oder Mobbing zeigen.[29]

Sieben Gespräche – sieben Geschichten

In meinem Netzwerk sind unzählige Frauen, die ich gerne befragt hätte und es wäre eine unendliche Geschichte, wenn ich all diese Frauen zitieren würde. Dennoch habe ich mit sieben Gründerinnen gesprochen, die gehört werden sollten.

Aimie-Sarah Carstensen, Gründerin von ArtNight

Aimie-Sarah, erzähle mir bitte deine Gründungsgeschichte.

Ich habe ArtNight 2016 gegründet mit dem Ziel, Kund:innen die Möglichkeit zu geben, ihre Alltagsroutinen zu durchbrechen und zurück zur Kreativität und dem eigenen Gestaltungswillen zu finden. ArtNight bietet CIY-Events offline & online (Anm.: CIY = Create It Yourself) sowohl für B2C als auch B2B. Konkret handelt es sich um Einzelveranstaltungen, bei denen die Teilnehmer:innen in einer Session angeleitet ein Kunstwerk selbst malen. Ich würde behaupten, wir haben alles mitgenommen, was man als Start-up mitnehmen kann in den letzten Jahren. Wir haben erst gebootstrappt, das heißt ArtNight mit 4.600 Euro gegründet, bevor Investoren zu einem späteren Zeitpunkt mit an Bord kamen. Wir waren bei »Die Höhle der Löwen«, haben zwei Millionen Euro TV-Budget bei Pro7 gewonnen, sind expandiert, haben ein Tochterunternehmen gegründet, sind durch Corona in eine massive Krise reingeschlittert, haben uns defokussiert und wieder fokussiert, sind gewachsen und stagniert, wir haben Fehler gemacht, vieles richtig gemacht und einfach unglaublich viel gelernt in den letzten Jahren.

Hast du Tipps für angehende Gründerinnen?

Meine vier größten Learnings der letzten Jahre und wo ich die meisten Fehler gemacht habe, sind Folgende:

1. **Fokus.** Mache eine Sache richtig herausragend und zu hundert Prozent.
2. **Radikale Aufrichtigkeit.** Sei ehrlich zu dir selbst, auch wenn es weh tut, und zu anderen.
3. **Stay humble.** Agiere jeden Tag so, als wäre es der erste Tag und verliere diese Eigenschaft nicht. Sei dir nicht zu schade für gewisse Aufgaben und schätze jeden Job, der gemacht werden muss.
4. **Bauchgefühl.** Hör deinem Bauchgefühl zu und treffe harte Entscheidungen. Gibt es ein Erfolgsgeheimnis? Es sind oft die harten Entscheidungen, die uns das Leben erleichtern. Wage es, diese zu treffen.

Wie nimmst du Gründen als Frau wahr?

Was ich beobachte beziehungsweise mir wünsche, ist, dass viel mehr Frauen mehr für sich selbst einstehen, risikobereiter sind und wagen sollten, etwas zu erschaffen. Auch wenn wir im Außen nicht immer die perfekten Bedingungen haben und nicht alle die gleichen Voraussetzungen, so kenne ich zu viele Beweise, dass sehr vieles möglich ist. Deshalb setze ich mich mit anderen Gründerinnen kontinuierlich dafür ein, Frauen zu ermutigen und die äußeren Bedingungen durch zum Beispiel meine Tätigkeit im Startup Verband zu verbessern. Gründen ist kein Spaziergang. Es ist ein harter Marathon und trotz jeglicher Rückschläge bereue ich es keinen Tag, den Schritt gewagt zu haben.

Was sind Hürden, die du hattest oder die du bei anderen immer wieder siehst?

Jeder Tag ist ein Hindernislauf. Mal hüpft man leichter drüber und mal steht man davor und denkt sich, wie soll ich das nur schaffen. Meiner Erfahrung nach gibt es immer einen Weg, Hürden und Hindernisse zu bewältigen – auch wenn uns diese Wege persönlich nicht immer am leichtesten fallen.

Was magst du an der Start-up Bubble und was gar nicht?

Ich liebe die Kreativität und dadurch die Innovationsfähigkeit, die Schnelligkeit und das Potenzial des persönlichen Wachstums. Was ich nicht mag, ist, dass über die Bubble ein krasser »Schönheitsfilter« drübergelegt wird und oft mehr Schein als Sein nach außen kommuniziert wird.

Sarah Emmerich, Gründerin Emmerich Relations GmbH

Sarah, warum hast du jung gegründet?

Der Hauptgrund für mich, direkt nach dem Abitur zu gründen, war definitiv Freiheit und Selbstbestimmtheit! Ich bin seit meinem Abitur und meinem 18. Geburtstag selbstständig, mittlerweile seit über sieben Jahren.

Welche Vorurteile sind dir als Frau begegnet?

Was mich am meisten nervt, ist, wenn Leute behaupten, dass ich auf LinkedIn erfolgreich bin, weil ich eine Frau bin! Vielleicht hat das bei LinkedIn Vorteile, but I still put in the work! Und zwar seit fast vier Jahren. Ich finde es respektlos, das aufs Frausein zu reduzieren. Ich will nicht wissen, wie viele LinkedIn Postings und Connections ich in den letzten vier Jahren gemacht habe, um auf mittlerweile fast 50.000 Follower zu kommen.

Junge Gründerin, junge Mutter: Wie ist das?

Jung Mama zu werden ist sehr schön. Für mich aber vor allem ein Privileg, denn mein Freund und ich sind finanziell sehr gut aufgestellt für unser Alter, wir sind beide 24 Jahre. Ich kann mir vorstellen, dass es auch sehr hart ist, wenn man wenige finanzielle Mittel und Freiheiten hat. Wir sind beide selbstständig, da ist man sehr flexibel. Andererseits fehlt uns natürlich nun auch Zeit für unsere Unternehmen. Es ist definitiv eine Zerreißprobe, denn mein Herz schlägt für meine Tochter und auch für mein Unternehmen. Ich würde jedem raten, die finanzielle Situation und gegebenenfalls die Selbstständigkeit gut im Griff zu haben, bevor man Kinder bekommt. Man braucht einen Plan! Und im besten Fall viel Unterstützung durch Partner, Familie oder Freunde.

Rosa Miriam Reinhardt, Gründerin in der politischen Arena

Rosa, was magst du an der Start-up-Szene überhaupt nicht?

Es wird viel gesprochen von der Notwendigkeit, dass mehr Frauen gründen sollten, in mehr Frauen investiert werden sollte und Female Start-ups mehr gefördert werden sollten. Jedes Jahr zum Frauentag oder auch Muttertag häufen sich die Posts, wie wichtig es sei, dass Frauen auch beruflich gleichberechtigt sind und die gleichen Möglichkeiten und Zugänge bekommen. Oftmals wird auch auf die Forschung verwiesen, die zeigt, dass weibliche Gründende seltener scheitern, höhere Umsätze generieren und langfristig erfolgreicher sind. Gleichzeitig wird sich aber in den tatsächlichen Entscheidungen für ein Invest, eine Beteiligung oder eine Zusammenarbeit doch für Männer entschieden. Das Argument? Das Geschäftsmodell scheine ertragreicher und verspreche schneller höhere Gewinne. Oder im Lebenslauf der Person steht eine prestigeträchtige Unternehmensberatung, VC oder Kontakte in der Wirtschaft. Was hierbei übersehen wird? Eine Umfrage von Statista zeigt: Noch immer studieren fast doppelt so viele Männer VWL, wie Frauen in dem Studiengang immatrikuliert sind. Auch in den großen Beratungen und VCs herrscht nicht nur im Leadership chronischer Frauenmangel. Die Kriterien, nach denen Invests und Zusammenarbeiten ausgesucht werden, sind also noch immer stark auf männliche Domänen und Erfahrungen zugeschnitten. Wenn nun Frauen nach den identischen Kriterien ausgewählt werden, verabsolutieren wir die Art, Wirtschaften so zu denken, wie es traditionell Männer lange getan haben.

Es wird erwartet, dass Frauen Wirtschaften, Unternehmen und die Art zu arbeiten genauso denken wie Männer. Warum das problematisch ist, lässt sich gut am Beispiel der medizinischen Forschung deutlich machen. Hier wurde lange Zeit davon ausgegangen, Frauen seien im Grunde Männer mit einer Gebärmutter. Von dieser These ausgehend wurde mit fatalen Folgen für Frauen lange Forschung betrieben, medizinische Lehre gemacht und Medikamente entwickelt. Die Folgen: Überdosierungen, falsche Diagnosen und Medikation aus schierer Unwissenheit darüber, wie anders der weibliche Körper reagiert. Fehler, an denen Frauen sterben, weil der Herzinfarkt übersehen wird oder sie unter der drastischen Überdosierung eines Medikaments schwere Unfälle erleiden. Auf den wirtschaftlichen Diskurs übertragen bedeutet dies: Wir tun so, als müssten Frauen und Männer die gleichen Sichtweisen, Herangehensweisen und Erfahrungen mitbringen – und übersehen hierbei die Stärke der Unterschiedlichkeit durch andere Sozialisationen, Lebenswege und Werte. Fordern wir Frauen nur dann, wenn sie sich verhalten und denken wie Männer, dann machen wir den gleichen Fehler wie die Medizin. Und wir negieren den eigentlichen Grund, wieso Frauen im Durchschnitt so viel erfolgreicher gründen als Männer: nicht weil sie Männer mit einer Gebärmutter sind, sondern gerade weil sie viele Dinge aus einem anderen Blickwinkel denken und handeln. Ich wünsche mir, dass das auch in der Start-up Bubble noch mehr bedacht und ganz besonders auch danach gehandelt wird.

Gibt es etwas, das dich an der Female Founder Bubble stört?

Ich habe aus der Female Founder Bubble gigantische Unterstützung erhalten und so viele Frauen getroffen, die aufrichtig das Beste für mich wollen. Ich hoffe, dass wir uns das beibehalten, das gemeinsame größere Ziel zu sehen und uns nicht über Differenzen auf dem Weg dorthin zu verlieren. Sophie Passmann hat vor einer Weile eine Story auf Instagram gepostet. In dieser erzählte sie, wie ihre größten Shitstorms quasi aus dem eigenen Lager kamen. Feministinnen, denen sie nicht was auch immer genug war. Vielerorts wurden Frauen lange Zeit zu einem solchen Verhalten sozialisiert – auch das ist ein politischer Diskurs, mit dem wir uns gegenseitig kleinhalten. Das finde ich sehr schade. Ich höre und erzähle lieber Geschichten von Menschen, die sich wirklich helfen und einander tatkräftig unterstützen. So schaffen wir neue Narrative und Verteilungen von Macht. Und so macht ja eine Gründung auch viel mehr Spaß. Wenn wir miteinander eine tolle Zeit haben, zusammen Schönes erleben und auf die Beine stellen.

Prof. Dr. Franziska Leonhardt, Gründerin Ave & You
Franziska, warum braucht es Investorinnen?

Es gibt eine ganze Reihe von Gründen, warum ich der Meinung bin, dass Investorinnen wichtig für die Szene sind, aber ich werde mich auf meine Top 3 beschränken.

1. Es gibt zig Studien darüber, dass gemischte/diverse Teams besser performen als homogene. Investorinnen bringen eine andere Perspektive und Erfahrung in den Investitionsprozess ein und dies führt zu einer diverseren Entscheidungsfindung.
2. Frauen sind nun mal die Hälfte der Weltbevölkerung. Und oftmals werden Produkte für Frauen von rein männlichen Teams entwickelt und vermarktet sowie entschieden, welches der Teams hierfür Geld bekommt. Ich glaube daran, dass Frauen oft genau wissen, was sie und andere wollen und dadurch der Target-Persona näher stehen als ein rein männliches Team. Mehr Investorinnen sollten damit auch mehr diverse Gründerteams fördern und somit das Gap schließen, das wir in der geschlechtlichen Verteilung von Gründerteams sehen. In einfach: mehr Investorinnen, mehr Gründerinnen.
3. Frauen sind ebenso qualifiziert wie Männer und es gibt keine Statistik, die sie als schlechtere Investoren ausweist. Es gibt also keinen fachlichen Grund, diese Lücke nicht zu schließen. Je mehr Frauen hier als Role Model fungieren, desto mutiger macht es auch die nächste Generation, sich für eine aktive Aufgabe in der Finanzbranche zu entscheiden.

Andrea Fernandez, Gründerin Vitamin
Andrea, was bedeutet die Start-up-Szene für dich?

Die Start-up-Szene ist für mich eine positive Kraft für Veränderung und Innovation. Es gibt eine Reihe von Stakeholder:innen, die Innovationen auf der Welt ermöglichen: von Accelerators und Regierungs- und Förderorganisationen über Angels und VCs bis hin zu anderen Akteur:innen in der Finanzierungsphase, Gründer:innen und vielen anderen Dienstleistungsanbietern, die Gründer:innen unterstützen. Die Berliner Start-up-Szene wächst und entwickelt sich in rasantem Tempo. Eines ist sicher: Sie ist immer noch zu männlich, insbesondere auf der Gründer:innenseite, aber auch auf der Finanzierungsseite. In Deutschland sind nur 20 Prozent der Gründenden weiblich, nur 1,6 Prozent der VC-Investitionen gehen an weibliche Gründende, nur 12,9 Prozent der Business Angels sind weiblich und nur vier Prozent der VC-Partner:innen sind Frauen. Daher gibt es noch viel Raum für Veränderung und Wachstum.

Warum investieren Frauen weniger? Wieso sind wir nicht so risikofreudig und was können wir dagegen tun?

Frauen haben oft Schwierigkeiten, in die Finanzwelt einzusteigen, da sie häufig weniger Selbstvertrauen in finanziellen Angelegenheiten haben als Männer. Laut einer Studie der OECD liegt die Wissenslücke hinsichtlich finanzieller Absicherung zwischen Männern und Frauen bei etwa 20 Prozent. Und das hat viele Gründe. Zum einen wird diese Unsicherheit durch gesellschaftliche Normen verstärkt, die Frauen oft als weniger kompetent in finanziellen Fragen darstellen. Aber es gibt auch Hinweise darauf, dass Eltern und Schulen (oft unbewusst) Jungen in Bezug auf Mathematik und Finanzthemen mehr fördern als Mädchen. Das kann dazu führen, dass Mädchen von Anfang an weniger ermutigt werden, Interesse für diese Themen zu entwickeln. Am Ende führt das dazu, dass Frauen ein ganzes Leben lang dazu neigen, sich selbst zu unterschätzen. Auf der anderen Seite fehlen auch Angebote, die auf die spezifischen Bedürfnisse von Frauen eingehen. Das beginnt schon bei der fehlenden Ansprache, denn bisher wurde die Finanzbranche von Männern dominiert, die hauptsächlich Männer als Zielgruppe im Auge und dementsprechend Produkte geschaffen haben, die nicht für alle gleichermaßen geeignet sind. Und obwohl es mittlerweile viele Netzwerke und Produkte speziell für Frauen gibt, sind diese oft zu allgemein gehalten und bieten keine konkreten Anleitungen für den Einstieg in den Finanzmarkt. Ein weiterer Grund für die Zurückhaltung von Frauen bei Investitionen ist die Tatsache, dass viele Frauen nicht regelmäßig über Finanzen sprechen. Laut des Ellevest Financial Wellness Survey tun dies nur 56 Prozent der Frauen und nur 14 Prozent suchen regelmäßig finanzielle Unterstützung von anderen. Mehr als einem Drittel, 34 Prozent, wurde in der Kindheit gelehrt, dass das Thema Geld tabu ist. Die eher konservative Herangehensweise von Frauen an das Thema Finanzen ist also nicht unbedingt auf ihre mangelnde Risikofreudigkeit zurückzuführen, sondern auf den Mangel an Selbstvertrauen und das fehlende Finanzwissen. Es ist wichtig zu erkennen, dass Frauen genauso wie Männer in der Lage sind, erfolgreich, mutig und risikobereit in die Finanzwelt zu investieren. Um Frauen also zu ermutigen, mehr zu investieren, müssen spezialisierte Angebote geschaffen werden, die das Finanzwissen direkt anwendbar machen. Auch sollte das Bewusstsein für das Thema Finanzen gestärkt werden, indem Frauen ermutigt werden, offen über Geld und Investitionen zu sprechen und sich gegenseitig zu unterstützen. Eine Änderung des Rollenverständnisses und eine gezielte Förderung von Frauen in der Finanzwelt könnten auch dazu beitragen, die Investitionsbereitschaft von Frauen zu erhöhen.

Dr. Anne Latz, Gründerin HELLO INSIDE
Anne, hast du Insights, Zahlen und Fakten aus der FemTech-Branche?

Nahezu alles, was wir in Richtung Gesundheit beziehungsweise Medizin und medizinische Behandlung wissen, fußt wissenschaftlich betrachtet auf einer riesigen Schieflage aufgrund des Gender Research Gaps. Bis in die 1990er-Jahre wurden Frauen aufgrund der Komplexität ihres Körpers und ihres hormonellen Systems systematisch aus Studien ausgeschlossen. Dieses »Gap« müssen wir durch neue, gezielte Studien und Real Word Data (z. B mit Wearables) und mit einem Konglomerat aus Forschung, Patientenversorgung, Unternehmen und Innovationen schließen. So kann die Lebensqualität von Frauen durch bessere Früherkennung und Behandlung deutlich verbessert werden. Die Fokussierung vieler Start-ups auf FemTech und die Investitionsfreude in diesem Bereich zeigen die Berechtigung und Relevanz des Themas.

Anna Sophie Herken, Führungskraft und Mitglied des Stiftungsrats der AllBright Stiftung

Anna Sophie, was magst du an der Start-up-Szene und was überhaupt nicht?

Ich schaue da zurzeit ja eher aus der Corporate-Welt auf die Start-up-Szene und ich sehe viel Positives. Bei der Suche nach Trends, neuen Ideen et cetera schaue ich natürlich immer, was da so los ist. Da ich – nicht nur im Rahmen der AllBright Stiftung, die sich für mehr Frauen in Leadership einsetzt – sehr auf Diversity-Themen schaue, ist das sicherlich ein Punkt, den ich bei Start-ups kritisch betrachten würde, gerade im FinTech- und InsurTech-Bereich: zu wenig Frauen – und natürlich auch beim Fundraising zu viel Benachteiligung von Frauen. Das muss sich ändern!

Du bist im Stiftungsrat der AllBright Stiftung. Welche Zahlen sind schockierend?

In Deutschland sind Stand 2022 nur 14,2 Prozent der Vorstandsmitglieder Frauen, nur 5,6 Prozent sind weibliche CEOs. Bei den Aufsichtsräten hat sich etwas getan und es gibt circa 34 Prozent Frauen, bei den weiblichen Aufsichtsratsvorsitzenden sind es jedoch nur fünf Prozent. Die Zahlen sprechen für sich. Was ich jedoch viel schlimmer finde, sind die unbewussten Vorurteile Frauen gegenüber. Von uns Frauen wird verlangt, dass wir uns in altbackene, von Männern geprägte Unternehmenskulturen reinpressen und dann wundern sich viele, wieso das für Frauen, die im Übrigen selbst als Karrierefrauen immer noch den Großteil der Kinderbetreuung et cetera nebenbei erledigen, nicht passt. Wir Frauen werden gecoacht, wie wir in diesen Kulturen vorankommen und überleben – wieso ändern wir nicht die Unternehmenskulturen und coachen die Männer?

Du bist sehr erfolgreich, bist Mutter und eine Frau in einer Männerwelt. Wie gehst du mit dem Erfolg um? Was sind Schattenseiten?

Mutter zu sein und eine Karriere zu haben, das wollte ich immer und das war für mich auch nie verhandelbar. Es hilft aber, sich klarzumachen, dass das dann eben auch heißt, in beiden Bereichen nicht perfekt zu sein und sich da nicht Stress zu machen. Ich sehe meine Familie und meinen Beruf als zwei große Schätze an, die ich beide sehr liebe – und ich bin sehr dankbar und freue mich darüber, auch wenn das manchmal Chaos und Improvisation bedeutet und weit weg ist von Perfektion.

Was müssen weibliche Führungskräfte beachten?

Das Einzige, was weibliche Führungskräfte beachten sollten, ist, nicht auf Tipps und Tricks zu hören. Bleibt ihr selber, passt euch nicht an. Als weibliche Führungskraft hört man andauernd von allen Seiten, dass wir »zu« irgendwas sind: zu pushy, zu emotional, zu ehrgeizig, zu was auch immer. Einfach Ohren zumachen bei so etwas. Tragt kurze Röcke, wenn ihr Lust drauf habt und tragt keine Anzüge, wenn ihr keine Lust drauf habt, seid introvertiert oder extrovertiert. Seid ihr selber. Sich zu verstellen, kostet Energie und die könnt ihr lieber sinnvoller einsetzen. Es ist erstmal wichtig, mit sich selbst im Reinen und reflektiert zu sein. Das würde ich jeder Führungskraft empfehlen: Lernt euch selber kennen, eure Stärken und Schwächen, eure Verletzlichkeiten und Trigger. Und seid offen und neugierig, seht das Gute in Menschen. Hört zu, geht mit offenem Herzen und Gehirn durchs Leben. Seid neugierig auf andere Menschen und andere Ansätze, versucht immer zu lernen. Seid großzügig und menschlich.

Ich bedanke mich an dieser Stelle bei meine sieben Interviewpartnerinnen – ebenso wie bei allen Menschen, die mir auf meinem Weg Impulse und Beistand geben. Auch wenn ihr in diesem Buch euren Namen nicht lest: Das ist keinerlei Wertung, sondern war die Qual der Wahl, denn ich musste mich für Statements entscheiden, die zum roten Faden meines Buches passen. Ich danke euch allen!

Vernetze dich und kooperiere

Kooperationen sind meiner Meinung nach das A und O für den Erfolg – und das ohne konkreten Bezug zu »female«. Statt eine Idee zu kopieren oder ein Konkurrenzprodukt herzustellen, kann eine berufliche Partnerschaft dein Business ergänzen und das gegenseitige Wachstum fördern.

Bernhard Lorig und Natascha Möller von IDEENWALD kooperieren bereits seit 2021 mit FeMentor. An diesem Beispiel möchte ich verdeutlichen, wie Kooperationen neue Lösungen für gemeinsamen Fortschritt bieten.

»Der IDEENWALD ist ein Ort, an dem Gründungsinteressierte, Ideenbrüterinnen und Zukunftsgestalterinnen zusammenkommen, um ihre Ideen zum Nutzen von Region, Mensch und Umwelt Wirklichkeit werden zu lassen. Das Verbundprojekt der TU Kaiserslautern-Landau sowie der HS Kaiserslautern ist durch das EXIST-Förderprogramm ›Potenziale heben‹ des Bundesministeriums für Wirtschaft und Klimaschutz (BMWK) entstanden. IDEENWALD dient als Anlaufstelle für diejenigen, die eigene Ideen verwirklichen und sich gegenseitig unterstützen sowie voneinander lernen möchten. Eines der Ziele ist es, mehr Frauen dazu zu bewegen, in der Tech-Branche zu gründen. Dies stellt an einer Technischen Universität eine Herausforderung dar, da der Anteil männlicher Studenten deutlich überwiegt. Genau hier setzen wir mit unserer Kooperation an: Gemeinsam wollen wir Frauen in der Technologiebranche fördern und ihnen die Möglichkeit geben, ihr volles Potenzial auszuschöpfen und von den Erfahrungen und Fähigkeiten der Mentorinnen zu profitieren. Damit möchten wir einer Problematik entgegenwirken, die im ›Female Founders Monitor 2022‹ sichtbar wurde: Frauen gründen im Vergleich zu Männern fast doppelt so häufig allein. Dies liegt oft am Fehlen von Netzwerken. Das führt zu weiteren Herausforderungen, da Teamgründungen von zusätzlichen Ressourcen, Expertise und Kontakten profitieren können. Wenn solche Netzwerke vorhanden sind, hat das eine enorme Wirkung. Frauenteams bewerten ihr Start-up-Ökosystem mit 82 Prozent deutlich häufiger positiv. Durch die Kooperation können wir Netzwerke ausbauen, indem Gründerinnen mit erfahrenen Geschäftsfrauen und Wissenschaftlerinnen zusammenkommen. Im Rahmen der Zusammenarbeit haben sich bereits zahlreiche Frauen aus Kaiserslautern auf der Plattform angemeldet, entweder als Mentorinnen oder Mentees. Viele von ihnen nehmen regelmäßig an den Gründerinnen-Stammtischen von IDEENWALD teil. Daraus sind zahlreiche Anschlusstreffen zwischen Teilnehmerinnen und weitere Veranstaltungen entstanden. IDEENWALD trägt wiederum dazu bei, dass Ideen in die Tat umgesetzt werden können und somit einen positiven Einfluss auf die Region, die Menschen und die Umwelt haben. Durch die Zusammenarbeit können wir gemeinsam mehr Frauen dazu motivieren zu gründen und sie auf dem Weg unterstützen.«

Key Learning

Das reale Beispiel zeigt, dass eine sinnvoll ausgewählte Kooperation einen echten Mehrwert für beide Seiten generiert. Durch die Zusammenarbeit können Ressourcen gespart, vermeintliche »Schwachstellen« behoben und Synergien genutzt werden. Wichtig ist vor allem, darauf zu achten, eine gemeinsame Mission zu verfolgen und Ziele sinnvoll aufeinander abzustimmen. Nur so kannst du sicherstellen, dass beide Seiten gleichermaßen profitieren. Bei der Auswahl möglicher Kooperationspartnerinnen solltest du sehr behutsam vorgehen. Nicht jede ist ehrlich bei der Angabe von Kennzahlen und Zielen. Es erfordert eine gesunde Mischung aus kritischem Background-Check und einer guten Portion Bauchgefühl. Sowohl inhaltlich, rechtlich als auch menschlich sollte es matchen. Screene dazu auch den Markt nach möglichen Partnerinnen in deiner oder verwandten Branchen.

5   Diversity ist kein Hashtag

Eine lebendige und vielfältige Start-up-Szene ist für mich der Motor einer gut funktionierenden Wirtschaft. Gründer:innen von Start-ups treiben Innovationen, indem sie ihren Visionen folgen und den Status quo mutig herausfordern. Nur so können Technologiesprünge gelingen und kann Deutschland wirtschaftlich relevant bleiben.

Victoria Wagner, Gründerin BeyondGenderAgenda

Diversität steht für Vielfältigkeit, Verschiedenheit, Unterschied. Es hat nicht nur etwas mit dem Geschlecht zu tun, sondern mit Herkunft, Religion, sexueller Orientierung, Beeinträchtigungen, Alter, Wahrnehmungsmustern, Arbeitsstil und auch Dialekten – ergänzt um äußere Dimensionen wie Ausbildung, Lebensumfeld oder Einkommen. Und genau an diesem breiten Spektrum fehlt es in der Start-up-Welt ebenso wie in vielen Bereichen unserer Gesellschaft, eingeschlossen die Vorstandsebene der meisten Unternehmen. Was umso mehr erstaunt, denn Deutschland ist eine der bevölkerungsreichsten Nationen in der EU. Von den 83 Millionen Menschen haben beispielsweise etwa 21,2 Millionen einen Migrationshintergrund und 7,8 Millionen Personen leben mit einer schweren Behinderung.[30]

Allein für die Quote

Häufig war ich die einzige Frau im Raum, die Jüngste bei Dinnerabenden und wenn es dann doch Frauen oder Gleichaltrige bei dem Event gab, waren sie meisten hellhäutig, aus Deutschland und einem Haushalt, der sich ein Studium leisten konnte. Kaum eine der Teilnehmenden hat einen Migrationshintergrund. Umso mehr freute es mich, als ich Sabrina Spielberger bei einem legendären Geburtstag mit berühmten, international bekannten Tech-Unternehmern kennenlernte.

Diversity ist kein Nice-to-have, sondern ein Must-have

Das ist das klare Statement von Sabrina Spielberger, Tech Entrepreneurin und Investorin. Sie hat ihr Start-up erfolgreich verkauft, ist Investorin und hat viele Erfahrungen in der Start-up-Welt gesammelt. Doch wie sieht sie diese?

»Für mich stand die Start-up-Welt immer für Innovation, Disruption, Agilität und ausgeprägten Unternehmergeist – in vielen Fällen leider auch auf Kosten von Nachhaltigkeit und langfristigem Wachstum. Wenn ich mich aber in der deutschen Szene umsehe, dann finde ich sie zu exklusiv mit mangelnder Vielfalt. Für Personen aus unterrepräsentierten Gruppen kann es schwierig sein, Zugang zu den Ressourcen und Netzwerken zu erhalten, die für die Gründung eines erfolgreichen Start-ups erforderlich sind. Gerade dieser Mangel an Vielfalt kann die Bandbreite der Perspektiven und Ideen einschränken, was letztlich Innovation und Wachstum behindern kann. Solange dieser Gegensatz nicht in den Griff bekommen wird, werden wir auf internationaler Ebene völlig gerechtfertigt immer hinterherhinken. Ich finde, jeder sollte sich bewusst sein, dass Deutschland mittlerweile zu fast einem Drittel aus Menschen mit Migrationshintergrund besteht. Diese auszuschließen passiert entweder bewusst oder durch Ignoranz. Firmen sollten aufhören, Diversity nur als Hashtag oder Marketingstrategie zu fahren und sie wirklich leben und als Vorbilder vorangehen. Ich sehe, wie immer wieder darüber erzählt wird, aber dann machen sie genau das Gegenteil.«

Diversity Washing

Es gibt Green Washing, was bedeutet, dass ein Unternehmen sich als nachhaltig ausgibt, obwohl dies bei näherer Betrachtung nicht der Fall ist. Das Gleiche gibt es auch in Bezug auf Diversity. Unternehmen planen PR-Kampagnen mit POC-Models (POC = People of Color), veranstalten Panel Talks mit unterschiedlichen, unterrepräsentierten Gruppen, um zu zeigen, wie divers sie sind.

Das Problem: Budget für sie gibt es oft nicht. Das heißt, für die Talks, meistens mit Männern, die keiner Minderheit angehören, bekommen die sprechenden Personen ein Honorar, wohingegen beispielsweise der Transmann, eine Person of Color oder die Quotenfrau nicht einmal eine Aufwandsentschädigung erhalten – denn sie sollten dankbar sein, dass man ihnen Sichtbarkeit und eine Bühne schenkt. Dabei werden diese Personen und die Fotos von dem Abend für PR- und Marketingzwecke benutzt à la »Wir sind divers« – Diversity Washing par excellence.

Dunkelhaarig, Migrationshintergrund, mega erfolgreich: Wie geht das und wie schwer ist es wirklich?

Sabrina Spielberger hieß früher Saleh. Erst nachdem sie gegründet hatte, nahm sie den Namen ihres Mannes an. Die Hürden waren mit ihrem vorherigen Nachnamen größer, der neue öffnete ihr Türen. Sabrina hatte zum Beispiel Schwierigkeiten, ein Büro zu finden, E-Mails wurden ignoriert und sie wurde nicht einmal zu Besichtigungen eingeladen. Durch den neuen Namen hatte sie in Windeseile ein optimales Büro gefunden und auch ohne Probleme bekommen.

»In den Anfängen meiner Gründung habe ich mich dem DACH-Markt gewidmet und da sah es echt einseitig aus. Im Nachhinein bin ich froh, dass ich schnell internationalisiert habe. Nicht nur, weil es für das Wachstum die richtige Entscheidung war, sondern weil ich mich als weibliche Gründerin mit Migrationshintergrund und damals noch, vor meiner Hochzeit, mit ausländischem Nachnamen ziemlich isoliert gefühlt habe.«

Auch an Vorbildern hat es Sabrina am Anfang ihrer Gründung gefehlt. »Aus dieser Zeit weiß ich, wie es ist, keine zu haben. Ich habe mich in Deutschland nicht nur in meiner Branche, sondern auch in der gesamten Gründerszene nicht repräsentiert gefühlt. Ich habe Konferenzen und Events am Anfang gemieden, habe mir eingeredet, dass ich die Zeit lieber in meine Firma und das Wachstum stecke. Später wurde ich aber immer wieder darauf angesprochen, dass es doch für viele andere mit ähnlichem Background wichtig gewesen wäre, gerade mich dort zu sehen. Eine der größten Herausforderungen für diese Unternehmerinnen ist nämlich der Mangel an Vorbildern, die ihre Erfahrungen und Hintergründe teilen. Auf vielen Veranstaltungen und Konferenzen werden in der Regel erfolgreiche weiße Unternehmer:innen vorgestellt, sodass es für Gründerinnen, die einer Minderheit angehören, schwierig ist, vergleichbare Vorbilder zu finden, die ihnen Orientierung und Unterstützung bieten können. Vor allem in Deutschland sind es immer dieselben fünf Gesichter, die du siehst. Das kann schnell frustrierend sein. Ein Armutszeugnis für unsere Gründerszene, weil mittlerweile fast ein Drittel unserer Bevölkerung einen Einwanderungs-Background hat. Wo bleibt da die Repräsentation, frage ich mich? Wie können die nachfolgenden Generationen so überhaupt den Mut finden zu gründen?

Vorbilder sind wichtig, um Vertrauen und Selbstvertrauen aufzubauen. Jemanden zu sehen, der so aussieht wie man selbst, der ähnliche Herausforderungen gemeistert hat und in der Branche erfolgreich ist, kann unglaublich ermutigend sein. Ohne Vorbilder haben es Gründer:innen, die einer Minderheit angehören, schwer, das Selbstvertrauen und die Selbstsicherheit zu entwickeln, die sie brauchen, um ihre unternehmerischen Träume zu verwirklichen. Wir wissen das alle, aber die Medien, Veranstalter und Unternehmen benutzen den Begriff Diversity & Inclusion so inflationär. Gleichzeitig haben sich deren Publikationen, Events und Konferenzen kein Stück weiterentwickelt, was das Thema angeht. Daran sieht man, dass es für die meisten nur Marketing ist.

Ich persönlich hatte das Glück, dass ich in einer Branche gegründet habe, die sehr international und divers aufgestellt ist. In meinen größten Märkten – USA, UK und Frankreich – waren die Teams bis zu den Führungskräften total durchgemischt. Und da spreche ich nicht nur von Gender Diversity, sondern eben auch davon, was die Herkunft der Geschäftspartner:innen angeht. Zum Glück war ich damals nicht auf externe Finanzierung angewiesen durch VCs – als Frau schon eine Zumutung und dann noch mit meinem unkonventionellen Background. Keine Chance!«

Die Bubble
Auch Gründerin Dr. Anne Latz steht der Start-up-Szene kritisch gegenüber, als ich sie frage, was sie an der Start-up Bubble (nicht) mag.

»Genau wie in der Frage beschrieben: Die Start-up Bubble ist eine Blase – die sich ehrlich gesprochen sehr wichtig nimmt. Und das durch ihre Sprache und ihr Branding auch auslebt. Dadurch entstehen tolle Synergien, eine Geschwindigkeit, die sich etablierte Unternehmen nur wünschen und es geht immer voran. Problematisch ist es aber, wenn wir hier vor lauter Start-up-Sprech und Homogenität ersticken. Damit meine ich nicht nur, dass wir Diversität in Gründerteams brauchen. Wir müssen immer wieder berücksichtigen, was die Probleme, Gedanken und Sorgen der 95 % der Bevölkerung sind, die nicht in Berlin-Mitte leben und Networking Events und Social Media auf der Tagesordnung haben. Das ist natürlich überspitzt dargestellt. Doch ich sehe zum Beispiel in meinem Bereich der Medizin eine große Gefahr, dass wir durch zu wenig Diversität in Alter, Geschlecht, aber vor allem Herkunft und Ausbildung zu einer kleinen selbsterhaltenden Blase werden, anstatt Verantwortung für gesellschaftliche Herausforderungen zu übernehmen.«

Oder wie Marco Scheel, Gründer von Nordwolle, in der NDR Nordreportage sagte und damit auf TikTok viral ging: »Wir können nicht alle mit nem MacBook und nem Chai Latte in Berlin in nem Co-Working Space sitzen und die zehnte Dating-App erfinden.«[31]

Hürden und andere Ungleichheiten

Nicht jede Person kann sich ein Studium leisten. Auch wenn in Deutschland die Studiengebühren im Vergleich zu den USA deutlich geringer sind, ist ein Studienkredit für viele vonnöten. Selbst wenn das Studium kaum etwas kostet, sind die Lebenshaltungskosten sehr hoch und der Freibetrag, den du als studierende Person verdienen darfst, ist meist so gering, dass Eltern die zusätzlichen Kosten tragen müssen. Das führt zu einer sozialen Ungleichheit und die fängt bereits in der Schule an. Die Chancen, auf ein Gymnasium zu gehen, liegen bei nur 28,2 %, wenn beide Eltern kein Abitur haben – im Vergleich zu 75,3 % für Kinder mit Eltern, die beide Abitur haben.[32] Nach der Schule werden von 100 Akademikerkindern 79 Studienanfangende, 64 Bachelorabsolvierende, 43 Masterabsolvierende und sechs Kinder promovieren. Dagegen werden von 100 Nichtakademikerkindern gerade einmal 27 Kinder Studienanfangende, 20 Bachelorabsolvierende, elf Kinder Masterabsolvierende und zwei promovieren.[33]

Häufig wissen Kinder aus Nichtakademikerhaushalten nicht, ob sie studieren sollen. Auch fehlt ihnen der Glaube an sich selbst, es jemals aus der finanziell eher schlechten Situation zu schaffen. Bei FeMentor haben wir einige Frauen, die als Erste in der Familie ein Abitur oder Studium absolviert haben. Doch sobald sie aus dem Studium kommen, haben sie zwar den »richtigen« Abschluss, es fehlt ihnen meistens aber an Netzwerk und Kontakten, um in große Unternehmen zu kommen. Frauen aus den unterschiedlichsten Elternhäusern oder Kulturen, die ich beeindruckend finde, haben es an die Spitze geschafft und sind damit Role Models, die aufzeigen: Es ist möglich!

In Zukunft wünsche ich mir mehr Role Models, die unterschiedlichste Hintergründe haben. Wir brauchen vielfältige Menschen, wir brauchen die Frauen, aber auch die »weißen alten Männer«, Personen aus der LGBTQA+-Community, unterschiedliche Religionen und Geschichten und nicht nur Gesichter, mit denen sich die Mehrheit nicht identifizieren kann. Es gibt leider zu wenige Personen in der Öffentlichkeit, die vielfältig sind und auch »ungerade« Lebensläufe haben. Auf Bühnen siehst du häufig dieselben Personen. Sabrina sagt darüber: »Am meisten unterstützt hat mich mein Partner, heute Ehemann. Die Role Models, die man heute in den Medien sieht, waren damals für mich persönlich und für meine Entwicklung eher irrelevant – nicht nur, weil ich mich mit niemandem identifizieren konnte, sondern weil ich auch nicht aktiv nach Support von außen gesucht habe.«

Wer LinkedIn aktiv nutzt, kennt voraussichtlich Annahita Esmailzadeh, die seit 2021 Führungskraft bei Microsoft ist und dort den Bereich Customer Success Account Management verantwortet. Sie ist zudem eine der reichweitenstärksten Business-Influencerinnen und Keynote Speakerinnen im DACH-Raum und setzt ihre Reichweite in den Medien und auf sozialen Netzwerken für mehr Diversität und Inklusion sowie moderne Kultur- und Führungsansätze in der Arbeitswelt ein.

Der Weg zu ihrer jetzigen Position war nicht einfach und wurde Annahita nicht in die Wiege gelegt. »Mein Einstieg in die IT-Welt verlief eher zufällig. Meinen Eltern, die beide nicht studiert hatten, war es wichtig, dass mein Studium mir finanzielle Unabhängigkeit ermöglichen sollte und ein privilegiertes Leben, das sie nicht gehabt hatten. Ich verstand den Wunsch sehr gut und achtete daher bei meiner Studienwahl nur auf zwei Dinge: gute Berufsaussichten und ein attraktives Gehalt. Die Suchmaschinen spuckten wiederum praktischerweise ausnahmslos den gleichen Studiengang als Top-Treffer aus, der beide Kriterien erfüllen sollte: Wirtschaftsinformatik. So entschied ich mich ohne jegliche Vorkenntnisse für diesen Studiengang und saß einige Wochen später in meiner ersten Softwareentwicklungs-Vorlesung. Und das, ohne vorher jemals auch nur eine Zeile Code in meinem Leben geschrieben zu haben. Zu meinem eigenen Erstaunen fand ich schon nach kurzer Zeit großen Gefallen an dem Studium und der Grundstein für meinen Weg in die Tech-Welt war geebnet. Nach meinem Masterabschluss entschied ich mich für einen Einstieg als IT-Prozessberaterin mit Fokus auf die Automobilindustrie bei dem größten europäischen Softwarekonzern. Nach meiner Zeit in der klassischen Beratung begann ich, industrieübergreifend große IT-Projekte zu leiten und machte schließlich den Übergang von fachlicher zur disziplinarischen Führungsverantwortung.«

Heute hat Annahita eine Stimme und Reichweite, die sie nutzt, um aufzuklären und ihre Erfahrungen mit über 140.000 Menschen zu teilen. »Hätte man mir noch vor wenigen Jahren gesagt, dass mir irgendwann mal so viele Menschen auf LinkedIn folgen werden, hätte ich nur ungläubig gelacht. Ich hätte damals nie vermutet, dass meine Inhalte auf so einen wunden Nerv treffen und eine derartige Resonanz erzeugen werden. Ich würde sagen, dass es Ende 2020 anfing ›abzugehen‹. Mein erster viraler Beitrag wurde damals von einem ehemaligen Kollegen getriggert, der mir (und allen weiteren Frauen im Team) ständig bei jeder Atempause ins Wort fiel. Ich war damals so genervt von diesem Verhalten, dass ich ein Foto von mir machte, auf dem ich einen Zettel mit ›Ich war noch nicht fertig‹ vor mein Gesicht hielt. Ich sprach in dem Beitrag über Studien, die belegen, dass Frauen (sowohl von anderen Frauen als auch von Männern) statistisch gesehen weitaus häufiger unterbrochen werden und teilte drei Tipps, um mit diesen Situationen umzugehen. Und danach nahm das Ganze seinen Lauf.«

Doch die Sichtbarkeit, die sie durch LinkedIn erfährt, hat auch ihre Schattenseiten.

»Ich bin sehr dankbar darüber, meine Reichweite für meine Herzensthemen wie die Relevanz von Diversität in der Wirtschaft oder meine Vorstellungen von moderner Führungs- und Unternehmenskultur einsetzen zu können. Mit der Visibilität auf sozialen Netzwerken geht allerdings auch immer Hatespeech einher. Menschen fehlt im virtuellen Raum oftmals die Hemmschwelle, die sie im ›echten‹ Leben besitzen. Ich spreche in dem Kontext oft vom Autofahrer-Phänomen. Kennst du das, wenn Menschen am Steuer komplett ausrasten und die anderen Verkehrsteilnehmer wüst beschimpfen? Sie nehmen dabei oft Beleidigungen in den Mund oder machen obszöne Gesten, die im Alltag absolut nicht zu ihrem gewöhnlichen Verhalten passen. Nun, wie kommt es denn dazu, dass bei vielen Menschen, sobald sie im Auto sitzen, offensichtlich ein Schalter umspringt? Aus meiner Sicht gibt es hierzu eine relativ triviale Erklärung: Das Fahrzeug, in dem sie sich befinden, empfinden sie als ›geschützten Raum‹. Sie fühlen sich also ›sicher‹ dabei, sich danebenzubenehmen. Und genau das gleiche Phänomen beobachte ich auch auf sozialen Medien – nur dass sich die Menschen hierbei nicht hinter ihrer Windschutzscheibe, sondern hinter ihrem Laptop oder Smartphone verstecken.«

Die Kommentare, die Annahita begegnen, beziehen sich häufig auf ihren Migrationshintergrund, als wäre dies eine Schwäche oder Rechtfertigung, warum sie keine Expertin sein kann.

»Ich erhalte verschiedenste Arten von Hasskommentaren – die meisten sind rassistischer oder sexistischer Natur. Von ›Gehen Sie doch dahin zurück, wo Sie herkommen‹ bis zu ekelhaften frauenverachtenden Aussagen, die ich nicht zitieren will, ist alles dabei. Ich melde und sperre die jeweiligen User immer konsequent. Ich rate Betroffenen dazu, Beweise zu sichern, die jeweiligen User zu sperren sowie auf der jeweiligen Plattform zu melden und in gravierenden Fällen auch rechtliche Konsequenzen einzuleiten. Denn das Internet ist kein straffreier Raum. Ich nutze meine Reichweite auf sozialen Medien, um immer wieder auf die Problematik aufmerksam zu machen und Strategien gegen Onlinehass aufzuzeigen. Grundsätzlich sollten wir, wenn wir Onlinehass beobachten, nicht wegschauen, sondern uns solidarisch zeigen, Hilfe anbieten und dagegen aktiv werden! Wir sollten beim Umgang auf sozialen Medien immer im Hinterkopf behalten, dass wir es nicht mit Bots, sondern mit unseren Mitmenschen zu tun haben. Wir scheinen manchmal zu vergessen, dass sich auch auf sozialen Netzwerken reale Menschen mit realen Gefühlen hinter den virtuellen Profilen befinden. Ebenso sollten wir nicht vergessen, dass unsere Worte in der virtuellen Welt, auch in der Realität, einen immensen Schaden anrichten können. Auch auf sozialen Medien gibt es daher keinen Freifahrtschein, um unseren Anstand und unsere Umgangsformen über Bord zu werfen.«

Good to know

Solltest du dich im Internet unwohl fühlen oder Hasskommentare erhalten, kannst du diese über eine Filterfunktion bei Instagram ausblenden. Genau wie Annahita versuche ich die »Hater« häufig von meinen Profilen zu verbannen, indem diese blockiert werden. Dies ist ein sehr wirksamer Mechanismus und kann dich vor diesen destruktiven Personen schützen.

Wo es im Netz keinen Schutz gibt, gibt es in Deutschland umso mehr Gesetze. Laut dem Allgemeinen Gleichbehandlungsgesetzes gibt es eine gesetzliche Verpflichtung, Chancengleichheit und Gleichbehandlung zu ermöglichen.[34]

Genau deshalb setzen sich Unternehmerinnen wie Victoria Wegner für mehr Diversität ein.

»Ich bin leidenschaftliche Gründerin. Nach Aufbau und Veräußerung einer strategischen Kommunikationsberatung habe ich 2020 mit BeyondGenderAgenda Deutschlands reichweitenstärkste DE&I-Plattform (Anm.: Diversity, Equity & Inclusion) und bedeutendstes Diversitätsnetzwerk gegründet. Wir setzen Diversität auf die Agenda der Top-Führungsgremien der deutschen Wirtschaft, denn Unternehmen, die Diversität als erfolgskritischen Wirtschaftsfaktor ignorieren, gefährden ihre Zukunftsfähigkeit und damit auch die Zukunftsfähigkeit des Wirtschaftsstandorts Deutschland.«

Doch wie kann die Gründerszene diverser werden? Was muss beachtet werden und was läuft eventuell derzeit falsch? »Nehmen wir beispielsweise Geschlechterdiversität: Im Jahr 2022 waren laut Deutschem Start-up-Monitor (DSM) nur 20,3 Prozent der Start-up-Gründer:innen weiblich. Einer der größten Hebel, dieses Missverhältnis zu drehen, liegt für mich auf Investor:innenseite. Diese ist mit deutlicher Mehrheit männlich besetzt und investiert bevorzugt in männliche Entrepreneure. Hier muss ein Bewusstsein geschaffen werden und ein nachhaltiges Umdenken stattfinden«, antwortet Victoria.

Aus Geschichten über Alltagsrassismus wird eines klar: Wir leben noch lange nicht in einer Gesellschaft, die Ausgrenzung, Hass, Vorurteile und Feindlichkeit gegenüber allem Fremden überwunden hat!

Auch Mina Saidze, Inclusive Tech Gründerin, Tech-Expertin und Autorin von »FairTech: Digitalisierung neu denken für eine gerechte Gesellschaft«, hat Erfahrungen mit Alltagsrassismus gemacht – weshalb sie mit Inclusive Tech Europas erste Beratungs- und Lobbyorganisation für Diversity in Tech und KI-Ethik gründete.

»Egal, wie erfolgreich man in den Augen der Gesellschaft ist: Alltagsrassismus begegnet einem immer wieder. Diese schmerzhaften Erfahrungen musste ich und muss ich noch machen. Als Anastasia und ich bei einem exklusiven Dinner präsent waren, weigerten sich zwei junge Gründerinnen, mir die Hand zu schütteln, während sie dies bei anderen Gästen taten. Auch wenn sie nicht offen rassistisch sind, ist es latenter Rassismus oder ein sogenannter ›Unconscious Bias‹. Das bedeutet, dass sie tief in ihrem Unterbewusstsein bestimmte Vorurteile oder Voreingenommenheit gegenüber Ausländer:innen oder Menschen mit Migrationshintergrund haben, ohne sich dessen bewusst zu sein. Deswegen ist es so wichtig, dass Gründer:innen interkulturelle Kompetenzen mitbringen, um in der Lage zu sein, ein Arbeitsumfeld zu schaffen, wo jeder und jede sich wohlfühlt, und gleichzeitig eine international aufgestellte Organisation zu sein.«

Vom Mut, nicht aufzugeben – gegen alle Vorurteile

Abir Hadada hat früh Erfüllung in ihrer Religion gefunden. Obwohl ihre Eltern nicht streng religiös waren, entschied sie sich mit 13 Jahren dazu, ein Kopftuch zu tragen und dieses nie abzulegen. In der Schule funktionierte das wunderbar, sie machte keine Erfahrungen mit Mobbing, musste aber feststellen, dass im Leben danach die Komplikationen anfingen.

»Ich habe keinen Praktikumsplatz gefunden. Auch bei einem Ferienjob hieß es mit abgeneigtem Blick: Wir suchen nicht. Am nächsten Tag ging eine Klassenkameradin zu demselben Unternehmen und bekam den Job. Jedes Jahr zu Karneval musste ich diesen Satz von verschieden Menschen, egal ob jung oder alt, hören: ›Haha, du brauchst dich nicht verkleiden, du bist es ja schon.‹ Später als Mutter wurde mir Hausverbot erteilt von einem HNO-Arzt, weil mein Äußeres ›hier nicht reinpasst‹ – dabei war ich krank. Immer wieder laufen ältere Menschen an mir vorbei und meckern in lauten Tönen über mich. ›Schrecklich‹ ist das Lieblingswort. Wenn ich frage, ob sie gerade mit mir geredet haben, schauen sie weg und laufen weiter. Man hört sie aber weiterhin meckern.

Ein Traum von mir war es, Physiotherapeutin zu werden, doch auch das ging nicht. Ich habe viele Schulen angerufen, aber alle bestanden auf Praxis am Körper in Unterwäsche zwischen Männern und Frauen. Hast du schon mal eine Therapeutin mit Kopftuch gesehen? Ich bis jetzt noch nicht! Die Liste mit Diskriminierungen ist noch sehr lang. Als ich jünger war, hatte ich kaum noch Selbstwertgefühl und habe mich mit 16 Jahren als Putzkraft bei einem Geschäft bewerben wollen. Meine Mutter hat es mir nicht erlaubt, weil sie nicht wollte, dass ich wie sie ende. Ich hätte Bildung genossen, also hätte ich auch ein Recht auf einen normalen Job. Irgendwie hat es mir das Herz zerbrochen, dass sie das so mitgenommen hat. Ich habe es dann mit dem Putzjob gelassen.

In einem anderen Job haben sich etliche deutsche ältere Damen beschwert, warum ›eine mit Kopftuch‹ hier arbeiten darf. Sie haben mit Kündigungen gedroht, wenn ich dort bleibe. Da stand zum ersten Mal eine Arbeitgeberin für mich ein. Sie hat denen gesagt: ›Okay, kündigt, aber sie wird nicht gehen!‹ Zum ersten Mal hat mich jemand so behandelt! Dieses Gefühl war unfassbar! Die Frauen sind natürlich geblieben und fingen eines Tages an, meine Kurse zu besuchen und waren begeistert. Natürlich haben sie sich niemals entschuldigt, aber sie haben es mit Lob versucht.

Am Ende wusste ich: Wenn ich jemals glücklich arbeiten und für Toleranz sorgen will, muss ich meine eigene Firma gründen. Ich mache alles, um Frauen zu vereinen, egal welcher Herkunft, welche Religion, Bildung! Jede hat Talente auf ihre Art. Das möchte ich unterstützen! Mich interessiert kein Zeugnis und kein Abschluss. Mich interessiert, was den Menschen ausmacht und woran er Spaß hat. Darin zu fördern und eine Familie in der Firma zu bilden, ist das, was mich erfüllt. Ich weiß, viele Unternehmer sehen es als tabu, Mitarbeitende wie Familie zu behandeln, aber das soll jeder für sich selbst entscheiden. Selbst nachdem ich nach meiner Insolvenz meinen Mitarbeitenden kündigen musste, stehe ich eng mit meinem ehemaligem Team in Kontakt, liebe sie genau wie vorher und wünsche ihnen das Beste!«

Diskriminierung und der Fehler von Schubladen
Ich frage Lemontaps-Gründer Raji Sarhi, ob er etwas zum Thema Diversität beisteuern möchte. Seine Antwort stimmte mich traurig, denn es zeigt auf, wie selbstverständlich Diskriminierung für Menschen sein kann, die keinen typisch deutschen Namen tragen.

»Ich habe da keine nennenswerten oder längeren Storys. Mein Name wird seit dem Kindergarten falsch ausgesprochen auf jede verschiedene Art und Weise. Dass ich gut Deutsch spreche, wundert einige beziehungsweise dass ich ein wenig Akzent habe (obwohl ich keinen habe, weil ich hier geboren bin). Und wann ich denn hierher geflüchtet sei, werde ich ab und zu gefragt. Das Alltägliche, was wahrscheinlich viele hier erleben.«

Vor Kurzem war ich zu einem politischen Abend einer Partei eingeladen, an dem es um die Integration von Personen mit Migrationshintergrund in die Arbeitswelt ging. Eine der Ehrengäste war eine Frau, Anfang 30, mit Migrationshintergrund. Sie machte den »Fehler«, eine schwarze Hose, einen schwarzen Blazer, eine weiße Bluse und die Haare offen zu tragen. Als sie ihre Jacke an der Garderobe abgeben wollte, wurde sie nach hinten gebeten. Ihr wurde erklärt, wie sie die Jacken der Gäste entgegennehmen soll. Statt zu erkennen, dass sie eine der Speakerinnen war, wurde sie für eine Arbeitskraft gehalten. Dies ist einer der Gründe, warum ich mich früh dagegen entschieden habe, schwarz und weiß bei Veranstaltungen zu tragen, da ich gerade als junge Frau zu Beginn meiner Gründung für eine Kellnerin gehalten wurde.

Pretty Privilege

Es hat gewisse Vorteile, wenn das Aussehen »stimmt« und modernen Schönheitsidealen entspricht. In dem Fall wird von »Pretty Privilege« gesprochen.

Pretty Privilege

Pretty Privilege bedeutet, dass einer Person, die als attraktiv gilt, in der Welt mehr Möglichkeiten geboten werden und sie für qualifizierter gehalten wird. Eine Studie der Psychologin Dr. Sandra Wheatley ergab, dass 73 % der Bilder, die mit Begriffen zum Thema »Schönheit« versehen waren, eine weiße Frau zeigten. Auf 88 % dieser Bilder war die Frau schlank, hatte lange Haaren und war geschminkt. »Lookism« wird diese Voreingenommenheit bezeichnet und ist im sozialen Umfeld, aber auch im Beruf zu finden.[35]

Vorurteile und damit einhergehend Vor- beziehungsweise Nachteile finden sich beispielsweise auch in der Fernsehsendung »Die Höhle der Löwen«. Ein Forschungsteam der Uni Paderborn und der FH Aachen sichtete zwölf Staffeln und 636 Start-up-Präsentationen der Sendung. Heraus kam: Attraktive, ältere und männliche Gründer erhalten eher einen Deal und auch eine höhere Investitionssumme. Ein weiteres Fazit: Unternehmen von Gründerinnen werden 30 Prozent niedriger bewertet, weshalb sie mehr Anteile abgeben müssen oder weniger Kapital erhalten.[36]

Tipps für Events mit mehr Diversität

Das Bewusstsein, dass die Start-up-Welt, Unternehmen und Events divers werden müssen, nimmt zu. Doch häufig mangelt es an Ideen – die recht leicht umgesetzt werden könnten. Daher hier drei Tipps für kommende Veranstaltungen:

1. Vielfältigkeit bei Events funktioniert, wenn die Liste kuratiert wird oder Tickets von unterschiedlichen Personen mit diversen Netzwerken verlost werden. Damit gewinnt das Event nicht nur an Bekanntheit, sondern das eigene Netzwerk erweitert sich um Personen, die einem vorher noch nicht vertraut waren.
2. Erst neulich war ich bei einem Event eingeladen, welches wahrhaftig divers war. Der Panel war ein bunter Mix aus unterrepräsentierten Gruppen. Dabei ist mir eine Sache besonders aufgefallen: Alle Kellnerinnen waren junge Frauen und die meisten hatten einen Migrationshintergrund, wobei die Frage aufkommt: Ist eine solche »Einstufung« nicht auch bereits Diskriminierung? Mein Tipp »dahinter«: Achte auf Diversität, behandle alle gleich und gib jeder Person dieselbe Aufmerksamkeit und Chance.
3. Bezahlt jede (!) sprechende Person, gerade wenn daraus eine Marketingkampagne werden soll. Das muss kein großer Betrag sein – es geht um einen symbolischen Betrag auch im Sinne von Wertschätzung.

Ich weiß, es ist unmöglich, in der Businesswelt von heute auf morgen auf Diversität umzuschalten. Ehrlich gelebte Vielfalt muss sich in den Köpfen und im Tun aller verankern – eine künstlich erzeugte Diversität ist weder nachhaltig noch glaubhaft. Dabei müssen es keine radikalen Schritte sein, dass plötzlich nur noch Frauen oder eine Randgruppierung Vorstandspositionen innehaben. Es geht um eine langfristige, faire Veränderung. Wir müssen anfangen, die Weichen zu stellen, dass es jeder und jedem möglich gemacht wird, gewisse Positionen zu erreichen, wenn sie es wollen und die Qualifikation passt. Auf andere Faktoren sollte da nicht geschaut werden. Das klingt vielleicht für den einen oder die andere so, als wäre dann auch eine Frauenquote ungerecht. Dazu kann ich sagen: Kaum eine Frau möchte das Gefühl bekommen, sie ist nur in einer Position wegen einer Quote. Doch diese benötigen wir leider derzeit, damit eine langfristige Vielfältigkeit in Unternehmen möglich ist, denn da sind wir sind noch lange nicht. Wir müssen die Role Models der Zukunft ausbilden, indem wir ihnen Role Models zur Verfügung stellen, die nahbar sind und mit Ehrlichkeit über ihre Hürden, aber auch Erfahrungen sprechen.

6 Impostor-Syndrom, FOMO & Burn-out

Die Start-up-Szene ist für mich eine tolle Chance, schnell und eigeninitiativ wirksam zu werden. Der für mich größte Vorteil im Unternehmertum liegt im Tempo – im Ausprobieren, Verwerfen und Verbessern von Ideen und Projekten. Das können weder Konzerne noch Politik und Behörden durch ihre Strukturen und Prozesse gewährleisten. Gleichzeitig ist die ›Szene‹ eine wirklich kleine Blase – aus der man sich regelmäßig rausbewegen sollte, um wirklich sinnvolle Innovationen zu schaffen.

Dr. Anne Latz, Ärztin und Gründerin

Dieses Kapitel dient dazu zu entschleunigen, den Druck rauszunehmen und mehr über die Start-up-Welt zu erfahren. Es berichtet von Gründerinnen, die viele Facetten kennenlernen durften. Es hat mich anfänglich überrascht, wie viele von ihnen am Impostor-Syndrom leiden, wie viele Blenderinnen sind und hinter wie vielen strahlenden Gesichtern eine große Sorge steckt. Das Gefühl, nicht genug zu machen, ist bei vielen omnipräsent.

> **Impostor-Syndrom**
>
> Das Impostor-Syndrom, das Hochstaplerin-Syndrom, beschreibt das Gefühl, in einer Position zu sein, die man nicht verdient und für die man nicht ausreichend Qualifikationen hat. Die Selbstzweifel, nicht genug zu sein, beziehen sich meistens auf die Karriere oder Erfolge.[37]

Dabei sind Druck und (selbsterzeugter) Stress die schlechtesten Ratgeber. Ständig fragen wir uns: Soll ich (noch) ein Start-up gründen, selbstständig sein? Schaffe ich das nicht sogar neben einer Festanstellung? Kinder wären auch schön und einen Hund wollte ich schon immer. Wenn ich jetzt die Zeit nutze und einen Podcast starte, dann wird das was.

Einmal durchatmen, bitte!

In der heutigen Zeit sind wir es gewohnt, alles auf Knopfdruck zu bekommen. Du hast Lust auf Thailändisch? Ist in 30 Minuten per Lieferservice bei dir. Eine neue Hose könnte auch mal wieder her? Schnell in die Einkaufsstraße oder online bestellen. Dank Amazon Prime ist fast alles in ein bis drei Werktagen verfügbar. Doch ein Start-up oder auch eine erfolgreiche Selbstständigkeit aufzubauen, dauert deutlich länger. Am Anfang vieler Gründungen verbringt man viel Zeit mit warten: auf Gelder, Rückmeldungen, E-Mails und Kundinnen. Und diese Zeit schätze ich rückblickend sehr. Wir sind so damit beschäftigt, das nächste »Ding« zu suchen, dass wir den Moment und das Jetzt teilweise nicht wahrnehmen.

»Sagst du auch mal Talks ab?«, wurde ich neulich von einem Bekannten gefragt. Zwar bin ich auf vielen Bühnen, Messen und Konferenzen, aber ja, ich sage auch Veranstaltungen ab. Und jedes Mal habe ich vorher eine schlaflose Nacht, bis ich mich gegen das Event und für mich entscheide. Denn ich leide, wie viele andere auch, an FOMO. Konkret bedeutet das: Ich will überall dabei sein, bin eine Grenzgängerin, die ihre eigenen Grenzen häufig überschreitet. Zu oft habe ich in den vier Jahren in der Start-up-Szene den Satz gesagt: »Ich kann nicht mehr!« – nur um am nächsten Tag weiterzumachen.

FOMO

FOMO steht für »Fear Of Missing Out«, also die Angst, etwas zu verpassen. Das kann sich auf Veranstaltungen, berufliche Chancen, aber auch auf Treffen mit der Freundesgruppe beziehen.[38]

Je höher die Rakete – das Sinnbild und das Emoji, das die Start-up-Welt symbolisiert – fliegt, desto tiefer fühlt sich der Fall an. Auch ich habe diese Tage, an denen ich mir weinend die Schuhe zubinde, nur um danach auf dem Weg zu einem Event zu sein in der Hoffnung, dass man mir die vorherigen Tränen nicht anmerkt. An solchen Tagen telefoniere ich, wenn die Zeit reicht, mit einer befreundeten Gründerin, die diese Spirale kennt, in der man sich immer weiter nach unten bewegt mit dem Gefühl, nichts zu sein. Denn da ist diese Angst vor (der eigenen) Irrelevanz.

Dieses Gefühl, dass nichts mehr wichtig beziehungsweise nicht mehr klar ist, was noch von Bedeutung ist. Es gibt immer weniger zu erreichen und die Treppe zum »ultimativen« Erfolg scheint schmaler zu werden. Wenn jemand anderes die nächste Karrierestufe vor mir schafft, dann ist da kein Platz mehr für mich, ist die logische Schlussfolgerung.

In Angestelltenverhältnis weißt du häufig, Schritt für Schritt, was in deiner beruflichen Laufbahn passieren kann. Die Beförderung oder nächsthöhere Position kommt, wenn du lang genug im Unternehmen bleibst und deine Leistung erbringst. Wohingegen es in der Start-up-Szene keinen klaren Weg oder eindeutige Vorgaben gibt. Du startest bereits in der höchsten Position und kannst dich in deinem eigenen Unternehmen nicht mehr hocharbeiten. Du kannst nur versuchen, dein Unternehmen zu optimieren und konstant zu wachsen. Die Sicherheit des Angestelltenverhältnisses fehlt, die Erfolge des Unternehmens sind an deine eigenen geknüpft. Der Weg zum Ziel, von der Gründung bis zum Exit, ist nicht vorgegeben. Du weißt in den meisten Fällen nicht, was als Nächstes kommt, es gibt keine klassische Karriereleiter. Teilweise ist es schlicht Glückssache, wenn du dich für einen von mehreren möglichen Wegen entscheidest und hoffst, dass es die richtige Wahl war. Ganz nach dem Motto: Trial and Error.

Katharina Kreutzer ist Co-Founderin und CPO von boomerang®, Mehrwegsystem für den E-Commerce, und 24 Jahre alt. »Viele Vorteile (in der Start-up-Szene) können oftmals auch zu Nachteilen werden und genau damit sollte man arbeiten und sich dessen bewusst sein. Zu den Vorteilen gehören Dynamik, Schnelllebigkeit und Freude, zu den Nachteilen, dass diese Dynamik für ständiges FOMO sorgt und die Schnelllebigkeit einen großen innerlichen Druck ausüben kann.«

Ich habe mich mit 20 Jahren für die Start-up-Welt und deren Dynamik entschieden. Diese Entscheidung hat mir viel Positives gegeben, aber sie steht auch für viele Dinge, die ich damit aufgegeben, auf die ich verzichtet habe oder die ich negativ empfinde.

1. Viele meiner Freundinnen sind zehn bis 20 Jahre älter als ich, denn viele Gleichaltrige fühlten sich eingeschüchtert davon, dass ich bereits wusste, was ich vom Leben will. Dadurch sind am Anfang leider viele Freundschaften aus der Schulzeit geendet und die Wege haben sich getrennt.

2. Weniger Zeit für Freundinnen oder mich: Das Start-up stand gerade in der Anfangsphase an erster Stelle.

3. Das schlechte Gewissen, das mich plagt, wenn ich mal nicht arbeite oder spontan einen Urlaub gebucht habe, dafür dann aber vermeintlich relevante Messen verpassen werde.

4. Dinnerabende mit Investorinnen, die zwei bis drei Jahrzehnte älter sind als ich, statt Partys mit Gleichaltrigen.

5. Die ständige Sichtbarkeit, die auch viele Sorgen und Angriffe mit sich bringt – von Offlinestalkerinnen bis hin zu sexueller Belästigung im Netz.

6. Die Verantwortung, die du in dem Alter eigentlich nur dir selbst gegenüber hast, ist so viel größer. Denn du verwaltest teilweise hohe Geldsummen von anderen (Investorinnen) oder hast Mitarbeitende, für die du verantwortlich bist.

7. Statt für einen Minijob oder ein Praktikum entscheidet man sich direkt für die Arbeitswelt, die man bis zur Rente dann meistens auch nicht mehr verlässt. Daher solltest du dir gut überlegen, ob du so früh eine Karriere starten oder deine Jugend lieber etwas länger genießen möchtest.

Good to know

Lass dir Zeit mit der Gründung! Nicht nur im Sinne von Monaten oder Wochen, sondern auch in Bezug auf dein Alter.

Denn als junge weibliche Gründerin wirst du oft unterschätzt, trotz aller Erfolge und Leistungen. Dein Start-up wird von vielen nicht ernst genommen, sondern als Hobby abgetan. Dass das Humbug ist, bringt Andrea Fernandez in unserem Gespräch auf den Punkt: »Es ist kein Projekt, es ist ein Unternehmen. Es ist mein Leben!«

Was all das mit dem Impostor-Syndrom, FOMO und mit Burn-out zu tun hat: In der Blase wirst du ständig kritisiert. Du musst dich immer wieder beweisen und natürlich auch die spannendste Gesprächspartnerin sein. »Was für Umsätze macht ihr? Was sind deine Zahlen?« Teilweise sind die Fragen übergriffig, vor allem in Anbetracht der Tatsache, dass in den meisten anderen Branchen nicht einmal über die Gehälter gesprochen wird. Um ehrlich zu sein, macht es keinen Spaß, sich ständig zu präsentieren, zu erklären, was und wer man ist. Als bräuchtest du einen Grund, eine Berechtigung für dein Dasein. Doch unwillkürlich fängt es an, dass du dich mit anderen vergleichst, wenn diese ihre Zahlen oder Kundinnen nennen. Die Selbstzweifel folgen: Ich bin nichts, ich kann nichts. Was mache ich hier überhaupt? Das heißt nicht, dass diese Gedanken konstant präsent sind oder gar der Wahrheit entsprechen, aber sie spuken in den Köpfen vieler Gründerinnen herum. Deutlich wichtiger als all die Zahlen, die auf Social-Media-Plattformen oder in den Medien kursieren und den vermeintlichen Erfolg oder Misserfolg darstellen: Was hinter den Kulissen passiert und welche Gefühlsstürme in einem wüten, wird zu selten beleuchtet.

Burn-out

Ein Burn-out kann mehrere Monate bis Jahre andauern und in zwölf Phasen unterteilt werden[39]:
1. Man will sich selbst etwas beweisen und erzeugt damit Druck.
2. Es folgt ein krampfhafter Einsatz/Zwang, erfolgreich zu sein.
3. Die eigenen Bedürfnisse werden vernachlässigt.
4. Konflikte werden verdrängt.
5. Eigene Werte werden umgedeutet.
6. Das Problem wird verleugnet.
7. Der Rückzug vom Umfeld folgt.
8. Das eigene Verhalten verändert sich.
9. Es tritt Depersonalisation ein, das Gefühl, nicht mehr man selbst zu sein.
10. Das Gefühl von innerer Leere entsteht.
11. Depressionen machen sich breit.
12. Völlige Erschöpfung tritt ein.

Kira Marie Cremer ist Podcasterin von New Work Now, LinkedIn-Influencerin mit über 21.700 Followerinnen und seit neustem Gründerin. Auch sie kennt die Selbstzweifel.

»Es gibt auch Schattenseiten bei all den neuen Ansätzen und Vorstellungen, wie wir zu arbeiten und zu leben haben. Ich persönlich habe meine Geschichte mit mentaler Gesundheit, habe nicht auf mich aufgepasst und mich stressen lassen von jungen Menschen, die gründen und deren Geschichten ich bei LinkedIn sehe. Ein Nachteil in einer Welt, die bei Social Media stattfindet: Wir vergleichen uns, vergessen, unsere Erfolge zu feiern, sind nie zufrieden und wollen immer höher, schneller, weiter. Eine Gefahr, die ich bei der nachfolgenden Generation sehe. Wir wissen aufgrund von Social Media, was erreichbar ist, vergleichen uns nicht mit den Menschen aus unserer Heimatstadt, sondern mit den Big Playern.«

Diese Vergleiche mit anderen sind gerade vor einer Gründung schwierig. Nicht selten habe ich mich mit Gründerinnen verglichen, die Jahre vor meiner Volljährigkeit gegründet, zu einem ganz anderen Zeitpunkt Karriere gemacht haben und völlig andere Voraussetzungen hatten. Das Impostor-Syndrom verzögert oder verhindert sogar die Gründung von guten Start-ups. So ging es auch Kira.

»Ich hatte vor, im Jahr 2022 mein Unternehmen QUINGS zu gründen. Hatte eine Idee, wollte loslegen und habe mich dann beirren lassen. Habe alles zerdacht, mich verglichen, nicht für gut genug empfunden, andere Start-ups als wichtiger beurteilt und bin unter anderem deswegen in eine Depression gerutscht. Ich musste erkennen, dass Gründen und Arbeiten nicht das Non-Plus-Ultra ist und dass es nicht meine Zeit war. Ich habe gelernt, dass der Fokus nicht auf der Arbeit, nicht auf der Familie oder Freundinnen sein sollte. Er sollte bei dir sein – und wenn das nicht der Fall ist, hilft auch keine Gründung oder Arbeit.«

Deshalb sollten jetzt nicht alle Social-Media-Apps vom Handy gelöscht werden. Aber es ist doch wichtig zu wissen, von was und vor allem von wem wir uns inspirieren lassen. Wie sieht der Altersunterschied aus? Welche Kontakte hatte die Person, die dir verwehrt blieben beziehungsweise die du dir erst einmal erarbeiten musst?

Sabrina Spielberger ist Tech-Entrepreneurin und Investorin. Sie baute nach eigenen Angaben eines der am schnellsten wachsenden Start-ups im AdTech-Bereich namens digidip auf, welches sie 2022 verkaufte.

»Mittlerweile hole ich mir meine Inspiration weniger von Personen, weil es bei mir zum Vergleich und Wettbewerb führen würde, bei dem ich ständig bei anderen nach Bestätigung oder einem Gefühl des Selbstwerts suche. Wobei ich die Geschichte von anderen spannend finde, die einen ähnlichen Weg wie ich gegangen sind. Ich vergleiche mich heute aber am liebsten mit mir selbst, wie ich mich weiterentwickelt habe. Deshalb wünschte ich, mir wäre vorher bewusst gewesen, dass jeder Mensch seinen eigenen Weg hat. Was für den einen funktioniert, muss für die andere nicht gelten.«

Ich schien ihren Rat geahnt zu haben, denn kurz vor meiner Gründung entschied ich mich, für meinen Handy-Bildschirmschoner und den Hintergrund ein Foto von mir zu nehmen. Vorher wählte ich motivierende Sprüche, Sonnenuntergänge aus Urlauben, die ich in schöner Erinnerung hatte, oder Pärchenfotos. Für mich war es ein großer Schritt, ein Bild von mir zu verwenden, da ich lange mit meinem Aussehen unzufrieden war, besonders meinem Lachen. Ich wählte dennoch eines, auf dem ich lachend in die Kamera schaute. Von da an sah ich mich jeden Tag selbst an, beim Aufwachen und kurz vor dem Einschlafen. Wenn ich heute gefragt werde, wieso ich mich dafür entschieden habe, lautet meine Antwort: Ich möchte mir jedes Mal guten Gewissens ins Gesicht schauen. Ich möchte stolz auf meine Arbeit und mich sein.

Good to know

Vor allem aber möchte ich nicht vergessen, dass ich mein eigenes Vorbild sein möchte, denn niemand kann ich sein und ich kann niemand anderes werden.

Als Training für mehr Selbstliebe gibt es die »Spiegelübung«, bei welcher du dich zehn Minuten im Spiegel anschaust.[40] Als Gründerin weiß ich, wie kostbar Zeit ist und schaue häufiger aufs Handy als in den Spiegel, weshalb der Handybildschirm meine Version der Selbstliebe-Übung ist. Und ich habe nicht nur mich, sondern auch mein Lachen lieben gelernt. Inzwischen haben so einige in meinem Umfeld ebenfalls ein Foto von sich als Hintergrund gewählt.

Mentale Gesundheit – das Vorbeuge- und Gegenmittel zu Impostor, FOMO und Burn-out

Ariella van Hooven ist Deutschamerikanerin und psychologische Coachin mit kriminologischem Background. Ihre Karriere begann in Justizvollzugsanstalten in New York und Berlin. Dort arbeitete sie mit Inhaftierten aller Geschlechter und Altersgruppen zusammen, die wegen Delikten wie Mord, Vergewaltigung, Drogenhandel und organisierter Kriminalität inhaftiert waren. Nach einiger Zeit in Berlin zog es sie aus den Gefängnissen in die Start-up-Welt. Sie schloss sich als erste Mitarbeiterin einem Venture-Capital-gestützten AgriTech-Start-up an und skalierte Unternehmen und Team als Vice President Operations auf 60 Mitarbeiterinnen. Heute bietet sie psychologische Unterstützung für Founder in verschiedenen Wachstumsphasen an, sowohl vor Ort in Berlin als auch online für diejenigen, die im Silicon Valley oder anderswo ansässig sind. Ich frage Ariella, was Mental Health – vom Wort her das Gegenteil von Impostor, FOMO oder Burn-out und gleichzeitig das Gegenmittel – mit der Start-up-Szene zu tun hat.

»Obwohl Menschen oft von meiner Belastbarkeit beeindruckt waren, in Gefängnissen zu arbeiten, war ich überrascht über das mangelnde Interesse an den psychischen Herausforderungen, ein Start-up auf die Beine zu stellen. Dabei zeigen Forschungsergebnisse, dass Founder 50 Prozent häufiger unter psychischen Erkrankungen leiden als demografisch vergleichbare Personengruppen.[41] Der Alltag von Start-ups ist von extremen Veränderungsdynamiken bestimmt. Auf den Schultern des ganzen Unternehmens, aber vor allem der Founder lastet eine große Verantwortung. Diese Aufgaben ohne eine resiliente Psyche zu bewältigen, ist langfristig nicht möglich, weshalb mentale Gesundheit eine hohe Priorität für den Erfolg eines Unternehmens haben muss.«

Laut Ariella sind die zwei zentralen Themen ihrer Klient:innen:
1. Wie bewältige ich den Arbeitsstress?
2. Wie baue ich Resilienz (Anpassungsfähigkeit) gegenüber Rückschlägen und Misserfolgen auf?

Als Folge beider Aspekte – Stress und Rückschläge – treten Symptome wie bedrückte Stimmung, mangelnde Motivation, erhöhte Selbstzweifel und Angst auf. Allerdings kann Stress, der mit einer Gründung quasi automatisch einhergeht und nicht vermieden werden kann, laut Ariella auch positive Auswirkungen haben.

»Stress ist nicht immer schädlich. Er kann uns motivieren, uns zu fokussieren, unsere Ziele zu erreichen. Außerdem ist Stress manchmal unvermeidlich. Es gilt also viel eher Ventile zu finden und aufzubauen, mit denen wir die Belastung ausgleichen können. Es gibt jedoch keine ›Silver Bullet‹, keine Wunderwaffe, die jeder Person hilft. Daher ist Selbstreflexion wesentlich, um zu verstehen, welche Handlungen zur eigenen Erholung beitragen. Wiederholte Stressreaktionen über einen längeren Zeitraum ohne Phasen der Regeneration führen letztlich zum Burn-out. Eine weitere große Herausforderung, der sich Gründer:innen stellen müssen, sind ständige Rückschläge. Die Idee des ›schnellen Scheiterns‹ wird oft als Schlüsselelement des Unternehmer:innentums propagiert. Schnelle Iterationsprozesse ermöglichen es Unternehmen, ihren Product-Market-Fit zu finden. Doch die emotionale Belastung des konstanten Wechsels aus Scheitern, Iterieren und Neustart wird dabei oft vernachlässigt. Um hier Abhilfe zu schaffen, arbeite ich mit meinen Klient:innen an ihrem Selbstmitgefühl und ihrem Verhältnis zum Scheitern. Viele Founder glauben, dass ein hohes Maß an Selbstakzeptanz zu Selbstgefälligkeit führt. Die Forschung zeigt jedoch, dass Selbstmitgefühl tatsächlich zu weniger Angst vor dem Scheitern, größerer Ausdauer und mehr Selbstvertrauen führt.[42] Indem ich Foundern helfe, ihre eigenen Unterstützer:innen zu werden, erholen sie sich schneller von Rückschlägen und verstehen, aus ihnen zu lernen.«

Doch Gründerinnen sollten im Sinne mentaler Gesundheit bereits vor einer Gründung einiges beachten, wie Ariella erläutert. »Ich ermutige alle Founder und solche, die es werden wollen, zu erkennen, dass sie die treibende Kraft des Start-ups sind. Der Druck von allen Seiten, von Investor:innen, Mitarbeiter:innen und anderen Stakeholder:innen, wird noch schwerer zu bewältigen sein, wenn darüber hinaus großer Stress von innen kommt. Ich habe bei meinen Klient:innen enorme Fortschritte gesehen, indem sie sich ihrer eigenen Bedürfnisse und Fallstricke bewusst wurden und dadurch die Kontrolle über ihr Verhalten und ihre Kognition verbesserten. Die Arbeit an der eigenen psychischen Gesundheit führt letztlich zu gesunden Teams und gesunden Firmenkulturen, die nachhaltiges Wachstum fördern.«

Den inneren Druck auszuhalten, gerade wenn es um das Impostor-Syndrom und FOMO geht, kann schwer bis überfordernd werden. Umso wichtiger ist es, dass du dir zuhörst, den (destruktiven) Druck rechtzeitig wahrnimmst und gegensteuern kannst. Ich habe Techniken für mich entdeckt, wie ich die Sorge bewältige, nicht genug zu tun.

1. **Absagen.** Damit sind Absagen gemeint, die du erhältst und jene, die du erteilst. Du kannst nicht auf allen Hochzeiten, sprich Start-up-Events, tanzen. Durch eine Selektion vermeidest du Überanstrengung.

2. **»Life-Liste«.** Ich arbeite mit einer »Life-Liste«. Jeden Tag schreibe ich auf, was ich gemacht habe. Dadurch kann ich immer wieder nachschauen, was ich alles über das Jahr getan und auch bewältigt habe und verliere nicht den Überblick. So detailliert sieht das beispielsweise bei mir aus:
   - 1. Januar:
     - 9:10 aufgewacht
     - 10:30-12:10 E-Mails & Calls
     - 12:20-12:40 Kochen
     - 13:30-14:45 Meeting
     - 15:30-17:00 Founder Get-Together
     - 17:50-21:00 Start-up Night/Dinner/Gala
     - 21:00-1:00 E-Mails/Content Creation
     - 1:30-8:00 Schlaf

Diese Listen ermöglichen mir jedes Jahr einen Rückblick und ich sehe, was ich täglich gemacht habe. Gerade an Tagen, an denen ich gefühlt nicht »produktiv genug« war, hilft ein Blick auf die Listen, um das Bild ein wenig gerade zu rücken. Zudem sind diese (scheinbar) unproduktiven Tage auch erlaubt. Du musst ein Gefühl entwickeln, was Produktivität für dich persönlich heißt (manche schafft in zwei Stunden etwas und damit ist der Tag bereits positiv gelaufen!) und wann du dir nötige Pausen erlaubst. Wie detailliert deine Liste wird, entscheidest du. So können ein Highlight und ein Lowlight pro Tag auch sehr gut funktionieren. Einen Versuch sollte es dir in jedem Fall wert sein – um nach drei Monaten einmal zu schauen, was du bereits alles auf die Beine gestellt hast.

Hier noch ein paar Tipps, die sicher nicht für jede funktionieren – aber du kannst dir Passendes herauspicken und auch selbst kreativ sein, was dir hilft und wie du lernst, Stress abzubauen oder gar nicht erst aufkommen zu lassen.

Tipps für Stressabbau

1. **Schreib deine Erfolge, aber auch Absagen auf.** Ich bin ein Listenfan und pflege seit meiner Gründung unter anderem eine »Erfolge-Absagen-Liste«, schreibe jeden Talk, jede Zusage, jeden Gewinn, jedes noch so kleine Highlight auf, zum Beispiel eine bestimmte Person getroffen oder eine Nominierung erhalten. Auf dieser Liste stehen auch all die Preise, die ich nicht gewonnen und Absagen, die ich in den Jahren erhalten habe. Meine »Absagenliste« ist viel kleiner als die »Erfolgsliste«, dennoch tendieren wir, auch ich, dazu, uns eher an unsere Misserfolge zu erinnern. Dem beuge ich mit dieser Liste vor.

2. **Lerne dich selbst besser zu befragen.** Statt zu grübeln, warum ausgerechnet dir »das« gerade passiert, solltest du dich konstruktiv fragen, was du daraus lernen kannst. Besonders in stressigen Situationen einen kühlen Kopf zu be-

wahren und dich mit einer Lösung statt mit dem Problem auseinanderzusetzen, wird dich weiterbringen, als hektisch dem Chaos zu verfallen.

3. **Wird dich ein Problem in Zukunft belasten?** Um ein Problem und seine Relevanz für mich einzuschätzen, frage ich mich immer: Wird mich das in fünf Jahren noch belasten? Meistens ist die Antwort nein und mein Stresslevel nimmt ab, auch wenn ich in dem Moment das Gefühl habe, die Welt geht unter.

4. **Was ist dein Warum?** Oder aus meiner Perspektive: Mich selbst daran zu erinnern, warum ich gegründet habe, hilft mir sehr. »Ich bin die Chefin, ich gebe mir heute frei!« Es gibt natürlich Situationen, denen ich mich nicht entziehen kann und die ich lösen muss. Dennoch habe ich gegründet, um meine eigene Vorgesetzte zu sein und nicht für eine andere Person zu arbeiten. Wenn ich eine E-Mail heute nicht beantworte, dann habe ich morgen zwar mehr Arbeit, aber dafür kann ich heute die Batterien aufladen.

Zu einer ganzheitlichen Gesundheit gehört neben der mentalen auch eine gute körperliche Verfassung. Doch gerade sie wird, vor allem am Anfang einer Gründung, häufig außer Acht gelassen. Dazu habe ich mit der Expertin Dr. Anne Latz, Ärztin und Gründerin von Hello Inside – einem Start-up zur Prävention metabolischer Erkrankungen mit Fokus auf Frauengesundheit, welches mittels neuster Technologie dabei hilft, den Körper bestmöglich zu verstehen – gesprochen.

»Ich bin beides im Herzen: Ärztin und Gründerin. Gründertum bedeutet für mich, unternehmerisch zu denken und zu handeln und Verantwortung zu übernehmen. Diese Haltung ist seit der frühen Kindheit Teil meines Lebens. Meine Großmutter und Mutter sind beide Unternehmerinnen, wenn auch in einem ganz anderen Kontext und Sinne. Durch sie habe ich beobachtet, wie man im Miteinander mit Kund:innen, Menschen, Geschäftspartner:innen wirksam und lebensverändernd wirken kann. Und dass Selbstständigkeit ein 24/7-Job ist, den man lieben muss. Der eigentliche Schritt zum eigenen Unternehmen kam ganz organisch, da ich zuvor verschiedene Positionen und Rollen in Start-ups und Co inne hatte. Dabei setzte ich meine Energie aber stets für die Ideen anderer ein. Und obwohl ich für das Berufliche brannte, suchte ich das Mehr. Und das ›Eigene‹ mit der persönlichen Vision und dem gesellschaftlichen Veränderungswunsch war dann der nächstlogische, wenn auch beängstigende Schritt. Ohne meine Mitgründer wäre ich diesen nicht gegangen. Dass das Thema Prävention, Gesundheitskommunikation und Lebensstilmedizin im Fokus sein sollte, war sehr klar für mich. Gesundheit und Gesundbleiben aus eigener Kraft und Lebensstilveränderung – das begeistert mich im Privaten und Beruflichen, jeden Tag. Ich liebe es zu lernen – von Kolleg:innen, meinem Team, Patient:innen oder durch Weiterbildungen und Reisen. Gerade an der Schnittstelle Digitalisierung und Medizin ergeben sich so stets neue Potenziale und Synergien. Diese zu erarbeiten und unternehmerisch umzusetzen, treibt mich an.«

Laut Anne gibt es verschiedene Säulen des Lebensstils für die Gesundheit, die nachhaltig ineinandergreifen und sich so gegenseitig verstärken.

1. Gesunde Ernährung gelingt besser, wenn wir ausreichend und mit guter Qualität geschlafen und regeneriert haben.
2. Eine gute Nacht gelingt durch ausreichend Bewegung, Stressmanagement und smarte, ausgewogene Mahlzeiten.
3. Bunte Teller helfen, die mentale Gesundheit zu stärken. Und so weiter. So schafft man es dann auch, den Marathon einer erfolgreichen Gründung durchzuhalten.

Anne, kann man mit einer ausgewogenen Ernährung und einem Fokus auf die eigene Gesundheit einem Burn-out vorbeugen?

Ja, immer mehr Evidenz gibt es für den positiven Einfluss von gesunder, ausgewogener, pflanzenreicher Ernährung nicht nur auf die Stoffwechsel-, sondern auch die mentale Gesundheit. Aber das geht natürlich nicht von alleine. Gesunde Ernährung ist ein Baustein eines gesunden Lebensstils ebenso wie Gesundheit an sich ein Kontinuum, ein Prozess ist, den man in sein Leben »einführen« muss. Wie schon beschrieben hilft uns eine gesunde Nahrungsroutine, besser zu schlafen, wenn wir zwei bis drei Stunden vor der Nacht die letzte große Mahlzeit essen. Sie hilft uns auch, uns ausreichend und ausgewogen zu bewegen – mit energievollen Snacks und Mahlzeiten. Und vor allem hilft sie uns, gut zu uns und unserem Körper zu sein. Essen soll uns nähren: mit Energie, mit gesundheitsfördernden Stoffen und vor allem als Signal, dass wir für uns sorgen.

Wie ernährt man sich also richtig in der Start-up-Szene?

»Man« vermutlich unregelmäßig. Denn nach wie vor sind lange, vollgepackte Arbeitstage und kurze Nächte immer noch Teil der Arbeitsrealität für viele – und wenig nachhaltig. Gleichzeit gibt es mehr und mehr »Functional Food« – optimierte Nahrungsmittel und Supplemente für den beschäftigten und durchgetakteten Menschen. Ich persönlich habe die Philosophie des »Weniger ist mehr«. Besinne dich auf einen bunten, pflanzenreichen Teller. Food is information und jede Farbe auf deinem Teller beinhaltet unterschiedliche Signale für dich und deine Gesundheit. Deshalb ist »Eat the rainbow, every day« kein alter Hut, sondern supersinnvoll. Auch sind Routinen sinnvoll. So hilft es, zumindest die erste Mahlzeit des Tages gut zu planen. So startet man einfach gut in jeden noch so stressigen Tag.

Welche Tipps und Tricks hast du für funktionalere Nahrung?

Da gibt es zahlreiche Ansätze. Es gibt Nahrungsmittel, die als Brainfood gelten wie zum Beispiel Nüsse und Fisch als Omega-3-Quellen, proteinreiche tierische (Eier, Joghurt, Quark) oder pflanzliche (Kichererbsen, Bohnen) Lebensmittel und Lieferanten von B-Vitaminen oder antioxidantienreiche Allrounder wie Beeren oder Tomaten. Zudem gibt es Konzepte des Fastens, die für viele Menschen funktionieren, um konzentriert und leistungsfähig zu sein, aber nicht für alle zu empfehlen sind. Vielleicht starten wir mit ein paar Tipps, die für alle gelten:

1. Eine basale Regel für Produktivität lautet weiterhin, ausreichend Wasser zu trinken – 2,5 Liter pro Tag beziehungsweise 35 ml pro Kilogramm Körpergewicht, mehr bei sehr sportlichen Menschen.

2. Bei Kaffee beziehungsweise koffeinhaltigen Getränken haushalten. Die Halbwertszeit von Kaffee beträgt sechs bis acht Stunden. Das heißt, nach dieser Zeit ist noch die Hälfte des Koffeins im Blut. Das kann sich jede:r ausrechnen, wie man möglichst koffeinfrei ins Bett geht. Ich empfehle Kaffeekonsum nur bis mittags und danach auf koffeinfreie Alternativen auszuweichen.

3. Ein letzter wichtiger Energietipp ist, durch die Ernährung große Glukosespitzen zu vermeiden. Die passieren oft unbewusst durch einen Hafermilch-Cappuccino, einen Smoothie, ein asiatisches Curry, süße Snacks. Hier gibt es einige Glukosehacks, die dabei helfen, mit stabiler Energie und Konzentration durch den Tag zu kommen. Zum Beispiel ausreichend Ballaststoffe aus Gemüse oder Samen in die Mahlzeiten zu integrieren – als Vorspeisensalat, Topping oder direkt beides. Ein kurzer Spaziergang nach einem ausgiebigen Mittagessen, der auch in zehn Minuten durch die Muskelaktivierung hilft, den Glukoseanstieg zu mildern. Und beim Konsum von Kohlenhydraten wie Pasta, Reis und Brot, Cookies oder einem Apfel auf die Kombination mit ausreichend Fetten und Proteinen achten – Joghurts, Nüsse, Nussbutter, Avocado. Das hilft, die Glukoseachterbahn zu vermeiden und so produktiv zu bleiben.

Was hättest du gerne vor der Gründung gewusst und worauf sollte man deiner Meinung nach achten?

Das Wichtigste: Enjoy the ride. Gründertum ist hart, voller Hochs und Tiefs. Wenn man sein Thema, Team und seine Mission nicht liebt, ist man an der falschen Stelle. Hier hilft es, das Bauchgefühl zu befragen, regelmäßig mit sich und seinem Umfeld einzuchecken, wie diese einen wahrnehmen und sich von Beginn an in Abgrenzung zu üben. Durch Flughöhe, die nur in kurzen Auszeiten gelingt, kann man auf sich und die Situation der eigenen Rolle und des Unternehmens schauen und reflektieren, wie »richtig« sich der »Ride« aktuell anfühlt. Ganz wichtig: Nicht jede und jeder muss gründen, nur weil das aktuell Trend ist. Bedürfnisse und Werte wie Sicherheit, Ordnung und Struktur, Förderung durch erfahrene Kolleg:innen und vieles mehr sind genauso berechtigt und können in einem anderen Arbeitsumfeld gegebenenfalls besser befriedigt werden. Das zu erkennen, ist keine Schande, sondern persönliche Stärke. Meine Botschaft: Entspanne dich und lasse dich nicht von diesem Tempo und Strom mitreißen, der das Gründertum und die Start-up Bubble kennzeichnet. Du kannst und solltest nicht überall dabei sein – und musst du auch nicht. Gerade am Anfang sind die zahlreichen Angebote und Networking Events verlockend, aber eine wahnsinnige Ablenkung, fokussiert zu arbeiten. Versuche immer wieder die Vogelperspektive einzunehmen und zu reflektieren, wo deine Prioritäten sind. Und ganz wichtig: Hole dir eine oder mehrere Mentorinnen – aus deinem Fachbereich, mit relevanter Erfahrung oder menschlicher Perspektive. Diese sind ein wichtiges Regulativ, vor allem in Phasen, wo du destabilisiert und verunsichert bist.

Endstation Burn-out-Klinik

Anknüpfend an Annes wertvolle Tipps und Botschaft möchte ich mit einer wahren Geschichte genau auf das schauen, was passieren kann, wenn du nicht »rechtzeitig« auf dich aufpasst: den Burn-out und einen anschließenden Klinikaufenthalt (wobei letzterer auf jeden Fall eine gute Lösung ist, wenn du Hilfe brauchst!). Dafür habe ich mit einer jungen Frau gesprochen, die anonym bleiben möchte. Wir nennen sie Hope.

Hope ist Anfang 20, war nie in einer Festanstellung, sondern hat bereits während des Studiums gegründet. Die Erfolge kamen in Wellen – hier ein Artikel, da ein Preis – und dennoch konnte es sie nicht vor einem zweimonatigen Aufenthalt in einer Klinik bewahren.

Hope, was bedeutet die Start-up-Szene für dich?

Meine Antworten sind emotionaler, weil ich gerade im Burn-out-Prozess bin. Etwas »objektiver« betrachtet kommt es bei der Start-up-Szene auf den räumlichen Kontext an. Meine Heimatstadt ist dörflich. Dort geht es eher darum, Problemlösungen und Werte für das Start-up zu finden. Dort wird Gründen als Risiko gesehen und die Festanstellung bevorzugt. Und wenn gegründet wird, dann bodenständiger. Berlin ist da ein krasser Kontrast, da ist Gründen ein Statussymbol. Auf dem Dorf ist es eher der Firmenwagen. Menschen mit großer Vision kommen in große Städte, um das zu verwirklichen. In Berlin sind Statussymbole, wer die krasseste Runde geraist, wer gegründet hat und wer wen kennt inklusive Namedropping. Es geht viel um den Lifestyle, ins Soho House gehen, sich gemeinsam bei Urban-Sports-Club-Sessions treffen.

Du magst den Lifestyle, wie ich weiß, bist ein Teil davon. Was aber siehst du als problematisch, als Fake an?

Viele Gründende, gerade in Berlin, gehen von dem Produkt weg und verkaufen nur sich selbst, statt Arbeit in ihr Start-up zu stecken. In kleineren Städten ist es viel zu schwer, daher gründet man wirklich nur mit einer Mission und überlegt sich das auch dreimal. In Berlin geht das viel schneller, weil es normal ist und um dazuzugehören. Du gehörst entweder zu den Hipster-Gründenden, Tech-Gründenden, Female Founders oder du arbeitest in einem Start-up. Aus meiner Bubble-Sicht heraus sind gefühlt die

Hälfte der Berliner selbstständig oder gründen. Es geht in der Hauptstadt viel darum: Was kann ich auf LinkedIn teilen beziehungsweise ist die Tätigkeit gut genug für Diskussionen auf LinkedIn?

Es geht einigen weniger um Umsatz, sondern darum, die eigene Sichtbarkeit und eine eigene Brand aufzubauen. Es geht darum, Investoren oder Gründende zu gewinnen und zu beeindrucken, indem man viel Geld einsammelt. Dabei sollte es einem Start-up um Rendite und Umsatzgenerierung gehen. Das wird häufig in Berlin übersehen und ist auch eine der Sachen, die mich unglücklich gemacht und zu dem Burn-out geführt haben. Teile von dem Lifestyle gefallen mir, aber dieses Egogetriebene ist kein ausreichender Grund, ein Unternehmen aufzubauen.

Was genau hat zu deinem Burn-out geführt?

Ich wollte anderen beweisen, dass ich es auch kann. Als junge Gründerin ist es eh schon schwierig, kaum Leute glauben wirklich an dich. Ich hatte keine Anleitung, wie man gründet und von überall hört man unterschiedliche Impulse, wie es angeblich geht. Das Runden-Raisen ist meine Standardvorstellung von erfolgreichen Gründern geworden. Geld raisen wurde zu meiner Mission, weil es in meinem Umfeld normal war. Ich hatte einerseits die Vision, andererseits kam es dann dazu, dass ich dem Ideal eines Unicorns hinterhergerannt bin. Ich habe nach Anerkennung von anderen erfolgreichen Gründern oder Investoren geheischt, was mein Ego getriggert und an meinem Selbstwert gekratzt hat. Es war letztendlich irrelevant, weil es bei mir zum Burn-out führte.

Durch meine Depressionsbrille habe ich auch meine Kunden aus den Augen verloren. Meine mentale Gesundheit war auf einmal nicht mehr relevant. Dann hat mir ein Investor gesagt, dass ich den Fokus zu hundert Prozent auf das Unternehmen legen und nichts anderes machen soll. Damals habe ich noch studiert und der Investor meinte, ich »darf« nicht nebenbei studieren, wenn ich erfolgreich werden will. Deshalb habe ich mein Studium schneller abgeschlossen, sogar meinen Master abgebrochen – obwohl der Ausgleich mir geholfen hatte –, nur damit Investoren das nicht als negativ sehen. Somit lag auf einmal der gesamte Fokus auf meinem Start-up. Vorher war ich zufriedener und glücklicher. Durch den Glaubenssatz des Investors habe ich mich unglaublich limitiert und viel Freude versetzt. Teilweise habe ich von 8:00 bis 21:00 gearbeitet.

Meine Glaubenssätze waren: Ich muss meine Freundschaften kündigen. Ich muss von der Uni weggehen. Ich kann nur noch mit Gründenden befreundet sein. Ich war nur noch auf mein Start-up fokussiert – und dann ging es bergab. Die Säule meiner Identität, mein Selbstwert, war an den Wert des Unternehmens gebunden. Ich habe mich schlecht gefühlt, weil es dem Start-up nicht gut ging und vice versa. Da ich jung bin und kaum Erfahrungen hatte, habe ich mich an den Meinungen der Investoren orientiert. Alles, was sie mir sagten, habe ich ungefiltert als richtig empfunden.

Wodurch wusstest du, dass ein Klinikaufenthalt nötig ist beziehungsweise dir helfen kann?

Es kam zu dem Burn-out, weil ich Menschen von mir überzeugen wollte, dass ich gut genug bin. Dieser Wunsch hat sich in meiner Kindheit geprägt, wo ich das Gefühl hatte, nicht genug zu sein. Mit meiner Intelligenz habe ich versucht, das auszugleichen. Doch das Problem kam, als mein Selbstwert an den Unternehmenserfolg geknüpft war. Durch die Wirtschaftskrise haben wir KPIs nicht erreicht, die Traktion war nicht mehr da. Ich musste mich fragen, ob mein Produkt überhaupt noch relevant für den Markt war. Dann kam es zu meiner Identitätskrise, denn die Kunden haben widergespiegelt, dass es derzeit nicht wichtig und gut genug sei. Zugleich musste ich viel mehr schlafen, einmal sogar ein ganzes Wochenende durch. Ich wurde immer aggressiver und verlor meine Empathie. Ich vergaß sogar meine Werte. Und ich musste nach und nach allen Mitarbeitenden kündigen, um das Unternehmen zu retten. Erst dann habe ich realisiert, dass mein Start-up gar keine Kunden mehr hatte – und ich keine Energie mehr. Ich bin dann in Teilzeit gegangen, um mich zu erholen. Doch ich hatte immer noch eine geringe Konzentration, habe egal wegen was geweint und war teilweise nicht mal mehr ansprechbar. Meine soziale Batterie war einfach komplett leer. Ich hatte keine Lust mehr auf Nähe und habe mich einsam gefühlt, obwohl ich von Menschen umgeben war. Wenn ich aufwachte, dachte ich, ich bin die größte Versagerin der Welt. Dann habe ich kurzfristig und unverschämt Termine abgesagt auf eine Art, die mir bei normalem Verstand nie eingefallen wäre. Das einzige, was mir geholfen hat, war malen, Eis essen und baden. Bei dem Rest war ich mir nicht sicher, was ich überhaupt noch mag. Und dann kam der Co-Founder Break-up zeitgleich mit der Trennung meiner Beziehung. Ich stand also ohne Beziehung, Kunden und Mitarbeiter da.

Da wusste ich: Entweder ich fahre in den Urlaub oder ich gehe in eine Klinik. Ich entschied mich für letzteres. Diese Entscheidung meinen Investoren mitzuteilen, war schwierig, aber alle reagierten verständnisvoll. Ich musste ihnen das mitteilen, aber das ist der Deal, wenn man sich Dritte an Bord holt, dass sie auch so ein sensibles Thema erfahren.

Wie war der Aufenthalt in der Klinik für dich?

Ich habe nach nur einer Woche versucht zu fliehen. Nach zwei Wochen kam ich aus dem sogenannten »Kriegsmodus« raus. Ich war sauer auf alles und jeden. Und in der Klinik hatte ich nur zwei Termine in der Woche, das empfand ich als reine Zeitverschwendung. Es war superschwer, mich auf das »Nichtstun« einzulassen. Letztendlich

habe ich mich aber dazu entschieden, zwei Monate zu bleiben, um meine Psyche auf-
zuräumen, statt immer wieder in einen Burn-out zu fallen.

Wie sah der Tagesablauf bei dir aus?

Es gab dreimal am Tag feste Essenszeiten, wo du auch hinmusst, damit du nicht den
ganzen Tag schläfst und auch Menschen um dich hast. Es ist wie in einer großen WG,
in der man einen Gruppenraum hat. Und es gibt verschiedene Regeln. Wenn sich jemand getriggert fühlt, dann gibt es ein Safe Word – und das fällt mehrmals am Tag.
In der Klinik, in der ich war, gab es keine anderen Gründenden. Das hatte ich mir ab-
sichtlich so ausgesucht. Da redest du über die Familie oder den Expartner und irgend-
einer fängt an zu weinen. Es gab dort auch Vergewaltigungsopfer und Menschen, die
mit ihrer Sexualität Schwierigkeiten hatten und wegen ihr im Alltag massiv verurteilt
wurden. Dann gab es unterschiedliche Therapien, Bouldern, Yoga, Werkeln, Malen.
In jedem »Kurs« werden Dinge aus deiner Psyche, dem Unterbewusstsein analysiert,
zum Beispiel anhand dessen, was du malst. Es geht darum, frühzeitig deine Muster zu
erkennen, damit du dir Hilfe holen kannst. Einige Sachen möchte ich beibehalten, wie
Mediation. Das ist für mich wie eine Geheimwaffe, durch die ich besser Grenzen erkennen und setzen kann. Journaling (Anm.: Aufschreiben von Erlebnissen, Gefühlen und
Gedanken digital oder in einem Heft/Buch) habe ich vorher schon praktiziert und das
hilft mir ebenfalls. Jetzt geht es mir besser. Und dennoch bin ich unsicher, was meine
Zukunft angeht. Ich habe zwei Monate gechillt und das Gefühl, dass ich jetzt wieder
Gas geben muss. Ich arbeite noch daran, dass das weggeht, weil ich Angst habe, wieder in die Klinik zu müssen. Gleichzeitig graut es mir vor Berlin und den Einladungen,
die ich dann doch annehme aus Angst, etwas zu verpassen.

Was würdest du im Rückblick anders machen?

Ich würde es nicht anders machen. Man muss meiner Überzeugung nach durch sowas
durchgehen. Ohne die Depression hätte ich meine Grenzen nicht so klar kennengelernt. Es ist hart, dass es so ist. Doch umso mehr schätze ich jetzt, dass beziehungsweise wenn es mir gut geht.

Was sind Vorteile, jung zu gründen und was spricht dagegen?

Wenn du jung gründest, werden Fehler schneller verziehen und du generierst viel Aufmerksamkeit. Das wiederum führt zu vielen Möglichkeiten und Netzwerk-Opportuni-
ties. Wenn du jung bist, hast du ein geringeres Risiko, eventuell noch keine Familie und
kannst danach immer noch in ein Angestelltenverhältnis. Außerdem hat man in jungen Jahren noch die Naivität und den Glauben daran, dass man alles schaffen kann,
weil man noch nicht weiß, was alles nicht geht. Dagegen spricht, dass sich die emotionale Reife erst noch entwickelt. Da gibt es ein hohes Risiko, sich zu überschätzen.

Die hohe Verantwortung, die du trägst, wenn du gerade erst angefangen hast, für dich selbst Verantwortung zu übernehmen, ist auch schwer. Und du wirkst weniger glaubwürdig und musst oft mindestens doppelt so »hart« Ergebnisse erzielen, um ernst genommen zu werden.

Key Learning

Auch ich kenne den Druck, schnell alles erreichen zu wollen und den Wunsch, immer und überall dabei zu sein. Bis zu einem gewissen Punkt motiviert mich dieser innere Antrieb, aber manchmal ist er einfach nur anstrengend und kontraproduktiv. Und leider habe auch ich noch keine ultimative Lösung gefunden, wie ich mit FOMO umgehe. Zwei Dinge möchte ich dir aber mitgeben: Erinnere dich immer mal wieder zurück an dein »früheres« Ich und die Wünsche, die du hattest. Und vergiss nicht, kleine Meilensteine zu feiern und zu honorieren, was du schon alles erreicht hast.

II) Die Bubble – die Szene

7 Start(ing) up – der Rausch des Gründens

Die Szene ist für mich eine gehypte Welt, teilweise eine Modeerscheinung, die von außen sexy aussieht und von der Wirtschaft und Politik viel Innovationskraft und Kreativität erhoffen. Hinter den Kulissen versteckt sich Unternehmertum und Gründergeist, was es immer in der Geschichte der Menschheit gab.

Kenza Ait Si Abbou, KI-Expertin

Eine Start-up-Gründung kann ein Ausweg, eine Chance, aber auch Lösung sein. Dennoch würde ich den meisten Gründungsinteressierten davon abraten. Nicht nur, weil neun von zehn Start-ups scheitern, sondern weil die Erfahrung und das Wachstum, die das Start-up sowie die Gründenden betreffen, nicht für jeden geeignet ist. Kein Wunder, dass 76 Prozent der Neugründungen im Team stattfinden, denn die wenigsten wollen die Reise alleine antreten.[43] Es gibt weltweit um die 400 Millionen Gründer – was aber nicht heißt, dass jeder von ihnen erfolgreich ist.[44] Und obwohl immer mehr Personen bewusst wird, dass Gründen nicht einfach und die Zahl der gegründeten Start-ups 2022 im Vergleich zum Vorjahr um 18 Prozent gesunken ist[45], bleibt es ein Trend, ein Teil der Gründerszene zu sein. Das zeigen auch die Start-up-Gründungen, die im ersten Halbjahr 2023 wieder zugenommen haben.[46]

Was ist ein Start-up und wie gelingt die Gründung?
Wir sind bereits in der Mitte des Buches, aber die Fragen werden beantwortet. Was ist eigentlich ein Start-up und vor allem wie gelingt es (eines) zu gründen? Reden wir davon, ein Kleinunternehmen oder eine Agentur aufzubauen oder ein Restaurant zu eröffnen? Wenn man »Definition Start-up« als exakte Phrase mit Anführungszeichen bei Google eingibt, erscheinen etwa 183.000 Ergebnisse, bei »Was ist ein Start-up?« satte 6.440.000. Das bringt uns nicht weiter. Ich wähle eine Definition, die es am besten fokussiert.[47]

Bist du ein Start-up?

1. Es ist eine innovative Idee/Produkt vorhanden.
2. Es besteht noch keine Etablierung im Markt.
3. Die Investition ist gering im Vergleich zum Wachstum.
4. Es wird versucht, schnelles Wachstum zu generieren.

Dabei ist die Wahl des Standortes – vorausgesetzt, du möchtest in einer anderen Stadt gründen als in der, in der du lebst und nicht nur online – sicher auch ein wichtiger Aspekt. In Deutschland ist die größte Start-up-Szene in Berlin und München, gefolgt von Hamburg.[48] Es kann ein Vorteil sein, wenn du in einer dieser Städte lebst, aber auch ein

Nachteil, unter anderem da es mehr Konkurrenz für Stipendien oder Preise gibt, die speziell auf das Bundesland ausgerichtet sind.

Was braucht es für eine Gründung?

Es gibt nicht den einen Weg, ein Start-up aufzubauen. Natürlich finden sich auch in der Gründerszene viele, die ähnliche Lebensläufe haben: Studium absolviert an der WHU, Zeppelin oder St. Gallen Universität, Job bei Rocket Internet, Beratung à la BCG oder McKinsey und im Stammbaum mindestens einen Unternehmer (in dem Fall meistens tatsächlich männlich). Aber der Weg kann diverser sein. Nur weil du an einer bestimmten Universität studiert hast, bedeutet das kein Garantiesiegel für eine erfolgreiche Gründung. Das Netzwerk an Alumnis und Studienkollegen an besagten Universitäten und Hochschulen ist der Faktor, der einem einen leichteren Start ermöglichen kann. Denn egal, welche Idee du hast und welches Startkapital: Ein umfangreiches Netzwerk ist Gold wert. Sobald du also darüber nachdenkst, ein eigenes Unternehmen aufzubauen, starte bereits heute mit dem Aufbau von wertvollen Kontakten.

Kurz und knapp möchte ich zusammenfassen, was es für eine Gründung braucht:
1. Know-how in der Thematik, mit der sich dein Start-up beschäftigt.
2. Netzwerk, welches dich unterstützt.
3. Passion & Leidenschaft für dein Thema, um auch schwierigere Zeiten durchzuhalten.
4. Adäquater »Business-Slang«, um dich mit anderen auszutauschen und deine Expertise zu unterstreichen.
5. Website, die als Visitenkarte fungiert.
6. Einen Markt und Kunden, die dein Produkt/deinen Service benötigen und bereit sind, dafür zu zahlen.

Der große Vorteil, wenn du gründest, ist, dass du selbst (in den meisten Fällen) der Boss bist und somit auch entscheidest, ob es ein abgeschlossenes Studium wirklich braucht. Für viele Themen wie Finanzplan, Pitch Deck und Marketing kann es durchaus vorteilhaft sein – ebenso wie eine Ausbildung, die das zumindest in Teilen abgedeckt hat. Aber es funktioniert auch mit einer Wunderwaffe, die von den meisten täglich benutzt wird: Google. Vieles, was ich in meiner Anfangszeit gelernt habe, kam von Suchmaschinen, aus Artikeln, Foren und auch von Freunden, die ich befragen konnte. Wenn ich etwas zu einem bestimmten Thema wissen möchte, frage ich noch heute in meiner Instagram Story meine Follower. Mittlerweile folgen mir über 20.000 Menschen auf der Plattform, aber auch mit einer geringen Followerzahl finden sich häufig Personen im Netzwerk, die jemanden kennen, den du brauchen könntest – die Macht des Netzwerkens.

Wenn du erst einmal erfahren möchtest, wie ein Start-up funktioniert, gibt es immer die Option, zunächst in einem zu arbeiten. Am nächsten kommst du natürlich an die

Bubble heran, wenn du FÜR ein Start-up arbeitest, aber es gibt auch andere Möglichkeiten, die teilweise sogar (viel) besser bezahlt werden. Im Venture Capital-(VC)-Bereich kannst du nicht nur ziemlich gut verdienen, du arbeitest auch eng mit Start-ups zusammen, bist Geldgeber und so etwas wie der Dieter Bohlen für die Start-up-Szene.

Bevor ich dieses Buchprojekt angefangen habe, hatte ich mich nie gefragt, wie man die Start-up-Szene am besten beschreiben kann. Für mich sind alle Gründer Neo-Generalisten.

Neo-Generalist

»Neo-Generalist« ist ein Begriff, der von Kenneth Mikkelsen und Richard Martin geprägt wurde. Es handelt sich um Menschen, die sich gegen »nur« eine Karriere entscheiden. Sie schlagen mit viel Flexibilität neue Karrierezweige ein und legen sich nie 100 Prozent auf einen Job fest. Statt sich in einer Festanstellung hochzuarbeiten, versuchen sie neue Wege nach dem Motto: »Hab ich noch nie gemacht, kann ich bestimmt!«[49]

Start-ups, Drugs, Rock ›n‹ Roll – Netzwerken geht auch in Clubs

Als Gründer musst du ständig von dir oder zumindest deiner Idee überzeugt sein. Und um ehrlich zu sein, gehört auch eine gewisse Naivität dazu. Doch viele Gründerfreunde erinnern stark an nach Berlin zugezogene Studenten, die den besten Rave jagen und in Technoschuppen bis mittags tanzen. Bloß dass sie meistens danach nicht ins Bett fallen, sondern an einem Investoren-Call teilnehmen. Und ja, Gründer essen auch vergleichsweise viel Pizza, aber je nach Fortschritt sind dann Horsd'œuvre auf dem Plan, die zwar nicht wirklich satt machen, aber dennoch häufig auf Events serviert werden. Einige Clubs in Berlin bieten bessere Vernetzungsmöglichkeiten mit Gleichgesinnten als Networking-Events. So sind zum Beispiel der Kater Blau Club, das Sisyphos oder das Berghain Hotspots für Gründer und Investoren.

Ich halte mich aus persönliche Gründen von jeglichen Drogen fern. Und das hat mir für meinen Erfolg mehr geholfen als illegale, bewusstseinserweiternde Rauschmittel. Doch auch das ist eine Seite der Start-up-Welt, die viel zu selten beleuchtet wird: der Drogenkonsum. Noch nie in meinem Leben, und das soll als gebürtige Berlinerin etwas heißen, hatte ich so viele verschiedene Drogennamen gehört, geschweige denn von LSD-Retreats, Ayahuasca-Zeremonien und Abstürzen, über die offiziell nicht berichtet wird. In dem Buch »Keinhorn – Was es wirklich bedeutet zu gründen« wird das Thema Drogeneskapaden in der Berliner Start-up-Szene immerhin angeschnitten. Dennoch traut sich kaum einer, über diese Medaillenseite zu sprechen.

Ich war spontan auf eine Party eines erfolgreichen Geschäftsführers eingeladen. In der Wohnung gab es alles, was es dafür braucht: coole Menschen, gute Musik – und zu meiner Überraschung eine »Molly-Bowle«. Mein erster Gedanke: Wie nett, dass diese Molly ihm seine Lieblingsbowle gemacht hat. Erst im Nachgang erfuhr ich, dass diese mit (viel zu viel) Drogen vermischt war und dass es sich bei Molly nicht um eine Freundin, sondern um die Partydroge MDMA handelt. Im Gästebad wurde von Spiegeln gekokst. Auch wenn ich selbst nichts konsumiere, kann ich nach vier Jahren umgeben von Gründern und vielen Gesprächen rund um die Frage »Und warum nimmst du so etwas?« die Beweggründe teilweise nachvollziehen. Der Druck, der auf CEOs und Unternehmern lastet, ist enorm.

Die unglamouröse Wahrheit

Es kommt nicht von ungefähr, das viele irgendwann ausgebrannt sind, häufig schon in jungen Jahren. Und so kennt so mancher Gründer die ICD-Kodierung »Z73« auf seinem Arztrezept, was ihm das bestätigt, wovor es vielen von uns graut: Burn-out. Um es korrekt zu benennen, steht es für »Probleme mit Bezug auf Schwierigkeiten bei der Lebensbewältigung«[50]. Das Burn-out-Syndrom ist eine Folge von zu viel Stress. Dieser kann durch eine Arbeitssituation, durch das Privatleben oder beides ausgelöst werden und ist nicht der Start-up-Szene vorbehalten. Wie auch immer, viele Frauen und Männer in meinem Umfeld hatten bereits einen oder sogar mehrere Burn-outs. Was mich teilweise erschreckt, ist, dass es fast als »Orden« oder »Ehre« angesehen wird. Nach dem Motto: »Ich arbeite viel, ich hatte sogar schon einen Burn-out – und du?« Mir ist es wichtig, auch darüber zu sprechen. Etliche gescheiterte Start-ups in meinem Umfeld sind an psychischen Problemen, ausgelöst durch Stress, Ängste und Depressionen, zugrunde gegangen. Ich selbst hatte während des zweiten Coronajahres erste Anzeichen: Tinnitus, Rückenschmerzen und vor allem intensives Zähneknirschen. Mein Verbrauch an Knirschschienen ist für meine Berufswahl typisch, aber viel zu hoch, wenn man beachtet, dass eine Schiene normalerweise zwei Jahre halten sollte.

Ich möchte dich auch mit diesem Kapitel nicht entmutigen zu gründen, aber die Wahrheit, vor allem die unausgesprochene, aufzeigen, die Realität »dahinter«, was es bedeuten kann, ein Teil dieser gehypten Welt zu werden. Gerade weil weniger aus der Start-up-Szene berichtet wird, sondern eher über sie.

Daher beantworte auch ich, wie viele meiner wunderbaren Interviewpartner:innen, die Frage, wie ich die Start-up-Szene sehe.

Was die Start-up-Szene für mich bedeutet

1. Gründen ist … wie erwachsen werden auf Anabolika. Die volle Verantwortung und der Erfolg eines Unternehmens hängen mit dir zusammen.
2. Die Start-up-Szene ist … ein bunter Haufen, nicht klar geordnet wie ein Regenbogen, sondern eher wie eine Farbpalette eines Künstlers, nachdem er ein Gemälde fertiggestellt hat.
3. Ein Start-up ist … wie ein Kind, welches auch in die Pubertät kommt und Schwierigkeiten bereitet.

4. Ein Finanzplan ist … wie Karten gelegt bekommen von einer sehr schlechten Wahrsagerin.
5. Die unglamouröse Wahrheit ist … To-do-Listen, Kalender und E-Mails sind ein (großer) Teil deines Arbeitsalltags.
6. Die Gründerszene erinnert an … eine Sandkastenbox im Kindergarten. Heiß begehrt, aber wenn du einmal drin bist, ist es gar nicht so bequem, wie du dachtest. Selbst wenn du aussteigst, trägst du den Sand noch in den Taschen.
7. Die Gründerszene ist … auch ein wenig wie ein Kindergarten, was das Lästern betrifft. »Die ist doof, die mag ich nicht.« Nicht selten wird einem ins Gesicht gelächelt und hinterher erhält man durch Dritte einen Screenshot einer bösen Nachricht über sich von eben dieser Person. Social Media macht es leicht, solche Dinge zu uncovern.

Von Sammlern und Jägern – oder: Wo ist der nächste heiße Scheiß?

Ein Start-up zu haben und zu sagen, »Ich bin Gründer«, ist wie den Porsche vor der Tür zu haben: ein Statussymbol, Prestige. Man kann sich dahinter verstecken, denn es bringt Ansehen nur anhand der Berufsbezeichnung, ohne Weiteres erläutern zu müssen. Kein Wunder, dass viele sich daran gewöhnen und das nicht mehr aufgeben möchten. Und wenn du einmal gegründet hast, fallen dir immer wieder neue Marktlücken auf, die du füllen könntest oder du hast Ideen für ein weiteres Unternehmen. In den letzten vier Jahren hat sich eine ausgiebige Liste von »potenziellen nächsten Start-ups« auf meinem Handy angesammelt. Und auch wenn die (mehr oder weniger) guten Ideen nur darauf warten, umgesetzt zu werden, weiß ich, wie viel Arbeit in dem Aufbau steckt, weshalb ich das nicht auf die leichte Schulter nehmen möchte.

»Never chase the hot thing whatever it is. That's like trying to catch the wave. You'll never catch it. You need to position yourself and wait for the wave and the way you do that is you pick something you are passionate about.«[51] Dieses Zitat stammt von Jeff Bezos. Darin steckt für mich eine Wahrheit, denn in der Start-up-Szene scheinen einige stets das nächste »heiße Ding« zu jagen und zu versuchen, frühzeitig bei der nächsten potenziellen Welle mitzuschwimmen. Dabei gehen in diesem Prozess auch viel Geld, Zeit und Kraft verloren. Solltest du eine Idee haben, fokussiere dich lieber darauf, statt dich den Trends anzupassen und immer an einer neuen Idee zu feilen. Alle wollen, kaum einer macht. So fühlt es sich manchmal an, gerade wenn einige auf die nächste Welle warten, die aber nie kommt oder rechtzeitig erkannt wird. Sie arbeiten immer wieder an neuen Geschäftsmodellen, die aber nie in die Tat umgesetzt werden. Auch wenn in der Start-up Szene Schnelligkeit erforderlich ist, zahlen sich Geduld und der Glaube an die eigene Idee aus.

Gründen ist nicht für alle gemacht – und dennoch hatten viele Menschen schon mindestens eine Idee, wie oder warum sie sich selbstständig machen könnten. Sie haben mit dem Gedanken gespielt, eine Dating-App zu gründen, Millionär mit einem

Start-up zu werden oder einen Onlineshop zu betreiben, um passives Einkommen zu generieren. Und dennoch gründen die Wenigsten, denn das Gedankenspiel ist zwar schön, aber dann kommen die Sorgen oder Stimmen von außen. Wir befinden uns in Deutschland, wir schreiben das Jahr 2023 und dennoch spielt unsere Historie in unser Unternehmertum mit rein, denn wir lieben die Sicherheit. Und wir lernen von klein auf, dass es erstrebenswert ist zu studieren, eine Festanstellung zu haben, im besten Fall verbeamtet zu werden und sich in einem Unternehmen hochzuarbeiten. Das ganze Schul- und Bildungssystem baut darauf auf, dass wir gute Mitarbeiter werden, nicht die Ideentreiber, die Kreativen oder sogar Selbstständigen. Anpassung, Benotung und damit das Großziehen einer Richtig-Falsch-Gesellschaft ist für unsere Wirtschaft tödlich. Wir haben zwar viele gute Mitarbeiter, aber es mangelt uns an Mut. »Schaffe, schaffe, Häusle baue«, sang Ralf Bendig bereits 1964 und auch heute noch beschreibt es das Leben der deutschen Gesellschaft. Wir sind fleißig, pünktlich, spießig und teilweise bürokratisch. Genau diese Eigenschaften sehen wir häufig als negativ oder sogar diffamierend an, dabei ist es genau das, was uns weltweit zu Vorbildern gemacht hat. Doch Innovation und Fortschritt werden davon ausgebremst. Wer einmal aus diesem »Rad« aussteigt und sein eigener Chef wird, kann dem Rausch des Gründens unterliegen, denn ein Zurück in diese Denkens- und Lebensart ist schwer, wenn man einmal angefangen hat, selbstbestimmt zu arbeiten.

Preise und alle anderen Auszeichnungen

Der German Start-up Award, verliehen vom Startup Verband, ist vergleichbar mit der Oscar-Verleihung der Filmindustrie. Doch neben diesem Preis gibt es noch viele weitere Auszeichnungen, die du als Gründer oder bereits mit einer Idee gewinnen kannst. Einige werden mit einem Preisgeld ausgezeichnet, andere bringen »nur« Ruhm und Ehre – aber das ist (d)ein Anfang. Doch es gibt auch Nachteile, wenn du die Trophäenwand zu voll hängen hast. Denn gewisse Titel und Auszeichnungen sind kontraproduktiv. Wo manche Titel in der Öffentlichkeit Anerkennung bringen, kann dieselbe Auszeichnung ein Grund sein, bei relevanten hochkarätigen Szeneveranstaltungen gar nicht erst eingeladen oder kritischer beurteilt zu werden.

Auszeichnungen sind daher gut beziehungsweise nicht per se schlecht, aber ausgewählte Preise sind besser. Wer zu viele Preise gewinnt, wird auf Dauer von der Jury nicht mehr in Betracht gezogen. Ich selbst saß schon in verschiedenen Jurys und habe die eine oder andere Diskussion miterlebt. »Wir wollen Newcomer, am besten jemanden, der noch keine Auszeichnung erhalten hat!« Daher solltest du dich vor der Nominierung für einen Preis fragen, ob diese Auszeichnung relevant für dich ist oder ob es einen anderen Wettbewerb gibt, den es sich mehr zu gewinnen lohnt.

Andererseits gibt es auch die Ausnahmefälle, in denen ein Gründer unzählige Preise abstaubt, nicht einmal wegen der Idee oder der eigenen Arbeit, sondern weil er bekannt und erfolgreich ist und somit für die Preisverleiher positive Presse bedeutet.

Diese Person wird herumgereicht, gefühlt jeden Monat mit einem anderen Preis versehen und abgelichtet. Da kommt die Frage auf: Ist es Faulheit, dass bei anderen Verleihungen abgeschaut wird, wer gewinnt und man möchte sich die Jurysitzung sparen oder geht es um das Gefühl, dabei zu sein, nach dem Motto »Wir haben diesen Gründer auch mit entdeckt«?

Das Leben verändert sich nicht schlagartig, wenn du einen Preis gewinnst, aber es kann weiterhelfen. Das weiß Katharina Kreutzer, die Forbes 30 Under 30 geworden ist.

»Ich sehe es als unglaubliches Kompliment und freue mich, dass das Thema Female Empowerment und Nachhaltigkeit immer mehr Bedeutung bekommt. Auf die Frage ›Wie wird man das?‹ gibt es keine klare Antwort, da es keine How-to Guideline gibt. Es war nicht auf meiner persönlichen Agenda, Teil dieser Liste zu werden – umso begeisterter bin ich, es geschafft zu haben. Mein Weg in die Gründung unterscheidet sich etwas von den herkömmlichen, was sicher ein ausschlaggebender Punkt zur Platzierung auf der Liste war. In den Gesprächen mit potenziellen Partnern schafft die Auszeichnung der Forbes ein gewisses Vertrauen. Zusätzlich sorgt es natürlich für Motivation, den Weg genauso weiterzugehen und weiter zu wachsen.«

Und auch Mina Saidze hat als Tech-Expertin und Autorin den begehrten Titel erhalten.

»Ich bin immer noch derselbe Mensch und tätige meinen Haushaltseinkauf selber. Ehrlich gesagt: Ich bin wahnsinnig glücklich darüber, dass ein renommiertes Wirtschaftsmagazin wie Forbes unsere Arbeit würdigt und damit auch als Wirtschaftsthema anerkannt wird. Zudem erreichen wir damit auch eine tolle Zielgruppe, nämlich die Gründerszene wie auch die Führungsriege der Wirtschaft, also Menschen, die am Hebel der Macht sitzen. Auch haben wir damit eine jüngere Zielgruppe ansprechen können, welche sich für Innovation, Wirtschaft und Gesellschaft interessiert. Ich hoffe, diese Antworten helfen und ermutigen euch, eure Träume zu verfolgen. Auch wenn ihr es nicht auf die Liste schafft: Eure Arbeit ist immer noch wichtig, macht weiter. Ich drücke euch die Daumen!«

Die mehrfach ausgezeichnete Mina weiß, dass Auszeichnungen Türöffner sein können. »Die Forbes 30 Under 30 und LinkedIn Top Voices besitzen internationalen Auszeichnungscharakter. Der Emotion Award ist eher relevant in Deutschland und es war eine Ehre, dass die Laudatio von Dorothee Bär gehalten wurde. Für viele fühlt es sich immer so an, als würden solche Auszeichnungen aus dem Nichts kommen. Viele vergessen oder wissen nicht, dass ich, auch bevor ich im Tech-Bereich tätig war, einen Background in den Medien wie auch in der Politik hatte. Ich habe nur eben einen Weg gefunden, meine unterschiedlichen Talente miteinander zu kombinieren. Das merkt man leider auch beim Networking. Plötzlich sind Leute an einem interessiert, nur weil man diese Auszeichnungen bekommen hat. Man wird plötzlich ernst genommen oder zu wichtigen Anlässen eingeladen. Ich glaube, in einem eher privilegierten oder elitären Kreis macht es einen Unterschied in der Wahrnehmung. Aber es gibt ja auch Menschen, die sich nicht in dieser Bubble befinden und die einen genauso wie zuvor behandeln. Ich finde es schade, dass unsere Gesellschaft so auf Prestige und Auszeichnung getrimmt ist. Es gibt auch sehr viele ›Hidden Talents‹, die sichtbarer werden sollten. Ich sehe da eine Verantwortung bei mir als junge Migrantin, noch weitere junge Menschen wie mich nach vorne zu bringen. Die Forbes-Redaktion kam auch auf mich zu, weil sie gerne mehr Underdogs wie mich auf der Liste hätte, nicht nur bio-deutsche Start-up-Millionäre. Ich habe daraufhin mehrere Underdogs empfohlen, die exzellente Arbeit leisten und diese Sichtbarkeit verdienen.«

In unserem Gespräch teilt Mina wertvolle Tipps, wie man auf zum Beispiel auf die Forbes 30 under 30 Liste kommt. »Es gibt drei Möglichkeiten, auf die Liste zu kommen: Entweder man nominiert sich selbst, jemand nominiert einen oder das Forbes-Team kommt auf einen zu. Bei mir war es eine Mischung aus allen drei Möglichkeiten. Ich habe in der Vergangenheit ein Interview auf dem digitalen TV-Kanal F15' von Forbes DACH gegeben und mir wurde daraufhin empfohlen, dass ich mich bewerben soll. Andere haben mich auch nominiert. Selbst wenn das Forbes-Team auf einen zukommt, ist das noch keine Garantie dafür, dass man es auf die Liste schafft. Das Team stellt lediglich eine Liste zusammen, die an eine unabhängige Jury weitergeleitet wird, die letztendlich entscheidet. Ihr könnt euch jedes Jahr bewerben. Man muss weder Krebs heilen noch auf dem Mars landen. Wenn ich mir die vergangenen Listen anschaue, kann ich feststellen, dass alle Personen eines gemeinsam haben: eine starke Botschaft, mit der andere Menschen etwas anfangen können. Das kann beispielsweise eine bedeutsame Veränderung in eurer Branche oder eure persönliche Motivation für die Gründung eures eigenen Start-ups oder eure Organisation sein. Ihr müsst weder Millionär:in noch ein Celebrity sein – nur jemand mit genügend Entschlossenheit und einer großen Leidenschaft für euer Thema.«

Was du bei Preisen vor der Bewerbung beachten solltest:
1. Recherchiere, welche Preise es gibt und bewirb dich regelmäßig für Kategorien, zu denen du oder dein Produkt passt. Das ist eine gute Option, an Geld und ein Netzwerk zu kommen.
2. Warte nicht darauf, nominiert zu werden. Tue das selbst oder frage Freunde, ob sie dich empfehlen.
3. Preise gewinnen ist immer gut, aber informiere dich vorher, welche Kriterien es gibt und lies das Kleingedruckte.
4. Es gibt »Fake-Preise«, für die du eine einmalige Gebühr zahlen musst, um überhaupt nominiert zu werden. Da sei bitte vorsichtig!
5. Es gibt Preise, die du dir kaufen kannst. Davon rate ich vehement ab.

Der Gewinn bei einer Preisverleihung bringt Sichtbarkeit an dem jeweiligen Abend, teilweise finanzielle Vergütungen und in einigen Fällen auch kostenlose Presse. Die meisten Titel dienen einer allgemeinen Sichtbarkeit und ähneln einem Gütesiegel – der Stiftung Warentest für Start-ups. Wie in Punkt 1 beschrieben: Informiere dich vorab, welche Preise in deine »Story« und zu dir passen und jage nicht jeder Auszeichnung hinterher. Die unterschiedliche Wahrnehmung gewisser Preise in der Öffentlichkeit und in der Szene solltest du ebenfalls einbeziehen.

Das hatten wir doch schon mal

Es gibt unzählige Bücher wie »Die Startup Bibel«, »How to get rich« oder »Zero to one«, die sich um das Thema Start-ups drehen. Es ist, als ob es die Dotcom-Blase nie gab und für meine Generation ist das tatsächlich so. Zwar war ich im März 2000 bereits auf der Welt, hatte aber noch keine Ahnung, was die »geplatzte Spekulationsblase« bedeutet und dass ich mich 20 Jahre später in der Start-up Bubble (natürlich inzwischen im schönsten Denglisch) wiederfinden würde.

> **Dotcom-Blase**
>
> Die Dotcom-Blase, auch Internetblase, beschreibt eine Finanzmarktkatastrophe, die Anfang 2000 die Wirtschaft prägte und für eine Spekulationsblase steht. Viele frisch gegründete Unternehmen strebten einen schnellen Wachstum an, um an die Börse zu gehen, da dort zusätzliches Kapital versprochen wurde. Der Hype wurde durch technologische Entwicklungen in den 1990ern ausgelöst. Das Internet war auf einmal für die Bevölkerung zugänglich und die »New-Economy-Branche« versprach ein einfaches, passives Einkommen durch Investitionen in Aktien. Die Gewinnerwartungen waren damals hoch. Doch im März 2000 platzte die Blase, was in extremen finanziellen Verlusten primär bei Kleinanlegern in den Industrieländern endete.[52]

Andrea Fernandez, Gründerin von Vitamin, hat während dieser Zeit an der Wall Street gearbeitet.

»Die Zeit der Dotcom-Bubble war eine Zeit, in der alles völlig außer Kontrolle zu geraten schien. Ich habe damals in New York gelebt und erinnere mich, dass alles boomte und dann plötzlich nicht mehr. Ich sehe meine Zeit an der Wall Street als eine bereichernde Erfahrung zu Beginn meiner Karriere. Es war eine sehr intensive Zeit und die Anforderungen waren unglaublich hoch. Ich habe so viel gelernt – von Hardcore-Finance über viele verschiedene Arten von Unternehmen, über Kundenbeziehungsmanagement und Verkauf. Ich habe die Zusammenarbeit mit sehr intelligenten, anspruchsvollen und hochmotivierten Menschen genossen. Ich konnte Freundschaften schließen, die mich für den Rest meines Lebens begleiten. Außerdem sah ich viele Extreme an der Wall Street – finanzielle Extreme, extreme Arbeitszeiten, extreme Stimmungen, extrem viel zu lernen. Ich werde diese Zeit immer schätzen. Aus dieser Geschichte ziehe ich einige Learnings, die bei der heutigen Wirtschaftskrise und dem Banken-Crash wie der Silicon Valley Bank und Credit Suisse erneut relevant sind. Denn Krisen wird jeder Gründer erleben, auch du. Aber wie du damit umgehst, wird entscheiden, ob du einen guten Weg herausfindest oder nicht.

1. **Kommunikation nach außen.** In Krisenzeiten ist es entscheidend, nah am Kunden zu sein. Andrea hat damals für JPMorgan gearbeitet. Als die Märkte zusammenbrachen, war es umso wichtiger, ihre Bedenken anzusprechen. Sie hat während dieser Zeit gelernt, dass es in Krisenzeiten besonders wichtig ist, Nähe zum Kunden zu suchen sowie Ruhe und Perspektive zu vermitteln. Wenn also Unruhe entsteht, solltest du diese nicht verstärken, sondern erklären, was los ist, wo dein Unternehmen steht. Eventuell kann es von Vorteil sich, sich neu aufzustellen und nach möglichen Anpassungen des Geschäftsmodells suchen.

2. **Bleibe flexibel.** In Krisenzeiten können sich Dinge sehr schnell ändern, also solltest du nichts als selbstverständlich ansehen. Sie erinnert sich daran, dass die Bewertungen absolut verrückt waren. Sie hat sich gefragt, wie lange das noch so weitergehen kann, insbesondere weil so viel Kapital in Unternehmen floss, die kein nachhaltiges Geschäftsmodell hatten. Wenn eine Krise beginnt, gibt es Auswirkungen auf viele Dinge, die über das hinausgehen, was die Krise ausgelöst hat.

3. **Kommunikation nach innen.** In diesen Zeiten reagieren Unternehmen und Banken schnell. Die Wall Street ist manchmal hart. Sie hat mit einer Kollegin zusammengearbeitet, die seit 20 Jahren für die Bank und mit Privatkunden arbeitete – eine wunderbare und sehr professionelle Frau. Eines Tages wurde sie aufgerufen und Andrea hat sie nie wieder gesehen. Die Bank hatte beschlossen, das Team zu verkleinern und sie war Teil einer Runde von Entlassungen. Andrea war ziemlich jung und sah, wie ihre Kollegin behandelt wurde – nach 20 Jahren wurde sie aus dem Gebäude eskortiert und ihre Sachen wurden ihr einfach nach Hause geschickt. Das half Andrea wirklich, neue Perspektiven für ihr Leben zu gewinnen. Das, was man tut, sagt nichts darüber aus, wer man ist, und Dinge können sich sehr schnell ändern. Man sollte niemals etwas als selbstverständlich betrachten.

8 Was ist Klischee und was stimmt?

In meinen Augen ist die Start-up-Szene ein zum Teil sehr elitärer Haufen von Leuten, die in ihrer eigenen Wirklichkeit leben. Aber wahrscheinlich ist eine gewisse Entfernung von der Realität auch nötig, um ein Unternehmen zu starten.

Ronja Ebeling, Journalistin, Autorin und Gründerin

Mehr Schein als Sein

Dass die Start-up-Szene (over)hyped ist, muss ich hoffentlich nicht mehr sagen. Umso erstaunlicher, dass es weiterhin, wenn nicht mehr denn je, so viel Interesse daran gibt, selbstständig zu sein beziehungsweise ein Start-up zu gründen. Dabei wird immer wieder von den Medien, aber auch von den Gründern selbst ein falsches Narrativ gemalt, statt über die Realität zu sprechen.

So werden »Fuck-ups« zelebriert, man hat dann mal eben 50.000 Euro verloren. Was für ein tolles Learning, welches direkt auf LinkedIn mit der Community geteilt werden muss, um zu zeigen, dass es nicht schlimm ist, wenn so was passiert und das doch eigentlich nur Vorteile hatte.

FALSCH!

Ich habe mich gefragt, warum kaum einer über das wirkliche Scheitern spricht und die Wahrheit teilt. Ich bin der Meinung, dass viele sich hinter einer »Positivity«-Wand verstecken, um sich und vor allem anderen die eigene Verletzlichkeit und häufig auch Scham nicht einzugestehen und weiterhin cool auf andere zu wirken, die noch kein Teil der Start-up Bubble sind. Ich sehe darin eine große Gefahr, denn dadurch werden Personen in eine ach so schillernde Start-up-Welt gelockt, die sich allerdings als ziemlich unschön erweisen kann. Der Weg zu einem erfolgreichen Start-up wird als Blumenwiese verkauft, erinnert aber eher an einen Minenfeld. Es gibt die Investitions-Fallen, die Ausnutzer-Minen, die Burn-out-Tücken und so weiter.

Neben unzähligen Artikeln und Beiträgen über die Start-up-Szene gibt es verdammt viele Klischees über die Bubble und die Personen darin. Ich räume mit den 28 größten Klischees auf und zeige anhand von Erfahrungen, was stimmt und was eben nicht! Angefangen mit einem Gründer, der nicht in eine Schublade zu stecken ist: Christian Wegner.

momox SE

Die momox SE – Moderner Medien Online Express-Ankauf – ist ein 2004 von Christian Wegner gegründetes ReCommerce-Portal für gebrauchte Bücher und Medien mit Sitz in Berlin. Christian Wegner startete zunächst 2004 als Ich-AG mit dem Onlinehandel auf Ebay und Amazon. 2006 gründete er das ReCommerce-Unternehmen momox, das zunächst vor allem Bücher, DVDs und andere Medien von Privatpersonen zu einem Festpreis an- und auf der Plattform weiterverkaufte. Inzwischen ist auch Secondhand-Kleidung im Angebot. momox erzielt heute mit über 2.000 Mitarbeitern über 300 Millionen Euro Umsatz. Kein Unternehmen weltweit verkauft mehr gebrauchte Bücher als momox.[53]

Vor einiger Zeit gab es einen Aufruf bei LinkedIn, dass ein Gründer-Wandertag stattfindet, was hieß: Gründer gehen wandern und netzwerken dabei. Ich bewarb mich und erhielt kurze Zeit später folgende Antwort: »Wir haben insgesamt knapp 150 Bewerbungen bekommen. Die ersten zehn Anfragen waren per Greencard gesetzt. Aus den übrigen 140 haben wir nochmal 30 ausgelost. Du bist auf der Liste gelandet. Freut uns sehr.« Am 4. Juli 2022 fand ich mich am Bahnhof Wandlitz mit einer Tupperdose und Trinkflasche – gesendet von Online Event Box, einem Start-up von Eileen Liebig, was, wie der Name schon verrät, Event-Boxen je nach Auftrag an Mitarbeiter von Firmen schickt – und in meinem besten provisorischen Wanderoutfit wieder. Vorab: ICH HASSE WANDERN! Aber was man nicht alles für das Netzwerken macht. Also watschelte ich inmitten von 40 Gründern durch die Natur und wurde von Mücken zerstochen, sprach aber mit spannenden Unternehmern, Investoren – unter anderem auch mit dem Gründer von momox, der das Ganze gemeinsam mit Eileen organisiert hatte.

Klischee #1: Netzwerken geht nur mit Pizza oder Alkohol in der Hand

Bis dato gab es für mich zwei typische Netzwerkevents in dieser Welt: Pizzaabend oder Champagnerempfang. Dieser Wandertag war eine Ausnahme und ich trat dabei in einen tieferen Austausch als bei jedem anderen oberflächlichen Kennenlernabend. Vielleicht lag es auch an der Fürsorge, die mir entgegengebracht wurde, denn ich war die Jüngste im Kreise der 40 Personen. Zu allem Übel wanderte ich mit einer gezerrten Schulter, was dazu führte, dass ein erfolgreicher Unternehmer, gefühlt zweimal so groß und breit wie ich, sich meinen Rucksack schnappte und ihn für mich bis ans Ziel trug.

Mit Christian Wegner sprach ich ausführlich und stellte ziemlich schnell fest, dass er eine typische Berliner Schnauze hatte und eine ziemlich standhafte Meinung. Wir blieben lose im Kontakt, sahen uns ab da aber häufiger. Zuerst begegneten wir uns beim Green Tech Award 2022 in Berlin wieder. Ich war auf den »Green Carpet« eingeladen und nahm ihn kurzerhand mit. Während die Fotografen meinen Namen riefen, wussten die meisten von ihnen nicht, wer dieser Mann neben mir war. Sie schickten ihn weg, dabei war er in meiner Start-up Bubble eigentlich viel relevanter als ich. Nach der Preisverleihung witzelten wir über Nagellack und dass er gerne grüne Fingernägel hätte, ganz in den Farben seines Unternehmens. Für die K5 – The Future Retail Conference mit 4.000 Teilnehmern, 200 Ausstellern und 150 Speakern – waren wir beide als Speaker eingeladen und so sahen wir uns beim VIP-K5-Dinner wieder. Der Abstand dazwischen betrug nur sechs Tage und ich erinnerte mich an seinen Wunsch nach grünem Nagellack, den ich kurzerhand kaufte. Bei dem Dinner saß ich nun diesem Gründer gegenüber – der mit 30 Jahren schon so viel Geld verdient hatte, dass er nie wieder arbeiten müsste und in Interviews zu seiner ersten Million befragt wurde – und lackierte ihm die Fingernägel. Um uns herum fanden Businesstalks statt und die Leute schauten anfänglich irritiert, bis dann die ersten Gründer auf uns zu kamen und ebenfalls die Finger lackiert haben wollten. So etwas ist für mich auf einer Firmenfeier unvorstellbar. Das wäre äquivalent dazu, dass man den Chef des Unternehmens, in dem man arbeitet, schminkt.

»Alles, alles, alles Gute zum Geburtstag«, schickte ich Christian am 5. Januar 2023. »Musste in einem Monat nochmal schicken, hab am 5.2.« Daraus entwickelte sich das typische Fragespiel unter Gründenden: »Biste zufällig nächste Woche in München beim DLD?« Meine Antwort: »Nee, bin bei der BEO in Dortmund.« Doch trotz voller Kalender fanden wir einen Termin, und zwar bereits am 16.1. im Telegraphenamt Berlin. Es war unser drittes Treffen und es fühlte sich so an, als wären wir schon ewig befreundet. Er berichtete mir, dass er letztes Jahr nur auf zwei Events war und auf beiden haben wir uns getroffen.

Klischee #2: Jeder kann es schaffen – auch ohne finanzielles Polster
Leider nein, denn das ist nur selten richtig.

»Ich weiß nicht, ob es so okay ist, dass man die Leute motiviert zu gründen. Wenn der Wunsch schon da ist, ja, aber es ist schwierig. Es wird suggeriert und aufgerufen, gründen sei so toll, gründet mehr, Frauen müssen mehr gründen. Dabei ist der Druck teilweise zu viel. Man holt jemanden aus der Festanstellung mit falschen Versprechungen«, drückt es Christian aus.

Vor unserem Treffen habe ich mehr über Christian in Erfahrung gebracht und einige Artikel gelesen. Immer wieder stieß ich auf Headlines wie »Vom Arbeitslosen zum Secondhand-König«. Ich sprach ihn darauf an. »Das Fiese ist, wenn man hört: ›vom Arbeitslosen zum Millionär‹ – diese Schlagzeilen finde ich richtig schlecht und verlogen. Das Gemeine daran ist, dass die Leute, die das lesen, denken, sie sind jetzt arm und werden schnell Millionär, wenn sie nur gründen. Ein Start-up ist aber kein Ausweg. Du kannst es schaffen, aber es ist schwerer für Personen, die nicht von Hause aus Geld und ein Polster haben. Wenn du aus ärmeren Verhältnissen kommst, dann ist es wie Lottospielen. Kaum einer gewinnt und viel Geld geht verloren. Viele traurige Geschichten, die man eben nie hört. Ich war einer der glücklichen Lottogewinner, aber die Chancen sind tausendmal höher, wenn du vorher schon Vermögen hattest. Es kommt immer mal wieder einer durch, so wie ich, arm oder mit einer anderen reißerischen Story, und der wird dann durch die Medien gereicht, nach dem Motto: Es ist für alle möglich. Aber der American Dream stimmt halt meistens nicht und es kann leider nicht jeder Millionär werden, egal wie sehr du dich anstrengst. Es gibt immer noch Ungerechtigkeit und Ungleichheit. Man muss das an der Stelle offen kommunizieren. Der mit Geld auf dem Konto, der geht zu Papa oder Mama und fragt nach mehr. Ich will das nicht verurteilen, meinen Kindern geht es irgendwann genauso. Aber es ist wichtig, offen und ehrlich darüber zu reden, wie viele Gründer vorher schon Geld hatten oder aus der entsprechenden Familie kommen.«

Klischee #3: Die Herkunft spielt keine Rolle bei der Gründung

Ich frage ihn, ob das heißt, dass man nicht mehr gründen darf, wenn man sich das Geld vorher nicht hundert Prozent selbst erarbeitet hat. »Derjenige, der bessere Startmöglichkeiten hatte, sollte demütig bleiben. Man muss immer zurückschauen und sagen: Ohne meine Eltern oder Familie wäre es nicht möglich gewesen. Und woanders hinschauen und verstehen, dass andere nicht die Chance haben und nicht etwas anderes vorgaukeln, von wegen Selfmade-Millionär. Ich hatte durch meine unternehmerische Familie auch einen Vorteil, allerdings an Wissen.«

Es heißt zwar, jeder könne gründen, aber die Realität sieht anders aus. Der eine beginnt mit einem »Vorsprung« durch das Elternhaus, welches einem finanzielle Unterstützung oder ein Netzwerk zur Verfügung stellen kann. Wenn ich mir die Gründerszene anschaue, sind viele adliger Herkunft, Nachfahren aus Unternehmerfamilien und Personen, die weich fallen, wenn das Start-up scheitert. Zu selten wird beleuchtet, woher die Gründer kommen und wie »selfmade« manche der erfolgreichen Unternehmen wirklich sind. Das heißt nicht, dass diese sich auf dem Erfolg ihrer Familie ausruhen. Sie arbeiten genauso viel, haben aber einen klaren Vorteil: Sie können Durststrecken und finanzielle Schwierigkeiten mit eigenen Ressourcen überbrücken. Du gründest ganz anders, wenn deine Existenz nicht davon abhängt – ein Privileg, das wenigen zuteil wird und nur jenen, die aus der Mittel- oder Oberschicht stammen. Die wenigen, die es wirklich ganz alleine geschafft haben, sind eine Seltenheit. Ich hoffe, dass wir in Zukunft mehr Zugänge zu Wissen, Netzwerken, aber auch den finanziellen Mitteln geben können, damit mehr Chancengleichheit in der Gründerszene und dadurch auch mehr Diversität herrscht.

Christian Wegner und mich verbindet neben den Gründerszene noch mehr. Unter anderem kommt er aus der ehemaligen DDR wie mein Papa und damit waren sie »Ossis«. Meine Mama ist in der BRD groß geworden, war also ein »Wessi« und mich als Tochter machten die beiden Herkünfte zu einem »Wossi«. Es ist teilweise wie zwei Elternteile

aus unterschiedlichen Kulturen zu haben mit komplett anderen Erziehungsmetho-
den. Auch darüber sprechen wir.

Snack Fact: »Ossis« und »Wessis«

Laut eines Spiegel-Artikels (2019) sind lediglich 1,7 Prozent der bundesdeutschen Führungspositionen in Politik, Wirtschaft, Wissenschaft, Kultur, Militär oder Verwaltung von Ostdeut-
schen belegt und auch in Ostdeutschland sind es lediglich 33 Prozent Führungskräfte in den
größten Firmen. Es scheint fast nicht real, aber in DAX-Unternehmen ist es als Frau wahr-
scheinlicher, eine Vorstandsposition zu bekommen als ein »Ossi«.[54]

Am 9. November 1989 fiel die Mauer, vor 34 Jahren also, und immer noch herrscht
ein Gefälle zwischen Ost- und Westdeutschen. »Ich habe Freunde aus dem Osten und
Westen, die meisten sind allerdings Ossis und natürlich du, aber du bist ja auch ein
Wossi.« Christian zieht keine Grenzen zwischen Osten und Westen, aber dennoch weiß
er, dass es Unterschiede gibt, je nachdem, wo man geboren ist. »Die Leute im Osten
haben nicht gelernt, allein zu sein. Es ging immer um Gemeinschaft, was ja auch schön
ist, aber wir haben nicht gelernt, uns durchzusetzen oder nach vorne zu preschen –
man sollte sich ja auch nicht in den Mittelpunkt stellen. Das war damals in der DDR
nicht erwünscht. Ich hatte Glück, dass meine Familie unternehmerisch tätig war im
Osten und dadurch bin ich mit einem Unternehmergeist groß geworden. Den gab es in
der DDR sonst kaum und war auch nicht wirklich erwünscht. Du konntest dich ja auch
nicht hocharbeiten, was heutzutage zum Beispiel möglich ist.«

Klischee #4: Alle gründenden Personen wissen von Anfang an, dass sie gründen wollen

Ursprünglich wollte Christian Lehrer werden. Da hätte er sich nicht hocharbeiten müssen. Heute ist er froh, dass es anders gekommen ist: »Durch meine Kinder habe ich
Kontakt zu Lehrern und die meisten tun mir leid. Ich bin froh, dass ich beruflich in keinem Schulsystem gefangen bin. Ich denke, die meisten wählen hauptsächlich diesen
Beruf aus idealistischen Gründen und nach spätesten drei Jahren ist der Enthusiasmus weg. Als Unternehmer kann ich etwas schaffen und verändern. Das wäre als Lehrer so nicht möglich gewesen.« Auch wenn ich denke, dass Christian ein toller Lehrer
geworden wäre: Er hat es geschafft, momox auf 2.000 Mitarbeiter und 350 Millionen
Euro Umsatz wachsen zu lassen.

Und so wie Christian Wegner ursprünglich Lehrer werden wollte, gibt es auch Gründende wie Lisa Rosa Bräutigam, die verbeamtete Lehrerin war und erst dann den Weg
in die Start-up-Welt fand. Es gibt bestimmt Ausnahmen, also Personen, die schon immer wussten, dass sie irgendwann einmal ein Unternehmen aufbauen würden. Aber
die meisten Gründer in meinem Umfeld sind eher durch »Zufall« oder, wie auch ich,
mit einer Idee, in die Start-up-Welt gekommen.

Klischee #5: Ein Unternehmensexit macht immer glücklich

Das unternehmerische Highlight: Christian hat momox erfolgreich für viel Geld verkauft. Allerdings hat er dadurch auch etwas den (emotionalen) Halt verloren – worüber in der Gründerszene kaum gesprochen wird. Gründen ist schwer, verkaufen ist schwerer. Häufig fallen die Exitgründer in ein Loch, da die »Lebensaufgabe«, das Startup, nicht mehr in den eigenen Aufgabenbereich fällt. Das erinnert sehr an das Empty-Nest-Syndrom.

Empty-Nest-Syndrom

Das »Leere-Nest-Syndrom« ist ein Gefühlszustand, den Eltern nach dem Auszug der Kinder verspüren. Dazu gehören Emotionen wie Trauer, Einsamkeit, Leere, Zwiespalt, Schmerz und das Gefühl von Verlassenheit.[55]

»Für mich gab es ein Tief, das gehört dazu«, beschreibt es Christian. Ich erkläre ihm, dass ich, wenn ich etwas verkaufe, sagen wir mal einen Pullover bei momox für 3,50 Euro, ein Glücksgefühl habe und mich freue. Wie hoch ist das Gefühlshoch dann erst, wenn man für einen hohen Millionenbetrag verkauft? Christian dachte, er kann die Firma verkaufen, das Leben genießen, dann ein bisschen Geld verdienen mit Investments und wieder chillen. Dann hat er allerdings festgestellt – und das beobachte er auch bei anderen in der Nichtstuer-Phase: »Du hast ein Werkzeug auf den Schultern, also dein Wissen, was du nutzen sollst und womit du Probleme lösen kannst. Wenn du kein Projekt hast, dann fängst du an, dich im Kreis zu drehen. Das habe ich ein Jahr, eigentlich sogar anderthalb getan. Du beschäftigst dich nur mit dir selbst und das war eine anstrengende Zeit. Ich habe in der Zeit Probleme gesucht zum Lösen. Dann beschäftigst du dich mit Weltpolitik und merkst: Da kann ich leider nicht viel machen.«

Klischee #6: Reichtum ändert alles

In einem Interview mit »Secret to Success« sagte Christian: »Wenn man kein Geld hat, dann will man unbedingt welches haben. Ist man dann reich, stellt man fest, dass sich nicht wirklich viel ändert.« Doch stimmt das? Ist die Hauptmotivation vieler Gründer falsch und wir sollten lernen, zufrieden zu sein mit dem, was wir haben? Ich frage ihn, wie er dazu steht, dass viele schnell Geld verdienen möchten und dies als Antrieb für eine Gründung nehmen. »Der Antrieb ist natürlich da, den haben die meisten – aber die wenigsten sind mit viel Geld gesegnet. Der Wunsch nach Freiheit, vor allem finanzieller Freiheit, ist ein starker Motor. Wenn du bereits mit vielen Millionen Euro auf die Welt kamst, dann ist es schwierig, einen Antrieb zu finden und dich zu motivieren. Dann muss man finden, was wenigstens ein bisschen die Welt rettet. Bei mir war der ursprüngliche Antrieb auch Geld. Meine Mama war alleinerziehend, hat dann irgendwann den Job verloren in meiner Jugendzeit. Das war schlimm für mich. Wir mussten billige Kleidung kaufen und das war natürlich uncool, denn damals war mir das als Junge schon extrem wichtig. Man musste Anfang der 1990er die neusten Markensachen haben. Im Nachhinein schäme ich mich dafür, dass ich in der Pubertät nicht mitfühlender war mit meiner Mutter. Deshalb war die finanzielle Unabhängigkeit auch anfänglich mein Hauptantriebsmotor.«

Ich kenne einige Personen, die sich finanziell keine Sorgen mehr machen müssten. Nachdem ich gegründet habe, hat sich mein Umfeld geändert. In meinem Freundeskreis befanden sich auf einmal (Mehrfach-)Millionäre, Unicorn-Gründer und es wurde normal, dass man über Start-up-Exits im dreistelligen Millionenbereich sprach. Und dabei sind das meist ganz »normale« Menschen. Den wenigsten sieht man an, dass sie millionenschwer sind und das wiederum liebe ich an der Start-up-Welt.

Ich frage Christian, ob er mittlerweile an dem Punkt der Zufriedenheit ist. »Jetzt ja. Bei der ersten Million hatte ich immer noch Panik. Es musste schon zweistellig sein, dass ich sorgenlos und beruhigt war. Ich bin froh, dass ich in den Bereich ›Secondhand‹ gegangen bin. Ich hätte auch Waffenhändler werden können, aber so habe ich wenigstens Geld mit etwas gemacht, was mir irgendwann nicht nur Spaß gemacht hat, sondern dem Planeten auch hilft. Mit meinem aktuellen Start-up geht es mir nicht mehr um das Geld, sondern eher darum, etwas in der Welt zu bewegen, Secondhand noch größer und zugänglicher zu machen.«

Seit August 2021 ist Christian als Gründer des ReCommerce-Start-ups stuffle zurück, der ersten Ankaufsapp für ALLES. Ich frage ihn, was uns mit stuffle erwartet. »Der größte, tollste Secondhand-Shop der Welt. Wir agieren derzeit deutschlandweit, aber die Vision ist, dass jeder zweite verkaufte Artikel weltweit Secondhand ist. Unsere Mission ist, einen großen Anteil dazu beizutragen. Deshalb machen wir es holistisch.« Das klingt auf jeden Fall nach einer Ansage.

Klischee #7: Wer ein Start-up verkauft, prahlt mit der Summe

In Interviews wird Christian immer wieder gefragt, für welchen Betrag er momox verkauft hat. Und es wird geschrieben, es sei ihm peinlich. Dabei finde ich die Frage peinlich. Er hat es geschafft, Secondhand leicht und zugänglich zu machen. Damit steht er für gelebte, unternehmerische Nachhaltigkeit. Statt genau darüber zu sprechen, geht es leider meist um die Summe, die dann definiert … Ja, was eigentlich? Warum interessiert es uns so brennend zu erfahren, für wie viel Geld etwas verkauft wurde? Mal abgesehen davon, dass davon noch einiges an Steuern wegfällt, die Investoren einen Anteil erhalten und so weiter.

In meinem Freundeskreis gibt es Personen, die mir nach Jahren der Freundschaft erst im Vertrauen mitgeteilt haben, für welchen Betrag sie ihr Start-up verkauft haben. Die, die am meisten Geld mithilfe eines Exits verdient haben, sind häufig die Bescheidensten. Ob das aus Angst ist, ausgenutzt zu werden oder einfach der Gewissheit, dass es niemanden etwas angeht, sei jetzt mal dahingestellt.

Klischee #8: Alkohol, Drogen, wilde Partys gibt man für das Start-up auf

Unsere Gespräche drehen sich nicht nur um die finanzielle Seite, die häufig an erster Stelle steht, wenn man über die Start-up-Blase spricht. Wir beleuchten auch die unschönen Geschichten wie Missbräuche, Drogenkonsum und illegale Partys.

Teilweise verdanke ich mein Durchhaltevermögen an stressigen Tagen und Wochen der Tatsache, dass ich nicht trinke oder sonstige Drogen konsumiere. Auch Christian hat zwei Jahre auf Alkohol verzichtet und fand es großartig. Er war produktiver, hat besser geschlafen und festgestellt, dass es einen Unterschied macht. Dennoch kenne auch ich sie, die Gründer, die immer etwas »dabeihaben«. Denn der Drogenkonsum in der Start-up-Szene beschränkt sich bei Weitem nicht nur auf alkoholische Getränke. Gerade in Berlin werden viele Drogen genommen, vor allem Kokain und Molly. Besonders auf Start-up-Partys oder in Fetischnächten in Berliner High Society Clubs trifft man das eine oder andere bekannte Gesicht, welches einem sonst eher in einem Businessmeeting entgegenlächelt.

Auch andere Events werden häufig zu Drogenexzessen. In manchen Fällen wird aber gar kein Anlass gebraucht, um die Toilette für einen schnellen Kick aufzusuchen. Mittlerweile weiß ich, was mich erwartet, wenn ich eine Einladung zu einer Party mit einem Passwort und vielen Einhorn- sowie Stern-Emojis bekomme: Es wird wild. Das Gute an der Szene ist, dass keiner von dir erwartet, dass du auch Drogen konsumierst. Wenn du nein sagst, wird das akzeptiert.

Ich hatte auf Instagram vor einem legendären Partywochenende eine Story gepostet und darüber gesprochen, dass es in der Start-up-Szene unzählige Partys gibt, zu denen »Nicht-Gründer« gar keinen Zutritt erhalten. Vielen meiner Follower war gar nicht bewusst, dass es überhaupt so eine exklusive Partyszene innerhalb der Szene gibt. Bei eben diesem Wochenende endete der Abend im Fetischclub KitKat, nur um dann am nächsten Tag mit denselben Personen, darunter Politikern, Unternehmern und internationalen (Start-up-)Persönlichkeiten in Abendgarderobe in einem Restaurant zu sitzen und zu Abend zu essen. In kaum einem anderen Berufsumfeld gibt es so viele Menschen, denen viel Geld zur Verfügung steht, dass für eine vielversprechende Party sogar der Kontinent gewechselt wird.

Bei vielen exklusiven Partys bin ich die Jüngste unter den Gästen. Der Altersunterschied beträgt teilweise 25 Jahre. Doch wo sind die anderen jungen, partywütigen Gründer, für die die potenziellen Investoren vor Ort spannend wären? Mit der Formulierung beantworte ich indirekt die Frage: Viele angehende oder Early-Stage-Gründer werden zu solchen Partys nicht eingeladen, um die bereits erfolgreichen Gründer und Investoren zu schützen, die in ihrem LinkedIn- und E-Mail-Postfach unzählige Anfragen von eben diesen Jungunternehmern erhalten. Der Zugang zu diesen »elitären Kreisen« und das Wissen um diese Zusammenkünfte dienen aber nicht nur zum

»Schutz« der bereits erfolgreichen Investoren und Gründer. Ich sehe einen der Grün-de, wieso man so wenig über die Partyseite der Start-up-Welt erfährt, darin, dass vie-le Gründer unter sich bleiben und außerhalb der »Bubble« kaum Kontakte pflegen. Außerdem wünschen sich viele Gründer einen Ort, an dem sie ausgelassen und sorg-los feiern können, ohne Angst haben zu müssen, dass es eine negative Auswirkung auf ihr professionelles Auftreten hat.

Klischee #9: Mit Geld bist du unbesiegbar

Christian hatte einen schweren Unfall, der in seinem Leben etwas veränderte. Der Unfall war einer der Auslöser, warum er momox verkauft hatte. »Ich war fast tot. 20 Minuten länger ohne ärztliche Versorgung und es wäre vorbei gewesen. Dieser Unfall hat mich zum Verkauf geführt. Und im Rückblick war der Unfall eine ›bereichernde‹ Erfahrung. Ich lag auf der Intensivstation, die im Keller lag. Beruflich war ich bildlich ganz oben und dann zack, liegst du krank ganz unten. 2018, als ich den Unfall hatte, war gerade Fußball-WM. Ein alter Röhrenfernseher hing oben in der Ecke und dann kam die Schwester rein und meinte: ›Wollen Sie gucken? Soll ich Ihnen einen Döner mitbringen? Und was ist mit Radler?‹ Also lag ich dann mit zwei Radler und einem Dö-ner im Krankenbett – Deutschland hat gewonnen und ich lag in der Intensivstation.«

Manchmal »braucht« es genau so ein tragisches Erlebnis, um sich bewusst zu werden, wie vergänglich das Leben ist und dass der berufliche Erfolg nicht der einzige Lebens-inhalt sein sollte. Wie bei Christian können sich nach einer gravierenden Erfahrung die Prioritäten ändern. Das heißt nicht, dass dir die Arbeit keinen Spaß machen soll, sondern dass es noch anderes geben sollte, wofür es sich zu leben lohnt. Und auch wenn Geld meist Freiheit mit sich bringt, kann es dich nicht vor Unfällen oder Krank-heiten bewahren.

Klischee #10: Bekannte Gründer erkennt man

Nach unserem Essen verlassen wir gemeinsam das Telegraphenamt, die Fashion Week Berlin beginnt gerade. Ich gehe zu einer der vielen Partys, Christian nach Hause. Auf dem Weg nach draußen begegnen wir drei Influencern, einen kenne ich. Die anderen beiden fragen mich, was ich mache, wer ich bin und überreichen mit ihre Visitenkarte. Christian im Hoodie mit Unternehmenslogo vorne drauf, Hose, Jacke und Brille wird ignoriert. Ich unterbreche kurz mit den Worten: »Ich bin ein ganz kleiner Fisch neben dem Mann, der neben mir steht.« Das Interesse ist geweckt: »Ach wirklich, was machst du denn?« Christian ist bescheiden. Statt sich hinzustellen und zu protzen, fragt er: »Kennt ihr momox?« Natürlich! Auf der Plattform haben alle drei schon Kleidung ge- und verkauft und sind somit einer der Gründe, wieso Christian heute sorglos leben kann.

Auch wenn es auf LinkedIn anders suggeriert wird: Nicht jeder, der Erfolg hat, teilt diesen unentwegt mit der breiten Masse. Einige Gründer bevorzugen es, anonym zu bleiben und ihr Gesicht hinter das Unternehmen zu stellen, statt davor. So kommt es auch dazu, dass manche Gründer trotz Erfolg noch nie ein Interview gegeben haben und nicht auf Presseanfragen reagieren. Und für manch ein Unternehmen ist es auch sinnvoller, ja sogar professioneller, im Hintergrund zu bleiben, da das Produkt nicht die breite Masse anspricht, sondern auf B2B, Business-to-Business, fokussiert ist. Zudem ist nicht jeder Gründer eine »Rampensau« und sucht das Scheinwerferlicht. Es gibt viele Introvertierte, die zwar mit Herzblut das Start-up führen, aber ungerne auf großen Bühnen stehen.

Klischee #11: Nur gute Ideen bekommen Investments

»Ich kenne viele Schrott-Start-ups, die dann aber Millionen einsammeln, das verstehe ich einfach nicht!«, sagte ein befreundeter Investor. Tatsächlich geht es bei Investitionen gerade von Business Angels eher darum, wie gut du vernetzt bist und wer an DICH glaubt, statt an dein Start-up. Natürlich birgt das auch ein Risiko für den Business Angel. Durch die Inflation sind viele Investoren vorsichtiger mit ihren Investments. Zudem flossen im ersten Quartal 2023 »nur noch« 1,4 Milliarden Euro in FinTech-Start-ups, was im Vergleich zu 2022 nur ein Viertel ist.[56]

Dennoch gibt es »Verbrennungsmaschinen«, also Start-ups, die sich für einen bestimmten Zeitraum mit Geldern von VC-Investoren oder Business Angels über Wasser halten, aber damit nur die Insolvenz hinauszögern und nicht vermeiden. Diese Gründer erhalten Gelder, weil sie die »richtigen« Geldgeber kennen. Auf der anderen Seite gibt es gute Start-up-Ideen, die Schwierigkeiten haben, eine Finanzierung zu erhalten, weil sie noch nicht etabliert genug sind oder nicht den Vitamin-B-Bonus, also Kontakte haben.

Ich habe mit einigen Business Angels gesprochen, von denen viele der Meinung sind, dass Start-ups noch kritischer betrachtet werden sollten und es nicht nur darum gehen sollte, wer wen kennt. Ein Investor meinte sogar, ein »Bullshit Alert«, also eine Warnung, wenn das Unternehmen oder der Gründer nicht seriös ist, wäre angebracht, um solche Start-ups frühzeitig zu erkennen.

Klischee #12: Alle Gründer halten zusammen

Es gibt zwar unzählige Start-up-Gruppen bei WhatsApp (z. B. BER Founder Connection), in denen nach allem gefragt werden kann, von Jobs bis hin zu potenziellen Investments, aber dennoch halten nicht alle Gründer zusammen. Gerade Anbieter konkurrierender Produkte und Serviceleistungen reden häufig schlecht übereinander, um sich einen Marktvorteil zu verschaffen. Wie weit der Zusammenhalt in der Gründerszene geht, kann ich nicht pauschal sagen. Es gibt wundervolle Gründer wie Nicht-Gründer in der Szene, die andere unterstützen, egal bei welchen Themen. Auf der anderen Seite gibt es die »Sucker«, die nur nehmen, sich unterstützen und auf

Events mitnehmen lassen, aber selbst kaum an andere denken – was dazu führen kann, dass Grenzen missachtet werden.

Klischee #13: In der Start-up-Szene ist jeder er selbst

Es ist schwer im Business, du selbst zu bleiben. Auch wenn du wünschst, dir selbst treu zu bleiben und so authentisch wie möglich zu sein, musst du an manchen Stellen dein Start-up an erste Stelle setzen und zu Menschen nett sein, die du vielleicht nicht besonders magst. Oder aber du musst in einer bestimmten Art auftreten, dich selbstbewusster geben, als du dich eigentlich fühlst, um in einem Gespräch zu überzeugen. Auch ich habe das immer wieder erlebt. Was mir geholfen hat und immer noch hilft: Anderen geht es auch nicht anders – auch nicht im Angestelltenverhältnis. Manchmal habe ich in Meetings dann einfach die Wahrheit gesagt, dass es mir gerade nicht gut geht und bei mir gerade viel los ist. Die meisten Menschen reagieren darauf mit Verständnis und teilweise hat mein Gegenüber mir dann auch »gestanden«, dass es ihm genauso geht.

Klischee #14: Alle Gründer müssen nach Berlin

Berlin, Berlin, wir fahren nach Berlin! Man bekommt das Gefühl, dass jeder, der mit Start-ups zu tun hat, langfristig nach Berlin oder München möchte. Dabei hat es – auch wenn die Gründerszene in beiden Städten extrem präsent ist – einen Vorteil, an anderen Orten zu gründen, unter anderem, weil sich dort weniger Personen auf Stipendienplätze oder für Start-up-Preise bewerben, die an das jeweilige Bundesland gebunden sind. Es gibt wundervolle Programme außerhalb von Berlin und die Konkurrenz ist deutlich geringer. Daher empfehle ich, dich frühzeitig und bundesweit über Möglichkeiten und Erfolgschancen für ein Stipendium oder andere Fördermöglichkeiten zu informieren.

Klischee #15: Gründer arbeiten immer

Viele meiner Ideen entstehen nachts. Was dazu führt, dass ich mitten in der Nacht aufstehe, um E-Mails zu beantworten oder diese Einfälle aufzuschreiben. Zu einem gewissen Grad stimmt das Klischee also. Denn auch wenn du als Gründer deine Zeit selbst einteilen und ab einem gewissen unternehmerischen Punkt entscheiden kannst, wie du deinen Arbeitstag gestaltest, begleitet die meisten Gründer die eigene Idee beziehungsweise das eigene Unternehmen rund um die Uhr. Vielen Gründern in meinem Umfeld geht es ebenfalls so, dass sie nie wirklich abschalten. Daher formuliere ich das Klischee um: Gründer schalten fast nie ab.

#RealTalk: Auch ich versuche noch, Strategien für mich zu erarbeiten und möchte daher an dieser Stelle ungerne Tipps geben – eben weil ich selbst noch nicht so weit bin. Teilweise liege ich nachts wach und kann, obwohl der Laptop längst zugeklappt ist, nicht aufhören, an die Arbeit und To-dos zu denken.

Klischee #16: Die Start-up-Arbeitskultur ist frei und innovativ

Das kann stimmen, aber eine weitere Realität der Arbeitswelt in der Start-up-Szene sieht wie folgt aus: schlechte Bezahlung, viel Stress, zu wenig Pausen. Gerade am Anfang eines Unternehmens ist die intensive Mitarbeit von allen gefragt und das kann dazu führen, dass der klassische Nine-to-five-Job attraktiver erscheint. Die Hoffnung, dass die Arbeit in einem Start-up »easy« wird, muss ich leider zerstören. Denn gerade ein Start-up benötigt Mitarbeiter, die alles dafür geben, weil sie an die Mission glauben. Ein Gründer ist vor allem auf sein Team angewiesen, welches ihn unterstützt und mit der jeweiligen Expertise ergänzt. Und Menschen zu finden, die ebenso an deinen Traum glauben wie du, ist eine große Herausforderung.

Klischee #17: Wer ein Start-up erfolgreich gründet, hat mehr Geld und mehr Zeit

Meine erfolgreichsten Freunde sehe ich teilweise sechs Monate nicht. Nicht, weil wir uns nicht treffen wollen, sondern weil der Terminkalender unglaublich voll ist. Teilweise blocken wir uns Termine zwei Monate im Voraus, damit es etwas wird. Zeit ist Geld und das stimmt tatsächlich. Das Thema Geld ist generell häufig ein Irrglaube: Erfolgreiche Gründer reinvestieren häufig ihr Barvermögen, zum Beispiel in Start-ups, weshalb das Geld immer im Umlauf ist – und das Bankkonto meist leergefegt.

Klischee #18: Als Unternehmer kann man Urlaub machen, wann man will

Ich würde eher behaupten, dass die meisten Gründer chronisch »unterurlaubt« sind. Zwar halten sich viele Unternehmer in Bali, Südafrika, Mexiko auf – das sind aber Workations, es wird gearbeitet. Neben der beschriebenen 24-7-Beschäftigung mit dem eigenen Unternehmen (Klischee #15), die auch in den Urlaub reicht, gibt es meist unendlich viele Termine, Geschäftstreffen, Talks, Onlinemeetings, die eine freie Wahl für einen Urlaub, der auch wirklich einer ist, selten einfach mal so möglich machen. Mein Tipp: Schaffe dir »trotzdem« diese Räume. Auch wenn es nur ein verlängertes Wochenende ist – wir alle brauchen Pausen! Am besten solche, die ohne (Business-)Handy und E-Mail funktionieren.

Klischee #19 Gründer essen ausschließlich Pizza

Tischkicker, Bier und Pizza – dafür steht nach außen hin die Start-up-Szene. Es gibt zwar viel Pizza bei allen Gelegenheiten, aber ich kann keinen Pizzakarton mehr sehen. Immer mehr Gründer achten auf ihre Ernährung, da der Optimierungsgedanke an erster Stelle steht, was dann eben auch die Gesundheit und Achtsamkeit betrifft. Gesund leben und essen ist ein richtiger Trend in der Prenzlauer-Berg-Mitte-Start-up-Bubble. Dabei wird es fast zu einem Selbstoptimierungswahn. Neben Meditationen, Joggen und aus »Spaß« einen Marathon zu rennen, gehört auch eine bewusste Ernährung dazu. Ich allerdings finde: Ein gesunder (!) Mittelweg ist wichtig – Extreme hält man auch hier nicht lange durch.

Klischee #20 Alle Gründer sind männlich – Gründernamen und der Thomas-Kreislauf

Was »der Thomas« und »der Michael« in der Vorstandsebene, sind ebenfalls der Michael, der Thomas und der Andreas in der Start-up-Welt.

Sad Fact

Es gibt weniger Frauen in Vorstandspositionen als Männer, die Thomas heißen.[57] Ein Programmierer hat einmal alle Vornamen von Gründern nach Häufigkeit sortiert und kam auf das Ergebnis, dass Michael, Thomas, Andreas, Peter, Christian, Frank, Stefan, Wolfgang, Jürgen und Martin in der Reihenfolge die häufigsten Gründernamen sind. Der Name »Michael« ist über 100.000-mal im Handelsregister zu finden. Der erste Name auf der Liste, der einer Frau gehört, ist Katja auf Platz 61. Von den 100 häufigsten Namen in der Gründerszene sind nur elf weiblich.[58]

Klischee #21 Allen Gründern geht es um Innovation und Nachhaltigkeit

Nicht jedes Start-up ist nachhaltig und auch nicht jeder Gründer lebt so. 2022 habe ich beispielsweise ein Investoren-Dinner veranstaltet, das außerhalb von Berlin stattfand. Die Gäste waren vorwiegend Gründer, die nebenbei investieren. Einer kam mit dem Tesla, der andere im Ferrari, einer im Porsche, ein anderer fuhr mit dem Fahrrad und ein Tuk-Tuk war ebenfalls dabei. – Manchmal fühlt es sich auch bei einem »nachhaltigen Start-up« eher nach Geldmacherei an. Nach einige Gesprächen würde ich sagen, dass es vielen ums Geld geht und ein innovativer oder nachhaltiger Gedanke an zweiter Stelle steht.

Sollte dir Nachhaltigkeit am Herzen liegen, hat Kathrin Schieber wertvolle Tipps.

»Das Unternehmen sollte eine Nachhaltigkeitsstrategie entwickeln, in der langfristige Ziele und Maßnahmen zur Förderung von Umwelt-, Sozial- und Wirtschaftsnachhaltigkeit festgelegt sind. In der Strategie sollten auch klare, messbare Ziele festgehalten werden, um sicherzustellen, dass auf dem Weg zur Erreichung dieser Ziele Fortschritte gemacht werden. Durch den Einsatz erneuerbarer Energiequellen, die Reduktion des Energieverbrauchs, Vermeidung von Abfall, Verwendung umweltfreundlicher Materialien und so weiter. Indem ihr nicht nur an die ökologische Nachhaltigkeit denkt, sondern auch an die soziale. Dazu gehören faire Arbeitsbedingungen, einschließlich angemessener Entlohnung, Arbeitssicherheit, Gesundheit und Wohlbefinden der Mitarbeiter. Unternehmen sollten sich darauf konzentrieren, Gleichstellung und Vielfalt zu fördern, um Diskriminierung zu vermeiden und sicherzustellen, dass alle Mitarbeiter gleichberechtigt behandelt werden. Ein Unternehmen sollte auf langfristige wirtschaftliche Nachhaltigkeit ausgerichtet sein. Bedeutet, dass ein Unternehmen seine Strategien so ausrichtet, dass es in der Lage ist, langfristig erfolgreich und rentabel zu sein, während es gleichzeitig sicherstellt, dass die Umwelt und die Gesellschaft nicht geschädigt werden. Ein solches Unternehmen stellt sich der Frage, welche seiner Geschäftspraktiken langfristige Auswirkungen auf die Umwelt und die Gesellschaft haben und denkt nicht nur an kurzfristige Gewinne. Ganz einfaches Beispiel: Ein Unternehmen investiert in erneuerbare Energien, um langfristige Kosteneinsparungen zu erzielen und gleichzeitig die Umweltbelastung zu reduzieren. Ein nachhaltiges Unternehmen sollte transparente Geschäftspraktiken aufrechterhalten und seine Umwelt- und Sozialleistungen offenlegen. Und durch Kollaborationen! Ein Unternehmen sollte eng mit anderen Unternehmen, der Gesellschaft und den Institutionen zusammenarbeiten, um seine Nachhaltigkeitsziele zu erreichen.«

Klischee #22: Du hast nur spannende Calls und Meetings

Egal ob Angestellter oder Chef in einem Start-up: Leider hat man in beiden Positionen immer wieder langweilige Calls, die in manchen Fällen schiere Zeitverschwendung sind. Daher empfehle ich sehr: Zumindest wenn du selbst einen Termin initiierst, stelle sicher, dass jeder versteht, warum er dabei ist und auch nur die eingeladen werden, die wirklich wichtig für das Thema des Meetings sind. Dass es eine Agenda und einen Zeitplan gibt. Dass je nach Teilnehmerzahl ein Moderator dafür sorgt, dass es keine Eskalationen und unnötigen Monologe gibt. Aber auch, wenn du eingeladen wirst, kannst du im Vorfeld versuchen abzustecken, ob und warum deine Teilnahme – für die anderen wie für dich – von Bedeutung ist.

Klischee #23: Der »Lifestyle« und die Arbeitsbedingungen sind geil

Die Augen verschlechtern sich zunehmend, der Rücken wird buckliger, die Hüften knacken und die Daumen schmerzen. Hier handelt es sich nicht um das körperliche Befinden von Bewohnern eines Altersheims, sondern um die Folgen des (primären) Arbeitsplatzes von Gründern und die Auswirkungen auf die Gesundheit. Durch die viele Arbeit am Bildschirm oder am Handy leiden bereits junge Menschen an den Folgen. Und auch wenn ich bereits von vielen Terminen und Reisen sprach, für die man »on the road«, also in gewisser Weise in Bewegung ist: Auch da hängt man am Handy, hat Stress wegen Zug- oder Flugverspätung, muss von einem zum nächsten Termin hetzen. Um dann abends auch noch auf eine oder mehrere der Partys zu gehen, auf die man eingeladen ist und meint, dort auch noch hinzumüssen. Zwar sehen all die Events auf Instagram für Außenstehende nach Spaß aus (was sie auch zu einem gewissen Grad sind), aber dennoch bedeutet das für viele Gründer vor allem eins: vor Ort vernetzen und potenzielle Kunden gewinnen.

Klischee #24: Unternehmer sind zuverlässig

Leider nicht! Wie oft schon habe ich erst 20 Minuten vor einem Call oder sogar Lunchtermin, für den ich bereits im Restaurant saß, eine Absage erhalten oder ich saß bereits im Café, nur um dann die Nachricht zu bekommen, »sorry, falschen Tag eingetragen«. Am Anfang war das für mich nicht so schlimm, da ich meistens die zeitlichen Kapazitäten hatte. Mittlerweile aber macht es mich wütend, wie respektlos und unprofessionell einige »professionelle« Gründer sind. Da geht es um Respekt für die andere Person und auch um die Zeit, die sie sich nimmt. Es kann zwar immer etwas dazwischen kommen. Dann sollte aber nicht nur abgesagt, sondern gleich ein Vorschlag für einen neuen Termin gesendet werden – und eine fette Entschuldigung!

Klischee #25: Die Start-up-Szene öffnet allen die Türen

Die Start-up-Szene wirkt locker und offen für alle, dabei ist sie ganz schön elitär. Es gibt unzählige Members Clubs bis hin zu privaten Veranstaltungen, die nur für eine bestimmte Gruppierung und »Geldklasse« zugänglich sind. Es gibt auch in dieser Bubble unglaublich viel Ausgrenzung, Exklusivität und Gruppen, in die es keinen Einstieg gibt, weil du kein »Von-und-Zu« bist oder dein Start-up nicht als »wertvoll« genug erachtet wird. Die gute Nachricht: Du musst nicht dazugehören, denn es gibt auch inklusive Netzwerke! Allerdings hat es Vorteile, dem »engen Kreis« anzugehören. Nicht nur, weil du Einladungen zu exklusiven Orten und Events erhältst, sondern auch für Speakeraufträge, Artikel oder Investoren vorgeschlagen wirst.

Klischee #26: Intros sind das A und O

Was mich an der Start-up-Szene nervt: Du wirst ständig nach sogenannten »Intros« zu Personen gefragt. »Kannst du mich mal kurz mit Person XY vernetzen?«, ist eine typische Bitte. Teilweise erhalte ich Nachrichten von Fremden oder entfernten Bekannten, ob ich nicht mal schnell einen Kontakt zu einer anderen Person herstellen kann. Dabei wird häufig vergessen, dass ich einen Job und keine Zeit habe, ständig eine Intro zu machen, vor allem nicht für Personen, die ich gar nicht kenne. Ein großer Irrglaube: Die »magische« Intro hilft dir auch nicht, wenn die Person deine private Nachricht zwar gelesen, aber nicht auf sie geantwortet hat.

Mein Tipp: Wenn du nach einer Intro zu einem potenziellen Kunden fragst, biete eine Provision an. Das schafft einen Anreiz und auch einen Gewinn für die Person, die eine Intro ermöglichen kann.

Klischee #27: In der Start-up-Szene herrscht Spontaneität

»Hast du Lust, heute Abend zu XY mitzukommen?« Gegenfrage: »Wo ist das denn? Wer kommt, was ist da und wie lang geht das?« Das ist ein typischer Chatverlauf, wenn in der Gründerszene eine spontane Einladung verschickt wird. Viele Gründer haben wenig Zeit und wollen daher meistens so viele Informationen wie möglich im Voraus haben, statt spontan zuzusagen und sich auf etwas einzulassen, dessen Relevanz überhaupt nicht klar ist. Und dieser Wunsch nach beziehungsweise die Notwendigkeit von Klarheit hat natürlich ihre Berechtigung, denn Events und spontane Treffen sind nicht möglich, wenn das Arbeitspensum enorm ist und man priorisieren muss.

Klischee #28: Jeder will gründen

Falsch. Nicht jeder möchte gründen und das ist auch gut so!

Was ChatGPT zu Klischees zu sagen hat

Zusätzlich habe ich ChatGPT zu den häufigsten Klischees in der Start-up-Szene befragt. Folgende wurden genannt:

»Es gibt viele Klischees über die Start-up-Szene, einige der häufigsten sind:

1. Schnell scheitern, oft scheitern: Dieses Klischee ermutigt Unternehmer, Risiken einzugehen und das Scheitern als Teil des Lernprozesses zu betrachten. Es ist zwar wichtig, dass man bereit ist, Risiken einzugehen und aus Fehlern zu lernen, aber der Satz kann auch eine Kultur schaffen, in der das Scheitern verherrlicht wird und Unternehmer dazu ermutigt werden, Ideen zu schnell wieder aufzugeben.

2. Stören oder gestört werden: Dieses Klischee suggeriert, dass ein Start-up, um erfolgreich zu sein, die Branche, in der es tätig ist, umkrempeln muss, da es sonst von Konkurrenten umkrempelt wird. Eine Störung kann zwar durchaus zum Erfolg führen, ist aber nicht immer notwendig, und Start-ups können oft auch durch schrittweise Verbesserungen bestehender Produkte oder Dienstleistungen erfolgreich sein.

3. Schnell handeln und Dinge kaputt machen: Dieser von Facebook populär gemachte Satz ermutigt Start-ups, Geschwindigkeit und Innovation über Vorsicht und sorgfältige Planung zu stellen. Schnelligkeit ist in der Welt der Start-ups zwar wichtig, aber es ist auch wichtig, ein Gleichgewicht zwischen Qualität, Kundenzufriedenheit und ethischen Erwägungen zu finden.

4. Es geht nur um den Pitch: Ein guter Pitch kann einem Start-up sicherlich helfen, Investitionen und Aufmerksamkeit zu erregen, aber er ist nicht der einzige Faktor, der zählt. Letztendlich müssen Start-ups ein starkes Team aufbauen, ein lebensfähiges Produkt oder eine Dienstleistung entwickeln und ein nachhaltiges Geschäftsmodell schaffen, um erfolgreich zu sein.

5. Hart arbeiten, hart spielen: Dieses Klischee suggeriert, dass Start-up-Gründer und -Mitarbeiter lange arbeiten und ihr Privatleben für den Erfolg opfern sollten. Auch wenn harte Arbeit sicherlich wichtig ist, sind Burnout und psychische Probleme in der Start-up-Welt ein echtes Problem, und es ist wichtig, dass Gründer und Mitarbeiter der Selbstfürsorge und der Work-Life-Balance Priorität einräumen.«

9 Gründe, (nicht) zu gründen

Wie jede ›Szene‹ ist auch diese Welt für mich eine ›Bubble‹. Dabei meine ich das überhaupt nicht despektierlich. Ich möchte aber auf meine Beobachtung hinweisen, dass, wer immer sich mit einer ›Szene‹ identifiziert, hierin oft einer geistigen Begrenzung ausgesetzt ist, die einen Blick über diesen Tellerrand und die Einnahme anderer Perspektiven erschwert. Aus diesem Grund versuche ich immer von ›außen‹ auf die Start-up-(bzw. jede andere)-Szene zu blicken. Als bewusster Mensch übe ich täglich, mir die pausenlosen Veränderungen in unserer Welt und unserem Leben zu vergegenwärtigen. Dieses Naturgesetz beinhaltet die Notwendigkeit von Neuem, aber auch von Vergänglichem im Sinne eines Kreislaufes. Bezogen auf die Wirtschaft wird für mich dieses ›Neue‹ von Start-ups abgedeckt. Sie sind damit ein entscheidendes Element für unsere Dynamik und Entwicklung der Wirtschaftswelt. Hierzu möchte ich anfügen, dass ALLE selbständig Erwerbenden für mich zur Start-up-Welt gehören. Gründer:innen von NGOs, Vereinen oder auch Künstler:innen gehören für mich genauso dazu wie das landläufige Klischee aus der ›Höhle der Löwen‹. Alle eint ein gewisser Unternehmergeist und der Drang, etwas zu verändern und alle haben einen nicht zu unterschätzenden Impact auf unsere Wirtschaft.

Frank Sippel, Gründer der Real Future AG & GmbH

Es gab in den Gesprächen während meines Schreibprozesses zwei eindeutige Statements der Gründerinnen, mit denen ich gesprochen habe.
1. Gründen ist nicht so einfach, wie ich dachte. Gut, dass du eine Warnung gibst.
2. Ich fand Gründen extrem kräftezehrend, dennoch würde ich es jederzeit wieder machen.

Einig sind sich die meisten: Sie würden trotz der Gründe, nicht zu gründen, jederzeit wieder ein Unternehmen aufbauen. (Okay, in diesem Kapitel wird das Wort »Gründe(n)« wirklich oft vorkommen.)

Die Warnung vor einer Gründung soll dich nicht davon abhalten, es anzugehen. Es geht darum aufzuklären, damit du Bescheid weißt, worauf du dich einlässt und gewisse Themen wie mentale Gesundheit von Anfang an beachtest – und nicht erst dann, wenn es zu spät ist. Es ist wie beim Kauf eines Autos. Du schaust es dir vorher genauestens an, prüfst Details, Mindestausstattung und Komfort, (Eck-)Daten zu Leistung und

Umweltfreundlichkeit und so weiter. Genauso solltest du auch bei einer Gründung herangehen – sorgfältig und mit dem Blick darauf, was dir guttut, was dich optimal fahren lässt, ohne müde zu werden oder die Nerven zu verlieren. Und wenn du eine Warnung erhältst, ein Stoppzeichen, solltest du sofort rechts ranfahren und das Auto reparieren und/oder den Pannendienst zur Hilfe holen – und nicht darauf warten, dass es irgendwann stehenbleibt beziehungsweise du liegenbleibst.

Ein weiterer Vergleich, der die Start-up-Szene betrifft: Sie ist vergleichbar mit einer Hausparty, bei der sich (immer!) alle in der Küche tummeln, obwohl das der kleinste Raum ist. Aber alle denken, dort ist es am tollsten, weil da eben alle sind. Dabei ist es unbequem, laut und es gibt kaum Sitzmöglichkeiten – und es gäbe genug andere Räume (sinnbildlich für Berufe) zu erkunden.

In der Start-up-Szene hast du keine »Branche«. Jede Person macht etwas anderes, kommt aus den unterschiedlichsten Hintergründen und mit anderen Expertisen und dennoch haben alle die gleichen Probleme. Und damit sind wir auch schon bei den Top-5 Gründen, NICHT zu gründen.

Top-5-Gründe, nicht zu gründen

1. Dir geht sämtliche **Sicherheit abhanden**.
2. Du bist nicht eine von den Kolleginnen, du bist die **(unbeliebte) Chefin**.
3. **Alle Entscheidungen hängen an dir** und diese können nie ignoriert werden.
4. Du hast **wenig bis gar keine Freizeit**, die du meist auch noch mit Business verbringst.
5. Du kannst viel falsch machen und hast **dauerhaft Probleme**.

Kein Wunder also, dass Berufe wie Ärztin, Juristin, Architektin, Journalistin, Pilotin oder Politikerin zu denen gehören, mit denen Eltern lieber prahlen. Wenn das Kind Medizin studiert, wird das als Erziehungserfolg verbucht. Wenn es einen gut bezahlten, sicheren Job in einer Behörde hat, ist alles bestens. Aber wenn es die Selbstständigkeit anstrebt oder eine Gründung plant, wird darauf oft mit Unglauben und Enttäuschung reagiert. Dabei gibt es gute Gründe zu gründen, aber auch genug davon, es nicht zu tun.

Auch Philipp Szep weiß als Investor, dass einige Klischees (Kapitel 8) über die Start-up-Szene nicht stimmen. »Das Klischee, dass jeder am ›nächsten großen Ding‹ oder am ›nächsten Google‹ arbeitet, sehe ich immer wieder. Dies ist natürlich in der Realität nicht so und bewahrheitet sich in den seltensten Fällen. Es gibt auch die Ansicht, dass Gründer darauf aus sind, schnelles Geld zu verdienen. Leider ist das völlig realitätsfern. Die Gründung von Start-ups ist mit Risiken verbunden (die meisten scheitern) und führt nur selten zu einem wirtschaftlichen Erfolg. Man muss aus Leidenschaft

Gründer und Unternehmer sein – dann hat man die Chance auf eine unglaubliche Karriere.«

Wenn der Traum zum Albtraum wird

Ich lese immer die letzten Seiten eines Buches zuerst. Ich will schon am Anfang wissen, wie eine Geschichte ausgeht. Beim Gründen aber kannst du nicht vorblättern. Du musst Schritt für Schritt gehen, Kapitel für Kapitel lesen. Das Gründen ist – noch eine Analogie – wie eine Achterbahn. Doch es wird zum Problem, wenn der Höhepunkt zum Horrorpunkt wird. Wenn du gründungsinteressiert bist, hast du vermutlich schon einen Ansporn zu gründen, sei es die vermeintliche Freiheit, die dich lockt oder eine gute Idee. Aber die Entscheidung, ein Start-up aufzubauen, solltest du nicht naiv fällen. Es gehört etwas mehr dazu als oberflächliche Motive. Dazu kommen Selbstzweifel, Sorgen, schlaflose Nächte – all das steht auch für ein »Start-up-Szenario«.

> ## Persönliche Gründe, nicht zu gründen
>
> 1. **Es gibt keinen Ausschalten-Button** und du schaltest fast nie von der Arbeit ab, da ein Start-up intensiv ist und ständige Aufmerksamkeit benötigt.
> 2. **Schlafstörungen oder Albträume** sind keine Seltenheit bei Gründerinnen. Und mangelnder Schlaf ist nicht nur ungesund, sondern ein echtes Risiko für dich und deinen Unternehmenserfolg.
> 3. **Ständige Existenzängste** begleiten viele Gründerinnen, welche sich zu dem alltäglichen Arbeitsstress gesellen.
> 4. Es gibt an manchen Tagen **mehr Sorgen und Probleme** als jene Momente, die dich zum Weitermachen motivieren.
> 5. **Niemand bremst dich** bei einer Gründung. Wenn gerade alles toll erscheint, gehst du gerne über deine eigenen Grenzen und arbeitest weiter, obwohl du eigentlich eine Ruhepause bräuchtest.
> 6. Du musst immer wieder **deine Relevanz unter Beweis stellen** und das kann extrem ermüdend werden.
> 7. **Urlaub wird zur Workation.** Du packst deinen Koffer und lässt deinen Laptop bewusst zu Hause. Doch das schlechte Gewissen meldet sich, denn als Gründerin musst du gefühlt immer erreichbar sein – und die gewünschte Entspannung wird zu Verspannung.

Lena Weirauch ist CEO & Co-Founder von ai-omatic und Landessprecherin des Startup Verbands Hamburg. Auch sie weiß, dass der Traum vom Gründen große Opfer fordert.

»Seit dreieinhalb Jahren bin ich mittlerweile als Gründerin in der Start-up-Szene unterwegs. Mittlerweile habe ich Millionenbeträge geraist, ein AI-SaaS-Produkt auf den Markt gebracht und ein Team von mehr als 20 Mitarbeitern aufgebaut. Als weibliche CEO im AI-Bereich bekomme ich gerade seit dem AI-Hype extrem viel Aufmerksamkeit. In den letzten Monaten war ich bei RTL, zweimal beim NDR, zweimal in der Welt am Sonntag, in Podcast-Folgen und vieles mehr. Ich erlebe also eine große Wertschätzung meiner Arbeit, bekomme viel Lob zugesprochen und Leute interessieren sich für meine Arbeit und meine Meinung. Ich bekomme eine Bühne und das ist ein sehr gutes Gefühl. Im Freundeskreis werde ich gefragt, wie sich all das so anfühlt und wann es denn Autogrammkarten von mir gibt. Es wird aber auch geäußert, dass man neidisch ist und dieses traumhafte Leben auch gerne hätte. Keine blöden Chefs, die einem was vorschreiben, Urlaub so lange und so viel man will, allgemein einfach tun und lassen, was man möchte. Die Realität sieht so anders aus. Die Realität ist, dass ich die meisten meiner Freunde seit Wochen nicht gesehen habe, dass ich wichtige Freundschaften auf die Probe stelle, dass meine Beziehung drunter gelitten hat, dass ich oft nur durch die Familien-WhatsApp-Gruppe sehe, wie schön meine Familie beisammensitzt, während ich am Laptop arbeiten muss. Die Realität ist, dass ich schon öfters alleine weinend im Büro saß und nicht wusste, wie ich mit dem ganzen Druck umgehen soll. Dass ich nachts wach liege und nur an die Firma denke, dass die Grenzen zwischen privat und Arbeit verschwimmen und man niemals richtig abschalten kann. Und das Skurrile ist: Je erfolgreicher du wirst, je sichtbarer du bist, desto schwieriger wird es, denn desto mehr Anfragen bekommt man, desto mehr Leute wollen was von einem. Das fühlt sich dann so an, als wenn tausend Hände einen am Körper berühren und an dir reißen. Es ist wichtig, dass wir uns bewusst machen, dass das Start-up-Leben nicht immer so glänzend ist, wie es von außen scheint. Es erfordert Opfer, Entbehrungen und den Mut, mit Unsicherheit umzugehen. Doch gleichzeitig bietet es auch die Chance, etwas Bedeutendes aufzubauen. Seinen Traum verfolgen, die eigenen Werte vertreten zu können. Trotz alledem bin ich froh, dass ich diese Chance habe. Denn so anstrengend es ist, ich würde es trotzdem immer wieder machen. Niemals sonst hätte ich die Leute kennengelernt und diese ganzen Erfahrungen machen können. Niemals sonst hätte ich mich so schnell und so signifikant weiterentwickelt. Niemals hätte ich mich sonst so sehr selbst verwirklichen können. Und ich bin unfassbar dankbar, dass ich ein Umfeld habe, dass das alles mitmacht und mich immer unterstützt. Ein Umfeld, das Verständnis hat, wenn ich mich nicht melde und weiß, dass ich es nicht böse meine, dass ich einfach in der Sekunde nicht mehr schaffe.

Also, das eigene Start-up ist ein Traum, ja – aber ein Traum, der Opfer erfordert. Und daher ist dieser Traum nicht für jede:n geeignet.«

Gründe, warum viele noch nicht gegründet haben

Es gibt nicht nur Gründe, warum du (nicht) gründen solltest, sondern es ist auch wichtig zu verstehen, was viele daran hindert – und das ist altersunabhängig. Auch wenn meine Sicht natürlich die der Generation Z ist, durfte ich mit unterschiedlichen Altersgruppen reden, die ähnliche Bedenken vor einer Gründung haben oder hatten.

Vor Kurzem war ich mit der 27-jährigen Vivien Wysocki, die gemeinsam mit Larissa Schmid saint sass gegründet hat, auf einem Panel Talk. Uns fiel auf, dass viele der

Gründenden in der Start-up-Szene aus reichem Hause kommen. Vivien hatte das Privileg nicht: »Was mir allerdings stark aufgefallen ist: Es gibt kaum Gründer aus der Arbeiter- und Mittelschicht. Die meisten Gründer, die ich kennengelernt habe, sind reich geboren. Das liegt in der Natur der Sache. Ich gönne den Menschen, dass sie darauf aufbauen können, was ihre Eltern geschaffen haben. Aber ich fand es gerade im ersten Jahr irritierend, dass die meisten von ihnen Reichtum als Selbstverständlichkeit wahrnehmen und ihn als solchen gar nicht mehr identifizieren. Einige gehen daher mit Annahmen in die Gründung und glauben, dass es nur eine Frage des ›Mindsets‹ ist. Das mag auf ihr Leben zutreffen und die persönliche Haltung ist eine wichtige Grundvoraussetzung – aber auch nur eine von vielen. Zum (erfolgreichen) Gründen gehört deutlich mehr dazu. Hier fehlt es ihnen schlicht und ergreifend an etwas Feingefühl für andere Lebensumstände. ›Die Reichen‹ sind aber nicht das Problem, im Gegenteil: Ich habe das Gefühl, dass sie ihr Wissen gerne teilen. Vielmehr beschäftigt mich die Frage, wie potenzielle Gründer aus der Arbeiter- und Mittelschicht unterstützt werden können. Wir lassen in Deutschland viel Potenzial liegen, weil es unglaublich talentierte Menschen gibt, die ihr Talent zum Gründen nie entdecken werden – weil sie nicht dazu kommen. Gründung ist in der Arbeiter- und Mittelschicht oft nicht nur ein bloßer Versuch, sondern eine Existenzfrage, weshalb die Risikoaffinität hier schon mal deutlich geringer ausfällt. Programme wie Junior-Schüler-Start-ups vom Institut der Deutschen Wirtschaft, Startup Teens und sogar ›Die Höhle der Löwen‹ als Unterhaltungsshow leisten bereits viel. Aber ich denke, da geht noch mehr, zum Beispiel durch einen Bürokratieabbau am Anfang oder wirtschaftliche Schulbildung.«

Neben der Hürde, nicht aus reichem Hause zu kommen, möchte ich noch fünf weitere Gründe nennen, die vielen den Mut rauben zu machen.

Grund 1: Kein Verständnis für Gründerinnentum
Dankenswerterweise musste ich selbst diese Erfahrung in keinem großen Ausmaß machen, aber es liegt sehr häufig daran, dass die Familie und/oder der Freundeskreis nicht verstehen, um was es da eigentlich geht. Und genau dieses Unverständnis hat seinen Ursprung bereits in der Schule, in der dieser Karriereweg immer noch nicht aufgezeigt wird. Innovatives Denken und all der Reichtum, der in Mut und Neuem stecken kann, werden von unserer Gesellschaft noch allzu häufig übersehen, ignoriert oder sogar mit einem Benotungssystem abgestraft.

Grund 2: Angst vor dem Versagen
Gerade in Deutschland gibt es keine Kultur des Scheiterns, keinen konstruktiven Umgang mit Fehlern oder Fehlentscheidungen. Berufliche Rückschläge sind mit negativen Assoziationen gekoppelt (Versagerin, Nichtskönnerin, kein Selbstwertgefühl, Scham). Das ist umso bedauerlicher, da gerade auch (vermeintlich) Niederlagen die Psyche und das Selbstbewusstsein stärken, wenn wir ihnen erhobenen Hauptes begegnen und sie nicht als fatale Endstation betrachten. Unser Erfahrungsreichtum

steigt mit jedem »Fehler«, zumal ein Scheitern, das wir annehmen, wenn nicht sogar willkommen heißen, die Bereitschaft zeigt, über den bisherigen Erfahrungshorizont hinauszublicken und ein Risiko einzugehen. Erneut: Es wird uns bereits in der Schule und konsequent in der weiteren Ausbildung wenig Mut gemacht, etwas zu riskieren oder auszuprobieren, was eben auch mal nicht funktionieren könnte, besser noch, ganz sicher manches Mal nicht aufgehen wird.

Grund 3: Fehlendes Vertrauen in die eigene Idee

Auch wenn wir unsere Erfolgskultur betrachten, können wir noch deutlich dazuge-winnen. So werden in Deutschland Erfolge zwar immer häufiger als Teamergebnis verstanden und geteilt, aber immer noch nicht angemessen gefeiert. Man könnte ja als überheblich verstanden werden. Das ist auch einer der Gründe, warum viele deut-sche Start-ups es nicht auf internationaler Ebene schaffen. Während in den USA groß gedacht wird (was allerdings auch nicht immer der richtige Weg ist) und gleich der Weltmarkt eingenommen werden soll, planen wir unsere Produkte regional, fangen in einer Stadt an, expandieren langsam und scheuen vor zu schnellem Wachstum. Denn das würde in unserem jahrzehntelang gezüchteten Werte- und Verhaltenssystem be-deuten, die Kontrolle und unser Sicherheitsgefühl zu verlieren und als unrealistische Träumende zu gelten.

Grund 4: Die Finanzierung

Wenn ich bei LinkedIn Nachrichten bekomme oder bei Start-up-Events bin, dreht es sich meistens nur um eine Sache: Investitionen. Es gibt so viele Arten, ein Start-up zu finanzieren und die wohl beliebteste ist »eine Runde raisen«, was nichts anderes meint als Geld beschaffen. Dieser Teil jagt den meisten Angst ein und ist auch einer der schwersten Aufgaben in der Entwicklung eines jungen Unternehmens.

Grund 5: Unser Mindset – Risiken statt Chancen

Wir gehören eher zu den Neinsagerinnen, wenn uns Chancen geboten werden, denn wir sehen und bewerten die möglichen Risiken viel höher. Und so fehlt es durch diese selbst auferlegte Hürde der deutschen Gründerinnenszene an Mut, Erfinderinnengeist (nicht Erfinderinnenreichtum!) und innovativem Unternehmerinnentum. Genug krea-tive und talentierte Menschen gibt es, aber durch äußere Einflüsse (Ratschläge Dritter, finanzielle Aspekte, Unsicherheit) sowie das verinnerlichte Mindset (Angst statt Wage-mut, Sicherheit vor Risiko, Stillhalten statt Vorpreschen) wird ihnen zu einer Konzern-laufbahn geraten oder eben einem »richtigen« (= sicheren) Job.

Dass das allerdings gar nicht so verkehrt sein muss und zudem den Weg in die eigene Gründung ebnen kann, erzählt mir ein Freund, der lange in Dubai für eine Beratungs-firma tätig war und ursprünglich aus München kommt, bei einem Treffen Anfang 2023. Manuel Bertl und ich starten das Jahr 2023 gemeinsam in einem Café in Berlin-Mit-te. Seiner Meinung nach ist für viele die initiale Motivation, in die Start-up-Szene zu gehen, finanzieller Natur. Aber irgendwann fangen auch diese Personen Feuer und finden Gefallen am (Auf-)Bauen. Gleichzeitig würde er sagen, Gründen ist massiver Stress. Auch meine Erfahrung ist: Die meisten unterschätzen das Arbeitspensum einer Gründung. Im Gegensatz zu Manuel bin ich direkt in der Start-up-Welt angekommen. Er hat vier Jahre bei einem sehr guten Gehalt in einer Festanstellung als Berater gearbeitet und nach lehrreichen Erfahrungen Anfang diesen Jahres entschieden, dass es an der Zeit ist zu gründen. Für ihn war es der richtige Weg, zuerst Arbeitserfahrungen zu sammeln, das systematische Denken und Handeln in einem Konzern zu erlernen und danach ein eigenes Unternehmen auf die Beine zu stellen. Denn er hat früh erkannt, dass im Gründen eine größere mentale Belastung liegt. Bei Beratungen oder generell Festanstellungen in einem Corporate Job bist du sicherer und kannst Fehler machen, die weder für die Privatperson noch das Unternehmen signifikante Konsequenzen haben, weshalb er sich erst einmal in einer Firma ausprobieren konnte. Das ist der klassische Weg von einigen Einhorn-Gründerinnen.

Ich frage ihn, wieso er gründen will, denn in Beratungen ist es doch eher üblich, bei einem sehr guten Gehalt die Karriereleiter zu erklimmen und langfristig Partner zu werden. Er bestätigt, dass der, der Geld verdienen möchte und ein höheres Ansehen anstrebt, sich auf eine Position in einer Beratung bewerben sollte. Als Partner verdienst du so viel, dass du ausgesorgt hast und dennoch die Freiheit besitzt, deinen Job Job sein zu lassen und auch mal abzuschalten. Du hast weniger Unsicherheiten und Sorgen. Er berichtet, dass er in vier Jahren bei BCG nur einmal Angst hatte: bei seinem ersten Projekt. Die Sorge war, dass er entlassen wird. Aber damit wäre seine Existenz nicht gefährdet gewesen, denn er hätte schnell ein neues Jobangebot erhalten.

Seit Mitte 2022 bereitet er mit seinem Co-Founder seine Gründung vor und hatte seitdem mindestens einmal die Woche Angst, aus den unterschiedlichsten Gründen. Gerade am Anfang gibt es, und das nahezu für alle Gründerinnen, viele Unsicherheiten und man wechselt gefühlt alle fünf Minuten das Geschäftsmodell. Eben auch, weil man Risiken sieht und abwägt. Durch seinen Freundeskreis, in dem es einige erfolgreiche Gründende gibt, hat er Motivation erfahren: Je länger das Start-up mit einem gewissen Erfolg läuft, desto mehr nehmen die anfänglichen Sorgen ab. Aber aus erster Hand weiß er auch, dass man vier Jahre lang an einem Start-up arbeiten kann und dennoch mit null oder sogar Schulden rausgeht. Das muss nicht einmal selbst verschuldet sein. Es gibt Fälle, in denen eine oder alle Gründerinnen aus dem Start-up gedrängt werden oder die Investorinnen einen so unter Druck setzen, dass man dem nicht mehr länger Stand halten kann.

Von schwarzen Schafen und dem Mut, sich nicht beirren zu lassen

Stephanie Dettmann ist Co-Founder des Kosmetikunternehmens UND GRETEL, Vollblutunternehmerin, Ehefrau und Mutter von zwei Kindern. Für sie gibt es Gründe, weshalb sie die Start-up Welt liebt, aber auch einige, die dagegen sprechen.

»Ich liebe die Energie, die Gemeinschaft und die Möglichkeit, wirklich etwas zu bewegen. Gleichzeitig bin ich kritisch gegenüber bestimmten Tendenzen und bemühe mich darum, meinen eigenen Weg zu gehen und meinen Werten treu zu bleiben. Die Aufbruchsstimmung und der Spirit des Neuen sind für mich absolute Trigger. Als Gründerin, die nicht in das traditionelle Schema passt und nicht unbedingt das klassische ›Hochskalierungs-Gen‹ besitzt, habe ich meinen eigenen Platz in der Start-up-Szene gefunden, der mich persönlich bereichert. Mit 37 Jahren habe ich mein eigenes Unternehmen gegründet und bewusst einen individuellen Ansatz gewählt. Ich bin anders und darauf bin ich stolz. Mir liegt es am Herzen, einen echten Impact zu erzeugen und die Welt nachhaltig zu verbessern. Gewisse Aspekte in der Szene betrachte ich aber auch mit kritischem Blick. Diese ständige Selbstbeweihräucherung, alle bauen sie das nächste ›Unicorn‹ und jede Series-A-Runde ist ein Alleingang. Und dann haben wir noch diese zwielichtigen Gestalten, die vorgeben, Investoren zu sein, aber in Wirklichkeit nur ihre eigenen dubiosen Pläne verfolgen. Es ist wirklich traurig und schlimm, dass es solche Leute gibt, die den Enthusiasmus und die Begeisterung anderer für ihre eigenen Zwecke nutzen wollen. Mich hält all dies jedoch nicht davon ab, meinen eigenen Weg zu gehen und meine Träume zu jagen. Denn am Ende des Tages bin ich hier, um tatsächlich etwas zu bewegen und mit meiner Marke eine positive Veränderung zu schaffen. Ich werde mich von all dem Trubel nicht ablenken lassen und meinen eigenen Erfolg definieren.«

Zwielichtige Gestalten oder »schwarze Schafe« gibt es leider nicht nur auf Gründerinnenseite, sondern auch unter den Investorinnen. Ein sehr sensibles Thema, welches Stephanie mit einer persönlichen Erfahrung aufgreift.

»Diesbezüglich habe ich leider auch eine schlechte Erfahrung gemacht. Ein vermeintlicher Investor mit einem Faible für dubiose Geschäftspraktiken ist mir über den Weg gelaufen – nicht gerade meine beste Begegnung, das muss ich zugeben. Ich war auf der Suche nach einer Anschlussfinanzierung, doch dieser Investor entpuppte sich als Psychopath und ›Serientäter‹ und war ein wahrer Meister der Ineffizienz und Intransparenz. Anstatt mein Unternehmen zu pushen, hatte er einen ganz anderen Plan im Kopf: eine Art ›grüne Wiese‹ als Startpunkt. Aber sein Größenwahn brachte nur Insolvenz, Neugründung und einen kurzen Ruhm durch Intrigen und Betrug. Dank glücklicher Umstände erhielt ich rechtzeitig Warnungen aus der weiblichen Start-up-Szene, die mir von ihren Erfahrungen mit ihm und seinen zweifelhaften Machenschaften berichteten, und wertvolle Unterstützung aus meinem bestehenden Investorenkreis. Obwohl mir dieser vermeintliche Investor, der ein echter Felix Krull ist, selbst nie eigenes Geld eingebracht hat, plötzlich mehr Anteile an meinem Unternehmen hatte als ich und statt der versprochenen Finanzierung einen ordentlichen Schuldenberg bescherte, sehe ich das Ganze als wertvolle Lektion an. Es ist wichtig, solche Geschichten anzusprechen und sicherzustellen, dass die Start-up-Szene ein sicherer und unterstützender Ort für alle bleibt.«

Copy & Paste

Es könnte ein ganzes Buch darüber geschrieben werden, wer wann welches Start-up kopiert hat. Wer damit erfolgreich wurde, obwohl es nicht die eigene Idee war. Aber ich möchte diese unschöne Seite der Start-up-Welt wenigstens anschneiden. Auch ich habe erleben müssen, wie es sich anfühlt, als meine Idee und die Art der Umsetzung kopiert wurden. Damals dachte ich, meine Welt geht unter, denn was eine Kooperation werden sollte, wurde nur zu einer »Recherche« für das andere Unternehmen, welches dadurch Einblicke in mein Start-up erhielt. Sogar die Texte der FeMentor-Website wurden leicht abgeändert verwendet. Doch noch kurzer Zeit stellten die »Kopiererinnen« ihr »eigenes« Reverse Mentoring wieder ein, denn ihnen wurde klar, wie viel Arbeit, Zeit und ein gutes Netzwerk es bedarf.

Daraus konnte ich viele Learnings ziehen und auch schneller erkennen, wenn ich in (vermeintlich) potenziellen Kooperationsgesprächen war, ob es sich wirklich um eine Zusammenarbeit drehte oder die andere Partei nur Insights erhalten wollte. Daher solltest du nicht jeder Person alles erzählen, auch wenn du dir gerade am Anfang so viel Feedback wie möglich wünschst. Behandle dein Start-up und dein Geschäftsmodell wie das Coca-Cola-Rezept, welches nur mit denen geteilt wird, die auch wirklich damit zu tun haben müssen. Auch wenn dir als Gründerin viele Fragen gestellt werden: Du musst nicht jede beantworten und kannst auch Gegenfragen stellen. Es gibt in der Start-up-Welt aber nicht nur Unternehmen, die deine Idee klauen und (versuchen zu) reproduzieren, sondern auch Personen, die den Lebensweg anderer kopieren. Wenn dann auf einmal jede Podcast-Folge damit endet, dass die »Kopiererin« drei Folgen später ebenfalls dabei ist und das bei fast jedem Format, ist das schon auffällig.

Zwischen Inspiration und Nachahmen liegt ein schmaler Grad. Inspiration suchen ist gut, aber kopieren nicht, denn es führt langfristig nicht zu einem organischen Erfolg. Und falls der »geistige Diebstahl« auch noch öffentlich wird, dann leidet nicht nur dein Unternehmen, sondern dein gesamtes Image. Für mich ist das ein weiterer Grund, nicht zu gründen: die künstliche Markterweiterung. Einigen Gründungsinteressierten fehlt es an einer Idee, weshalb sie ein (erfolgreiches) Geschäftsmodell kopieren und damit den Markt künstlich aufblähen. Wir brauchen nicht das zehnte E-Scooter-Start-up. Es ist schwierig, sich gegen ein bereits etabliertes Konzept zu behaupten und den Markt für sich zu gewinnen, wenn dieser schon mit einem anderem »Produkt« abgedeckt ist.

»Liebe Anastasia, ich möchte auch eine Reverse-Mentoring-Plattform in xy gründen. Über die FeMentor-Homepage wird mir aber nicht alles klar. Daher ein paar Fragen an dich:

1. Wie macht ihr das Matching?
2. Wie ist das Geschäftsmodell und wie verdient man damit Geld?
3. Hast du einen Rat für mich?«

So ähnlich lautete die E-Mail, die mich an einem Samstagnachmittag erreichte. Als Gründerin bin ich es gewohnt, am Wochenende oder nachts E-Mails zu erhalten oder zu beantworten, aber diese Nachricht löste einen richtigen Aggressionsschwall in mir aus. Für alle, die noch nicht gegründet haben, ist das Bild vielleicht einfacher nachzuvollziehen, wenn ich es so formuliere: »Liebes Coca-Cola-Team, mir schmeckt eure Cola echt am besten. Ihr macht das ja schon so lange. Würdet ihr mir das Rezept geben, damit ich mir die Cola selbst machen kann? Vielleicht verkaufe ich die dann auch, also wenn ihr da Tipps habt, schick mir die gerne. Alles Liebe, eure Copy Cat.«

Genau! Kopieren ist DOOF. DO-ppel-O-F.

Nicht nur ist es ziemlich beschränkt, sich einfach ein Start-up rauszusuchen und genau das Gleiche zu kopieren oder mit feinen Nuancen nachzuahmen, sondern es ist auch ein schreckliches Gefühl und der Person gegenüber mehr als unfair, die sich seit teilweise Jahren unendlich viel Arbeit macht. Daher ist auch hier ein Balanceakt nötig zwischen wertschätzender Unterstützung und einem klaren Nein. Helfen tut man gerne, aber muss man das Erfolgsrezept mitliefern, wenn die »Konkurrenz« fragt?

Lena Tuckermann, Wirtschaftsjuristin und Gründerin von Mietz, weiß ebenfalls, wie es sich anfühlt, kopiert zu werden und wie du damit am besten umgehst.

»Wir haben mit Mietz schon früh erlebt, wie einige unserer Ideen und Konzepte von neuen Wettbewerbern übernommen wurden. Das hatte die unterschiedlichste Ausgestaltung. Anfangs kopierte ein Wettbewerber weite Teile unserer Website sowie unsere strategische Neuausrichtung. Mit zunehmendem Erfolg hat auch diese Dynamik zugenommen. Plötzlich haben wir nun Wettbewerber, die Teile unseres Pitch Decks kopieren, unser Branding, unsere Farben und Designs oder sogar den genauen Wortlaut des Pitchs, den ich in der Presse verwende. Gleichzeitig lese ich im Kontext ihrer Verwendung immer wieder, wie sie sich als die ›erste‹ Lösung präsentieren. Erst kopieren und dann sagen, dass man der Erste war. Anfangs hat mich das wütend gemacht. Hinter jeder Strategie steckt viel Validierungsarbeit, die sich unsere Wettbewerber damit ersparen. Inzwischen ist das so oft passiert, dass sich mein Blick etwas verändert hat – auch wenn mich die Skrupellosigkeit mancher Kopierversuche immer wieder aufs Neue überrascht. Ich sehe das eher als Kompliment und als Zeichen dafür, dass wir mit Mietz auf dem richtigen Weg sind. Am Ende zählt die langfristige Execution, da wird die Kopie einzelner Elemente keinen erheblichen Einfluss auf den langfristigen Erfolg der Firma haben. Dennoch finde ich es wichtig, dieses Thema ernst zu nehmen – bei jedem Thema checke ich kurz die rechtliche Lage und wäge ab, ob ein rechtliches Vorgehen Chancen hätte und ob es sich für uns lohnt. Das kann ich auch anderen Gründerinnen und Gründern raten: ruhig bleiben, die rechtliche Lage überprüfen und weitermachen. Im Zweifel zeigt die Kopie, dass ihr auf dem richtigen Weg seid.«

Statt ein Konkurrenzprodukt aufzubauen, solltest du dich fragen: Sucht die Person beziehungsweise das Unternehmen eventuell Mitarbeiterinnen? Oder kann die Unternehmerin deine Mission unterstützen oder sogar Botschafterin werden? Erstens sparst du dir dafür verdammt viel Nerven, Geld und Anstrengung. Der Aufbau eines Start-ups kann einfach aussehen, gerade wenn die Person damit Erfolge erzielt. Aber da steckt viel Arbeit, Netzwerk und Unterstützung von anderen drin, die dir eventuell verwehrt bleibt. Es gibt den »richtigen« Moment zwar nie zu hundert Prozent, aber meistens funktionieren Start-ups nur zu genau dem einen Zeitpunkt. In der Coronapandemie sind unzählige Start-ups emporgeschossen, die den Bedarf aber eben nur für genau die Zeit der Einschränkungen abgedeckt haben: bessere Onlinemeetings, Sport zu Hause, Homeoffice-Möbel und so weiter. Andere Start-ups wären vor der Pandemie zu Unicorns geworden, sind aber insolvent gegangen, weil der Bedarf nicht mehr da war. So ist es auch mit erfolgreichen Start-ups, die kopiert werden. Also erspare dir die Mühe und vor allem eine Anklage, die dich erreichen kann, solltest du ein Patent oder Copyright verletzen und dich damit strafbar machen. Es gibt so viel Bedarf an innovativen Ideen und gleichzeitig weiterhin einen Arbeitskräftemangel, dass es immer besser ist, deine eigene Idee umzusetzen – oder für das Unternehmen zu arbeiten, welches dich überzeugt und das im Markt bereits Fuß gefasst hat.

Gründe zu gründen

Manchmal bekomme ich das Gefühl, dass all die hibbeligen Kinder aus der Schulzeit, die Ausreißerinnen, endlich ihren Platz in der Start-up-Welt gefunden haben. Viele, die in der Schule aufgedreht waren und nirgendwo reingepasst haben, gründen ein eigenes Unternehmen, um einen Ort zu schaffen, wo sie endlich »ankommen« können. Und sicherlich ist für manch eine der Grund zu gründen derjenige, dass man selbstbestimmt arbeiten kann und die Chefin ist.

In Gesprächen mit anderen Gründerinnen kamen noch weitere Gründe ans Licht.

1. **Du lernst immer etwas.** – Dr. Franziska Leonhardt, AVE & YOU: »Für mich ist die Start-up-Szene nichts, was man fixieren kann oder für das es eine eindeutige Interpretation oder Definition gibt. Sie ist dynamisch so wie die Akteure in ihr. Mir bedeutet sie Weiterentwicklung, Drive, Grit und eine starke Innovationskultur außerhalb meiner Komfortszene. Niemals nicht lernen. Manchmal unbequem. Niemals Stillstand. Jeder kann hier (alles) sein und klassische Qualifikationen oder Rollenverteilungen sind hier weniger stark zu spüren (leider aber auch vorhanden) als im klassischen Unternehmensumfeld. Ich liebe es, wenn Dinge funktionieren, neu entstehen und den Status quo in Frage stellen.«

2. **Durchhaltevermögen zahlt sich aus.** – Lisa Rosa Bräutigam, nuwo: »Gründen wird oft romantisch verklärt. Viele setzen Start-up mit den Erfolgsgeschichten, hohen Exits und schnellem Geld gleich. Kein Wunder, teilt man selbst in der Szene am liebsten die Erfolgsmomente mit der Außenwelt. Und es gibt sie, die krassen Highs. Doch nicht umsonst spricht man, wenn es um Gründung geht, vom Ride

auf dem Roller Coaster. Nach dem Up folgt ein Down und eine E-Mail später geht es wieder steil bergauf. Mein Lieblingsquote, wenn es um Start-ups geht? ›Sometimes you win, sometimes you learn.‹ Was dich dabei auf Kurs hält: dein Glaube an deine Vision, dein gewonnenes Wissen über den Markt, entsprechendes Marktfeedback erster Kund:innen und all die großen wie kleinen Zeichen, die dir das bestimmte Gefühl geben, dass du auf dem richtigen Weg bist. Die meiner Meinung nach wichtigste Eigenschaft erfolgreicher Gründer:innen? Fokus, Offenheit, Anpassungsfähigkeit und das damit verbundene Commitment, auch wenn es steinig wird, weiterzumachen, dich und dein Produkt ständig zu hinterfragen und wenn es darauf ankommt, vielleicht sogar neu zu erfinden. Um das Bild von Gründung in ein etwas klareres Licht zu rücken und realistische Erwartungen zu wecken, teile ich offen meine Challenges, Fuck-ups oder Learnings. Warum mir das wichtig ist? Auch fürs Fehlermachen brauchen wir Role Models. Denn Fehler passieren vor allem in den ersten Jahren der Unternehmensgründung ständig, der Umgang mit Niederlagen ist der Schlüssel. Frage dich nicht: Wer trägt die Schuld? Wer hat den Fehler gemacht? Was dich voranbringt, sind Fragestellungen wie: Welche Optionen gibt es? Was lernen wir daraus für die Zukunft? Aufstehen, weitermachen und neue Lösungswege finden. Es lohnt sich und nach jedem Tief kommt ein High. Die Start-up-Szene ist dafür verantwortlich, dass Berlin vor eineinhalb Jahren zu meiner Wahlheimat wurde. Was ich an der Berliner Bubble so liebe? Netzwerken macht Berlin dir unglaublich leicht. Kontakte werden nicht als Schatz verstanden, sondern aktiv weiter vernetzt. Ich kenne jemanden, den du unbedingt treffen musst? Natürlich vernetze ich euch! Ich liebe dieses Mindset und mein ganz persönliches Role Model bist hier ganz klar du, liebe Anastasia. Start-up bedeutet für mich: Passion, Neugier, Commitment, Überzeugungskraft, Lernbereitschaft, Resilienz und die Freiheit, gemeinsam mit Gleichgesinnten die eigene Vision zum Leben zu erwecken. Dementsprechend sind die Menschen, die dir innerhalb der Szene begegnen. Hierfür bin ich täglich dankbar, denn das Leben und Arbeiten in der Bubble sind inspirierend und bereichernd. Wie ich nach drei Jahren retrospektiv den Wechsel von der Verbeamtung im Staatsdienst in die Start-up-Szene beurteile? Für mich ganz klar die beste Entscheidung meines Lebens.«

3. **Fehler gehören dazu und bringen dich weiter.** – Lisa Rosa Bräutigam: »Als ich Anfang 2020 als Quereinsteigerin mit nuwo gestartet bin, hatte ich eine große Angst: Fehler zu machen. Heute, mehr als drei Jahre später, hat sich das grundlegend verändert, denn ich habe in der Zeit wahrscheinlich jeden Tag im Großen oder im Kleinen etwas falsch gemacht. Scheitern, Fehler und Fuck-ups gehören zu einer Gründung ebenso wie die daraus resultierenden Lerneffekte. Du scheiterst immer wieder aufs Neue. Dabei ist es ganz egal, ob du zum ersten Mal gründest oder bereits dein zweites oder drittes Venture startest. Das Schöne ist, es warten immer wieder neue Stolperfallen auf dich und es wäre doch schade, jede davon auszulassen. Natürlich gab und gibt es auch bei mir Situationen, die im ersten Moment unlösbar erscheinen. Hier hilft dir definitiv eine Doer-Mentalität, das heißt, nicht

lange über die Probleme zu philosophieren, sondern vielmehr nach Lösungen zu suchen und dann einfach machen. Worauf es ankommt, ist dein Umgang mit Themen wie Scheitern oder Fehlentscheidungen. Ich bin überzeugt, jeder einzelne Fehler hat mich an den Punkt gebracht, an dem ich heute stehe und mir viel über mich selbst verraten. So betrachtet kannst du jeder Herausforderung im Leben auch irgendwie dankbar sein.«

4. **Flexibilität ist ein Vorteil.** – Sophie Kühn, Miss Sophie: »Die Start-up Bubble fasziniert mich vor allem durch ihre Innovation, Flexibilität und Teamarbeit. In dieser Welt kommen kreative Menschen mit Ideen und Visionen zusammen, um Produkte und Dienstleistungen zu entwickeln, die das Leben von Millionen verbessern können. Start-ups sind agiler als große Unternehmen und können sich schnell an Marktveränderungen anpassen, um innovative Lösungen zu entwickeln. Zur Start-up Bubble gehören auch legendäre Partys, Konferenzen oder Stammtische. Zu Anfang meiner Gründung war ich fast jeden Abend unterwegs, um mein Netzwerk aufzubauen und meine Idee vorzustellen. Nach ungefähr zwei Jahren habe ich dann meinen Fokus auf Umsatzwachstum gelegt und habe nur sehr selektiert Events besucht – dieser Switch in meinem Fokus war maßgeblich für meinen Erfolg mit Miss Sophie. In der Start-up-Welt herrscht oft eine Kultur der Zusammenarbeit und des Miteinanders, bei der jeder zum gemeinsamen Erfolg beiträgt. Ich genieße und schätze es jeden Tag, mit talentierten und engagierten Menschen zusammenzuarbeiten und gemeinsam Großes zu erreichen. In der Start-up Bubble gibt es auch Aspekte, die ich weniger schätze, wie Unsicherheit, wenig Freizeit als Gründerin und Oberflächlichkeit. Die Unsicherheit in der Start-up-Welt ist groß, denn es gibt keine Garantie für Erfolg und viele Start-ups scheitern früh. Obwohl Scheitern ein wichtiger Lernprozess ist, kann es entmutigend und belastend sein. Bei Miss Sophie waren die ersten Jahre extrem hart und ich arbeitete verzweifelt an unserem Durchbruch. Nachdem wir viele Vertriebskanäle ausprobierten, bemerkten wir nach drei Jahren, dass die Kombination aus redaktionellen TV-Beiträgen sowie Performance Marketing unser Schlüssel zum Erfolg war. Zudem kann es herausfordernd sein, einen gesunden Ausgleich zu finden, da lange Arbeitszeiten, wenig Schlaf, hohe Anforderungen und Erfolgsdruck oft persönliche Bedürfnisse in den Hintergrund drängen. Manchmal wirkt die Start-up Bubble oberflächlich, indem äußerer Schein und Image mehr Bedeutung erhalten als der tatsächliche Wert und die Nachhaltigkeit eines Unternehmens. Daher sollte man immer aufpassen, mit wem man sich umgibt. Es gibt viele Menschen, die viel erzählen und alles besser wissen, aber gleichzeitig nichts erschaffen oder umsetzen. Insgesamt bin ich begeistert von der Innovationskraft und den Möglichkeiten, die die Start-up-Welt bietet. Aber es ist wichtig, sich der Schattenseiten bewusst und darauf vorbereitet zu sein, mit den Herausforderungen umzugehen, die das Gründen eines Start-ups mit sich bringt.«

5. **Nebenberuflich gründen ist auch eine Option.** – Mina Saidze, Inclusive Tech: »Zeitmanagement, Priorisierung und Support vom Arbeitgeber sind von großer

Bedeutung, um in der Lage zu sein, nebenberuflich zu gründen. Ich habe das Glück und Privileg, einen Arbeitgeber zu haben, der mir diese Freiräume gibt. Genau dieses unternehmerische Know-how bereichert meine Organisation, da sie dadurch lernen kann. Die Fähigkeit, verschiedene Disziplinen zu kennen, mittel- und langfristige Strategien zu entwickeln und ein Gespür für Themen und Trends zu haben, sind unbezahlbar. Deswegen suchen immer mehr Unternehmen nach sogenannten »Intrapreneuren«, das heißt Personen, welche unternehmerisches Know-how besitzen und in der Organisation auch mit dieser Einstellung ihre Projekte so angehen.«

6. **Man wächst über sich hinaus.** – Vivien Wysocki, saint sass: »Man lernt unglaublich viel und wächst jeden Monat über sich hinaus. Beim Gründen erlebst du in sehr kurzer Zeit so viele Situationen, die andere über einen Zeitraum von mehreren Jahren nicht einmal erleben. Am schönsten ist aber die Tatsache, dass man seine Idee aus dem Kopf in die Realität holt – und andere Menschen damit glücklich macht. Vom Gründen abraten würde ich, wenn man Stress und Druck vermeiden will und glaubt, dass man ein entspanntes Leben führt. Zu gründen hat viel mit Verantwortung zu tun – gegenüber deinem Team, deiner Familie, deinen Investoren und deinen Kunden. Man arbeitet viel mehr als im Angestelltenverhältnis, vor allem im Kopf. Das muss einem klar sein.«

Gründe, jung zu gründen – und warum ich es dennoch nicht 100 % empfehlen kann
Erst neulich habe ich eine Headline gelesen, die ungefähr so lautete: »Wie Unternehmer xy mit 19 Jahren ein Millionenunternehmen hochzog«. Im ersten Moment klang das bewundernswert, aber dann habe ich angefangen, die Kommentare zu lesen. »Ok, warum lebe ich überhaupt?« Oder »Meine Depressionen kommen zurück, wenn ich so etwas lese. Ich habe noch nichts erreicht im Leben, dabei bin ich doppelt so alt.« – Solche reißerischen Schlagzeilen erzeugen Druck. Dabei ist es nicht weniger bewundernswert, wenn du bei der Gründung älter bist.

Als ich auf dem Weg ins Lexrocket Start-up Camp war, zu dem ich als Mentorin zwei Wochen eingeladen wurde, traf ich am Flughafen eine der Gründerinnen, die ich im Laufe der Zeit begleiten sollte. Sie war zehn Jahre älter als ich, doch das ist für mich nichts Ungewöhnliches mehr, da die meisten Personen, die ich berate oder als Mentorin begleite, älter sind. Wir sprechen eine Weile auch darüber, dass sie gerne früher gegründet hätte und in meinem Alter an ganz andere Dinge gedacht hat. An dieser Stelle unterbreche ich sie – und möchte es auch in diesem Buch tun: Wenn du die Anfang 20 überschritten hast, dann erinnere dich jetzt einmal zurück, was du zu dem Zeitpunkt gemacht hast. Welche privaten Ziele hattest du damals? Welche Freunde wären vielleicht nicht in dein Leben getreten, wenn du dich mit jungen Jahren für die Gründung entschieden hättest? Welche (beruflichen) Erfahrungen konntest du sammeln? Daher: Bereue nie, dass du nicht zu einem »besseren« Zeitpunkt gegründet hast. Denn es spricht so einiges dagegen und so manches für das Gründen – und das in jeder Lebensphase.

Da immer mehr junge Studentinnen auf mich zukommen mit dem Wunsch zu gründen, möchte ich eine ehrliche Auflistung teilen, was für und gegen eine Gründung in jungen Jahren spricht.

Gründe, jung zu gründen	Gründe, nicht jung zu gründen
1. Du hast alle Zeit der Welt – und somit mehr Zeit, ein Imperium aufzubauen.	1. Du hast alle Zeit der Welt – auch wenn es darum geht, Karriere zu machen.
2. Du hast keiner anderen Person eine Verantwortung gegenüber und meistens noch keine Familie, die du mit ernähren musst.	2. Genieß deine Jugend und die Anfang-20er-Jahre, um dich selbst zu finden, ohne die Verantwortung für ein Unternehmen auf deine Schultern zu lasten.
3. Scheitern und ausprobieren wird in jungen Jahren in unserer Gesellschaft eher akzeptiert, weshalb du mehr Fehler machen kannst, die dir »verziehen« werden.	3. Wenn du einmal gegründet hast, gibt es fast kein Zurück mehr, weshalb du vorher Erfahrungen sammeln solltest in einer Festanstellung, Praktika und in unterschiedlichen Positionen.
4. Du hast noch kein regelmäßiges Gehalt erhalten und keine Möglichkeit, dich an die Sicherheit einer Festanstellung zu gewöhnen.	4. Freundschaften aus der Unizeit oder Ausbildung bleiben teilweise eine Leben lang und es ist ein schöneres Miteinander, wenn du mit Gleichaltrigen auf Augenhöhe mit denselben Problemen bist.
5. Viele Preise und Stipendien richten sich an Studierende oder junge Menschen unter 25 Jahren.	5. Mit dem Alter kommen Erfahrungen und Gelassenheit. Mit jungen Jahren kommt dir ein Problem viel größer vor und die Gefahr, einen Burn-out zu erleben, ist größer, da dir die eigenen Grenzen noch nicht bekannt sind.

Solltest du dich dafür entscheiden, jung zu gründen hat, Kathrin Schieber, Gründerin und Kreativdirektorin der Green Window Agency, folgende Tipps für dich.

Tipps für Gründende von Kathrin Schieber

1. **Sei mutig!** Vertraue deinen Ideen und Visionen. Scheue dich nicht, Risiken einzugehen und unkonventionelle Wege zu gehen.
2. **Baue ein starkes Netzwerk auf**, um von Kontakten und Erfahrungen anderer zu profitieren. Frage nach! Du musst nicht alles wissen.
3. **Achte auf eine gesunde Work-Life-Balance.** Wenn du langfristig erfolgreich und glücklich sein möchtest, kommst du da nicht drumherum. Je älter man wird, desto wichtiger ist das.
4. **Bleib fair!** Karma strikes back. Es gibt nichts Blöderes als Leute, die ohne Rücksicht auf Verluste ihre Karriere in den Vordergrund stellen und dabei die Gefühle anderer verletzen. Hilfe zu erfragen und anzunehmen ist super, aber nutze dein Netzwerk und die Menschen, die dir helfen, nicht aus. Ich bin der

festen Überzeugung, dass ein unfaires Verhalten auch einem selbst nicht guttut und Energie raubt, die man für die wesentlichen Dinge braucht. Gerade wir Frauen müssen uns von ganzem Herzen ernsthaft unterstützen, wo immer wir es können.

5. **Bleib bei dir!** Zu schauen, was links und rechts neben dir passiert, ist wichtig, um dich verorten zu können und um zu analysieren, was die Konkurrenz so macht. Aber vergleiche dich nicht. Kopiere die anderen nicht. Lass dich inspirieren, aber mach es zu deinem eigenen Ding. In deinem Style und so, dass es hundertpro zu dir passt.

6. **Junge Kreative sollten …**
   - neugierig und offen für neue Trends und Technologien bleiben.
   - sich Ziele setzen und sich kontinuierlich weiterbilden.
   - lernen, eigene Ideen und Visionen zu präsentieren und dafür einzustehen.
   - ein Netzwerk aus anderen Kreativen aufbauen, um sich inspirieren zu lassen und gemeinsam Projekte zu realisieren.
   - über den Tellerrand blicken, den Rechner auch mal ausgeschaltet lassen und häufiger in eine Kunstausstellung oder ins Theater gehen.

Sophie Kühn ist heute 33 Jahre alt, hat aber bereits mit 24 Jahren Miss Sophie gegründet. Vorher sammelte sie Erfahrungen in verschiedenen Abteilungen und absolvierte ihr BWL-Studium, was der Deal mit ihren Eltern war: ein erfolgreicher Abschluss, um dann gründen zu können. Für sie war Gründen in jungen Jahren eine positive Erfahrung.

»Ich gründete mein Unternehmen, weil ich an die Kraft der Innovation glaube und weil ich dazu beitragen möchte, die Welt ein kleines bisschen besser zu machen. Als Gründerin verspürte ich eine intrinsische Motivation, es jeden Tag ›der Welt zu zeigen‹. Als ich 24 Jahre alt war, entschied ich mich, Miss Sophie zu gründen, weil ich das starke Bedürfnis verspürte, etwas Eigenes aufzubauen und meine Ideen und Visionen in die Realität umzusetzen. In diesem Alter hatte ich bereits wertvolle Erfahrungen gesammelt und fühlte mich bereit, mein Wissen und meine Fähigkeiten in mein eigenes Unternehmen einzubringen. Ich war überzeugt, dass ich eine innovative und nachhaltige Produktlinie im Bereich Kosmetik entwickeln konnte, die das Leben der Kund:innen bereichern würde. Die Gründung in jungen Jahren bot mir auch die Möglichkeit, Risiken einzugehen, während ich noch die Flexibilität hatte, mich schnell an Veränderungen anzupassen und aus Rückschlägen zu lernen. Außerdem kannte ich nur den Studentenstatus und hatte keine hohen Fixkosten zu bezahlen. Ich glaubte an meine Idee und war bereit, meine gesamte Energie, Zeit und Leidenschaft in die Gründung von Miss Sophie zu investieren, um einen positiven Einfluss auf die Welt zu haben.«

Gründen hat kein Alter und gesammelte Berufserfahrungen sind Gold wert, wenn du ein Unternehmen aufbauen möchtest. Gründungserfahrung inklusive aller Vor- und

Nachteile hat auch Andrea Fernandez, CEO und Co-Founder von Vitamin, gemacht – mit 45 Jahren.

Ihr klares Statement: »Du darfst dir alle Zeit der Welt lassen.« Und sie »bewertet« das Gründungsalter so: »Ich bin mir nicht sicher, ob es einfacher oder schwieriger ist. Was ich sagen kann, ist, dass meine Erfahrungen mir bei der Gründung sehr geholfen haben, weil ich ein gutes Verständnis für die verschiedenen Bereiche habe, die letztendlich notwendig sind, um ein Unternehmen aufzubauen – von der Finanzierung über die Produktentwicklung, das Marketing, den Verkauf bis hin zum Aufbau eines Teams. Im Laufe meiner Karriere habe ich viele dieser Dinge selbst übernommen und Teams in diesen Bereiche geleitet. Aber ein Unternehmen aufzubauen ist nie einfach, besonders jetzt in einer Zeit der Krise und in einem Geschäftsbereich, der viel Kapital erfordert. Meine Erfahrung und das Netzwerk, das ich im Laufe meiner Karriere aufgebaut habe, haben mich in diesem Prozess unterstützt. Die Tatsache, dass ich bereits viele Aufs und Abs in meinem Leben überstanden und überlebt habe, gibt mir ein Gefühl von Stärke und Optimismus. Andererseits denke ich, dass es in gewisser Weise einfacher ist, früh im Leben ein Unternehmen zu gründen und dieses Risiko einzugehen. Erstens, weil man weniger Verantwortung hat – finanziell und auch zeitlich. Ich habe eine Familie und es ist nicht immer einfach, das Gleichgewicht zwischen Arbeit und Privatem zu halten. Ich denke auch, dass einer der Vorteile des Gründens in jungen Jahren darin besteht, dass man weniger voreingenommen durch frühere Erfahrungen ist und man daher mehr Risiken eingeht, was manchmal gut sein kann. Außerdem ist Wiederholung die Mutter der Fertigkeit: Je früher du Gründer:in wirst, auch wenn du ein paar Mal scheiterst, wirst du jedes Mal besser und erhöhst so langfristig deine Erfolgschancen mit Erfahrung.«

Key Learning

Auch wenn das Kapitel recht negativ klingt: Der Eintritt in die Start-up-Welt hat mein Leben zum Großteil zum Besseren verändert. Diese Erfahrung möchte ich dir nicht nehmen, aber ich habe einige Insolvenzen & Burn-outs in meinem Umfeld miterlebt und möchte daher eben auch die »Schattenseiten« benennen. Ich weiß, wie gut und vielversprechend es klingt, wenn du Erfolgsgeschichten liest. Aber das ist leider nur ein kleiner Teil der Realität.

10 Einsamkeit und Selbstzweifel

Die Start-up-Szene bedeutet für mich vor allem Chancen, Innovation, persönliches Wachstum und jede Menge coole Leute. Es ist eine Gemeinschaft von Gleichgesinnten, die sich gegenseitig unterstützen und weiterhelfen. Gleichzeitig ist das Start-up-Leben tagtäglich eine emotionale Achterbahnfahrt, geprägt von Erfolg, Misserfolg, Euphorie und Enttäuschung. Es erfordert Mut und Flexibilität, um in dieser schnelllebigen Welt zu bestehen. Das Scheitern gilt als natürlicher Bestandteil des Prozesses – das muss man sich immer vor Augen halten. Nur eines von zehn Start-ups wird erfolgreich, das sind eigentlich echt schlechte Voraussetzungen. Dennoch sollten wir es als Chance sehen, aus Fehlern zu lernen und uns weiterzuentwickeln. Insgesamt ist die Szene ein dynamisches und herausforderndes Umfeld, in dem Träume verwirklicht werden können, wenn man bereit ist, sich den Herausforderungen zu stellen.

Sophie Kühn, Gründerin Miss Sophie

Gründen macht einsam, nicht nur, wenn du jung gründest. Du verbringst (viel zu) viele Stunden im Auto, in der Bahn oder am Flughafen. Denn wer Erfolg haben möchte, der soll bei den richtigen Messen sein, die meistens nicht in der eigenen Stadt sind, bei Konferenzen im Ausland und am besten noch regelmäßig in unterschiedlichen Städten sprechen, um den Bekanntheitsgrad des Unternehmens zu steigern. Teilweise bin ich drei bis sieben Stunden unterwegs für eine Keynote von 20 bis 60 Minuten. Die Coronapandemie war in der Hinsicht gut, denn dadurch konnten unzählige Reisen vermieden werden. Statt langer Anreisen und damit verbundener Kosten war es möglich, jeden Talk und jedes Meeting von zu Hause zu führen, was auch eine Menge CO_2 eingespart hat.

Aber warum macht es dann einsam? Du bist in neuen Städten, von Menschen umgeben und nach dem Talk kommen meistens Interessierte auf dich zu und wollen ins Gespräch kommen.

Wer schon einmal im Urlaub krank geworden ist, weiß, dass man sich nach nichts mehr sehnt als dem eigenen Bett, der Kuscheldecke, die zu Hause auf einen wartet, und dem Partner, einem Elternteil oder dem Haustier. Du bist in einem fremden Raum, der nicht dein eigener ist und meistens recht steril. Allein 2022 war ich in unzähligen Konferenzhotels mit kargen Wänden, in leblosen Gegenden, Hauptsache nah am Veranstaltungsort und ein Platz, der nur zum Schlafen dient. Mal waren es Zimmer auf einer Partymeile, die mich bis 3:00 nachts wachhielt und ich am nächsten Morgen um

6:00 rausmusste, um meinen Zug zu erreichen oder solche, in denen die Klimaanlage bei 30° nicht funktionierte und es als Entschädigung eine zweite Flasche Wasser gab. So manche in meinem Freundeskreis reisten derweil per Backpack durch Thailand, arbeiteten auf einer Baumwollfarm in Australien, zogen mit einem Camper von Ort zu Ort und lebten von aufgewärmten Dosensuppen. Teilweise kam ich mir in Gesprächen versnobbt, fast spießig und auch nicht »alterskonform« vor. Denn 70 Prozent meiner Reisen sind beruflicher Natur.

Messen sind der beste Ort, um dich zu vernetzen, aber auch einer der einsamsten, obwohl du von Menschen umgeben bist. Wie also kannst du der Einsamkeit entgegenwirken, die dich meist beim Betreten des Hotelzimmers erfasst nach dem ganzen Trubel des Tages mit unzähligen Begegnungen? Die meisten Hotelzimmer bieten dir ein Doppelbett an, egal ob du alleine reist oder nicht. Verbinde den Trip mit einer Städtetour mit deinem Lieblingsmenschen, der Familie oder einer befreundeten Person. Nimm eine Begleitung mit, sprich dich aber unbedingt vorher mit deinen Auftraggebenden ab, ob das in Ordnung und ein zweites Ticket verfügbar ist. Die Extrakosten kann die Begleitperson dann privat tragen.

Zu vielen Geschäftsreisen habe ich meine Mutter mitgenommen, nicht nur um jemanden dabei zu haben, sondern auch als PR-Frau, die mich beruflich bei Reisen unterstützt. Sie ist auch meine Insta-Hubby beziehungsweise Insta-Mommy. Und jede Person, die sich jetzt fragt: Insta-WAS? Insta-Hubby ist die Bezeichnung für die Person, die hinter den Bildern und Videos von Content gestaltenden Menschen steht, die das Bildmaterial quasi als lebendes Stativ aufnimmt, aber selbst nie zu sehen ist.

Ich wollte früher immer beruflich reisen. Heute freue ich mich, wenn ich zu Hause bleiben kann, denn ich weiß, das viele Reisen kann anstrengend werden. Die Vorstellung, bezahlt zu werden, um unter Palmen zu liegen und Urlaub zu genießen, ist unglaublich schön und vor allem unglaublich unrealistisch. Wer beruflich reist, der ist erfolgreich – so war auch meine Denkweise. Heute weiß ich, das entspricht nicht der Realität. Zwar stimmt es, dass du mehr reist, je größer dein Bekanntheitsgrad ist, aber Urlaub kannst du diese Trips nicht nennen. Gelegentlich schaffe ich es, berufliche Reisen mit Vergnügen zu kombinieren und erkunde die Städte, statt nur für einen Vortrag anzureisen. Gerade wenn ich voller Euphorie nach einer Messe oder Veranstaltung bin, hilft es mir, runterzukommen, wenn ich nicht sofort zum Bahnhof hetzen muss.

Die (Selbst-)Zweifel

Gründung hat auch viel mit Zweifeln zu tun. Kann ich das? Gehe ich den richtigen Weg? Halte ich durch? Ist meine Idee »groß« genug? Es ist gerade in den Zeiten, wenn du nachts nicht schlafen kannst, gut und entlastend, mit anderen in den Austausch zu gehen – statt alles mit dir im stillen (Kopf-)Kämmerlein auszumachen. Wärest du angestellt, hättest du Menschen im Team, mit denen du über nervige CEOs sprechen kannst oder über Person XY aus der Marketingabteilung, die mal wieder so gar nichts macht. Als unternehmende Person stehst du an der Spitze und damit bist du meistens auch recht allein. Nicht selten saß ich bei Lunchmeetings mit anderen Gründenden und habe Einschlaftipps ausgetauscht, wie unsere Großeltern früher Rezepte. Apps wie »Calm« sind nicht umsonst so erfolgreich.

Doch woher kommen die Selbstzweifel, wenn die Medien einen als Nachwuchstalent feiern? Meiner Meinung nach ist einer der Gründe die Frage »Wer bin ich eigentlich ohne Start-up?« – beziehungsweise die fehlende Antwort. Manchmal, wenn ich nicht einschlafen kann, male ich mir aus, was aus mir geworden wäre, wenn ich nicht mit 20 Jahren gegründet hätte. Wo wäre ich jetzt, wenn ich mir mehr Zeit für alles genommen hätte? Viele Erfahrungen kann man im Nachhinein nicht mehr machen. Die Grundschule und das Gymnasium dauern nur eine bestimmte Zeit (auch Sitzenbleiben hat seine Grenzen), genau wie manche sich irgendwann zu alt für das Studium fühlen oder für den Club – was mir bereits mit 23 Jahren so ging, wenn auf einmal Mädchen neben mir stehen, die 18 Jahre sind – und ihnen in dem Moment bewusst wird, dass sie einige Jahre älter sind und ihre Eltern (ein wenig mehr) verstehen können, wenn diese sich »beklagen«, wo die Zeit hin ist. So geht es auch mir teilweise, denn das Leben auf der »Überholspur« birgt viele Vorteile, hat aber auch Schattenseiten.

Gerade in der Start-up-Welt geht es um höher, schneller, weiter. Statt Schnellzug oder Flugzeug muss man angeschnallt in der Rakete sitzen und in Rekordzeit ins Weltall schießen. Es scheint nie genug zu sein, immer scheint jemand einem im Nacken zu sitzen und die Zeit begrenzt. Gedanken wie »Wenn ich es in den ersten zwei Jahren nicht schaffe, wird es nie was!« kennen viele Gründende. Umso relevanter ist es, Ausgleiche zu schaffen, um in der Schnelllebigkeit unserer Gesellschaft zu überleben und Kraft zu tanken. Unabhängig davon, ob man »nur« angestellt ist, selbstständig oder gründet: Wir alle brauchen Pausen.

Viele Unternehmende in meinem Umfeld sind Grenzgehende und es ist keine Seltenheit, dass die Telefonnummern für Notfalltherapien ausgetauscht werden. Solltest du dich so fühlen, behalte im Hinterkopf, dass du nicht allein bist und dir Hilfe holen kannst. Du darfst und solltest über deine Gefühle reden. Gerade Männer werden in Bezug auf mentale Krankheiten in unserer Gesellschaft seltener ernst genommen. Wir vergessen uns selbst viel zu häufig – beziehungsweise haben nie gelernt, uns um uns selbst zu kümmern. Doch das ist wichtig, denn mehr als dich hast du nie sicher. Und je stabiler du bist oder wirst, desto weniger können dich die einsamen Momente oder nagenden Zweifel noch »umhauen«.

Meine Methoden, der Selbstzweifel-Spirale zu entkommen

1. **Time-out for Burn-out.** Du musst es nicht zum Burn-out kommen lassen. Wenn ich spüre, dass ich an meine Grenze gekommen bin, fühlt es sich so an, als ob die einzige Lösung ist, den Abgrund runterzuspringen und mich dem Burn-out zu ergeben. Denn gerade in der Start-up-Welt geht es nur nach vorne. Dann hilft es mir, mich an den Abgrund zu setzen und durchzuatmen. Mich daran zu erinnern, dass ich einen Schritt zurückgehen kann und nicht alles auf einmal erreichen muss.

2. **Erfolge auflisten.** Meine Leidenschaft für Listen hat dazu geführt, auch eine Liste meiner Erfolge zu erstellen, auf die ich immer zurückgreifen kann, wenn ich das Gefühl bekomme, nicht genug erreicht zu haben.

3. **Bewusst langweilen.** Du kannst es auch »in die Muße gehen« nennen. Wir sind ständig online, beschäftigt und erreichbar. Wann war das letzte Mal, dass du dich nicht abgelenkt hast? Damit meine ich nicht netflixen oder ein Buch lesen, sondern wirklich ganz einfach nichts machen. Statt meditieren langweile ich mich und vergeude bewusst meine Zeit. Das hilft mir sehr, meine restliche Zeit produktiver zu gestalten, statt auf Sparflamme zu agieren.

4. **Grenzen setzen.** Für dich, aber auch für andere. Teste für dich, was du brauchst und was du leisten kannst und was du nicht zulassen willst. Stört es dich, wenn andere dir am Wochenende schreiben? Kommuniziere das, statt den Ärger runterzuschlucken. Ich habe damit gute Erfahrungen gemacht, indem ich offen und ehrlich war, was ich gerade leisten kann und was ich nicht möchte.

5. **Du musst nicht weitermachen.** Wer zwingt dich zu gründen? Wer sagt dir, du kannst nicht »aufgeben«? Meistens bist du das und das Verantwortungsgefühl anderen gegenüber, wie Investierenden oder Mitarbeitenden. Doch du darfst aufhören, wenn es zu viel wird. Und nur weil du dich gegen dein Start-up, aber für dich entscheidest, heißt es nicht, dass du erfolglos warst. Deine bisherigen Erfolge gelten und die Entscheidung für dich selbst ist teilweise schwerer, ehrenhafter und mutiger als das Durchzuhalten »für« andere.

Nach der Arbeit beginnt die Arbeit

Ich vergesse zu atmen. Natürlich nicht im wahrsten Sinne des Wortes, aber ich vergesse manchmal durchzuatmen, anzuhalten und zu genießen. Zwei volle Tage liegen hinter mir. Ich bin für einen Autohersteller nach München gefahren zu einem Influencer Event. Ich habe noch zwei Stunden bis zur Heimreise und entscheide mich, den Hotel-Spa zu nutzen. Das erste Mal seit Tagen bin ich allein. Wirklich allein, keine Menschen um mich herum. Ich atme ein und aus und merke, wie angespannt ich eigentlich bin. Ich lege mich in die Sauna, kann kaum die Augen aufhalten, weil die Erschöpfung mich packt. Wann war ich das letzte Mal »in Ruhe«, frei von sozialen Medien und dem ständigen Verbunden-Sein, unerreichbar, ohne ständiges Teilen von Erlebnissen?

Dabei gibt es einen riesigen Unterschied zwischen allein und einsam. Allein bezieht sich auf einen äußerlichen, (meist) selbstgewählten Umstand, nicht von anderen Menschen umgeben zu sein. Einsamkeit hingegen beschreibt einen inneren Gemütszustand, den wir uns nicht ausgesucht haben (zumindest nicht bewusst).

Ich entkopple mich und denke über den konstanten Antrieb und den Ehrgeiz von vielen Gründenden nach. Wir haben alle Dinge und Themen, die uns antreiben. Einen inneren und/oder äußeren Motor, der gerade in der Start-up-Szene ständig befeuert zu sein scheint. Doch auch Flammen lodern nicht immer hell auf, sie flackern oder erlöschen. Ich weiß, wenn ich nach Berlin komme, beginnt die »Trockenphase«. Damit meine ich einen Zeitraum, an dem nicht viel passiert, kaum Termine. Ja, auch das gibt es im Gründendenalltag – wenn auch nicht sehr häufig.

Teilweise erhalte ich für eine Woche zehn Einladungen oder spannende Vortragsanfragen – und in der folgenden Woche oder sogar den darauffolgenden Monaten fühlt sich das E-Mail-Postfach wie die Sahara an. Außer ausgehungerten Aasgeiern aka nervigen Anfragen und Spammails landet dort kaum etwas Interessantes. Aber genau diese Zeiten gilt es nicht nur zu überbrücken, sondern zu nutzen. Gerade wenn du ein Hoch hattest mit vielen Events und Terminen, kommt dir der Zustand, in dem die Anfragen gering sind, wie das tiefste Tief vor. Momente wie diese vergleiche ich mit einem »Festivalloch«. Wer schon einmal für ein Festival gearbeitet oder an einem Festivalwochenende teilgenommen hat, weiß, dass man die Außenwelt vergisst. Bei all dem Stress – für diejenigen, die arbeiten sowie von den Eventhungrigen – wird schnell verdrängt, dass es außerhalb der Blase noch eine andere Welt gibt. Und wenn du wieder zu Hause bist, fällst du in das Festivalloch. Nichts wirkt aufregend, du bist ausgelaugt, wirst krank und langweilst dich auch ein wenig, nachdem du nach der schillernden, bunten Welt wieder auf die eigenen vier Wände starrst. Doch das ist der Zyklus des Lebens und dieser kann besonders vorteilhaft sein, wenn während der aufregenden Woche einiges liegengeblieben ist.

Diese Dürrephasen – besser sollte ich sie künftig Ruhephasen nennen – nutze ich meistens für E-Mails, To-do-Listen und Visionen für die Zukunft. All diese Gedanken sind besonders hilfreich, wenn man in Podcasts eingeladen wird, denn hier wird man häufig gefragt: Und was ist der Plan in fünf Jahren? Abgesehen davon, dass ich keine Ahnung habe, was in den nächsten fünf, geschweige denn zehn Jahren passiert – vielleicht übernehmen uns doch die Roboter und AI, was dazu führen wird, dass 90 Prozent der Menschheit arbeitslos sein wird –, finde ich die Frage überholt. Wer weiß heute denn noch, was bereits morgen passieren könnte, siehe Kriege und Pandemien.

Es ist aber auch vollkommen in Ordnung beziehungsweise du solltest nie vergessen, auch Momente des Durchatmens zuzulassen. Sei das in einem Kurzurlaub (und wenn der nur im Bett ist) oder durch das kurzzeitige Deaktivieren eines oder aller Social-

Media-Profile. In meinen tiefsten Tiefs dachte ich: Das war es jetzt! Die Highlights sind vorbei, mein Kontingent an spannenden Erlebnissen ist ausgeschöpft. Mein wichtigstes Learning zu diesem Punkt möchte ich auch mit dir teilen: Es wird meistens doch noch besser und es gibt immer eine Steigerung, die du jetzt noch nicht siehst! Daher solltest du auf keinen Fall unterschätzen, aber eben auch nicht (chronisch) überbewerten, dass die Ansprüche an dich selbst und die eigene Umgebung immer höher werden. Denn sie flachen auch wieder ab beziehungsweise pendeln sich auf ein gesundes Maß ein, wenn du gut auf dich achtgibst.

Die ungefilterte Wahrheit ist, dass nach der Arbeit und der Aufregung die Entspannungs-Anti-Burn-out-Präventionsarbeit beginnt.

Einblicke aus meinem Businessleben

Heute war ich bei drei Events und einem Podcast-Interview. Ich fühle mich erschöpft. Zwischen Podcast-Aufnahme und Abendveranstaltung gehe ich kurz nach Hause. Ich ziehe mir Kuschelsocken und einen Hoodie an, creme mich mit Pfefferminzsalbe ein und schaue zehn Minuten Netflix. Diese zehn Minuten müssen reichen, um wieder fit zu werden. Ich fühle mich undankbar, weil ich nicht mehr zu der Veranstaltung will. Weil ich das sorgsam angerichtete Essen nicht mehr wertschätzen kann, den gleichen Menschen und Gesprächen entgehen will. In einem Telefonat mit einer Freundin auf dem Heimweg nach der Abendveranstaltung, auf die ich natürlich doch gegangen bin, sagt sie, dass es bei mir doch jetzt an der Zeit wäre für die nächste Stufe. Ich bin kurz perplex. Noch weiter, noch höher? Bin ich noch nicht weit genug, muss ich mehr machen? Zu Hause angekommen schreibe ich mir Ideen auf, was ich noch tun kann. Doch dann halte ich inne: Ich habe ein Start-up, habe innerhalb kürzester Zeit alles erlebt, was ich mir je erträumt habe. Ich darf durchatmen, ich darf das genießen. Und dennoch erwische ich mich dabei, wie die Gedankenspirale anfängt: Was jetzt? Was als Nächstes? Der Blick fällt auf das Handy. TikTok-Star bin ich noch nicht, auf Instagram könnte ich auch 200.000 statt 20.000 folgende Personen haben. Mach doch Content, sei produktiv(er). Ich schaue mir Storys von anderen Gründenden an, bei denen läuft noch mehr. Der Vergleich ergibt: Ich mache nichts. Doch ich halte erneut inne und denke: Schäm dich! Das ist nicht die Realität – dass ich nichts tue.

Die Realität sieht so aus: Gestern kam ich aus München an und bin umgehend für zwei Stunden zu einem Event gefahren. Dann habe ich sieben Stunden geschlafen.

- 9:00 Der Wecker klingelt, schnell anziehen.
- 10:30 Los zu einem Brunch einer großen Bank.
- 13:00 Drei Calls, darunter ein Podcast-Interview, der zweite Call mit einem der 25 reichsten Männer Deutschlands.
- 16:00 Was jetzt? Die To-do-Liste ist abgehakt. Es warten 260 E-Mails auf mich. Beantworte ich jetzt alle? Die Wichtigsten ja. Das muss reichen. Doch auch jetzt wird noch eine Instagram Story gepostet und die kommenden Wochen geplant.

- 17:40 Zehn Minuten Netflix und im Bett liegen, bevor ich los muss.
- 18:00 Es geht zu einem Pizza&Networking-Event eines Freundes, bei dem ich kurz vorbeischaue, weil es auf dem Weg liegt.
- 19:30 Das finale Event für den Abend mit wichtigen Playern aus der Szene, die für potenzielle Kooperationen spannend sind. Jetzt noch schnell vernetzen und die Zeit gut nutzen.
- 23:00 Zu Hause angekommen werden noch einmal die E-Mails gecheckt, es könnte ja noch was Wichtiges reinkommen.

Doch was ist eigentlich wichtig?

Mir ist zum Weinen zumute, denn ich frage mich, ob es jemals genug sein wird? Warum ich diesen inneren Antrieb habe, immer noch mehr zu erreichen. Es kommt mir undankbar vor, mich so zu fühlen, während mir andere junge Menschen schreiben, dass ich ihr Role Model sei. Aber ist es nicht genau das? Den Mut zu haben, darüber zu sprechen, was AUCH eine Wahrheit der Start-up-Welt ist: dass sie wie eine Lichtquelle die Nachtfalter anzieht, die diese mit der Sonne verwechseln und sich daran verbrennen.

Allein gründen versus gemeinsam starten

Gründen muss nicht einsam sein. Du musst dich nicht abgeschnitten fühlen – du kannst dich rechtzeitig darum kümmern, den Weg gemeinsam statt einsam zu gehen. Du kannst dich für eine mitgründende Person entscheiden, ein Advisory Board für dein Start-up hinzuziehen, Unterstützende gewinnen und Mitarbeitende einstellen. Egal ob du allein gründest oder im Team: Du hast es in der Hand, dich mit Menschen zu umgeben, denen du vertraust und die dir beruflich wie privat zur Seite stehen. Ich kann es nur empfehlen: Sieh es als Stärke, den Prozess nicht allein und schon gar nicht einsam durchstehen zu wollen. Es gibt dafür aus meiner Sicht auch keinen plausiblen Grund. Mittlerweile zähle ich es zu meinen größten Stärken, dass ich nach Hilfe fragen kann.

Wenn du am Anfang deines Start-ups stehst, hast du meistens nicht die finanziellen Kapazitäten, ein hohes Gehalt für andere oder dich selbst zu zahlen, teilweise reicht es nicht einmal für ein durchschnittliches. Um dennoch in der Anfangsphase nicht allein, sondern von einem Team umgeben zu sein, bieten sich folgende Modelle an:
- (Pflicht-)Praktikum für Personen im Studium, die Arbeitserfahrungen sammeln wollen.
- Volontariat (je nach Branche).
- Sprich offen an, dass das Gehalt am Anfang nicht üppig sein wird, aber das Dabeisein im Team eines Start-ups sowie das Mitgründen unersetzliche Erfahrungen sind und eine Gehaltserhöhung, sobald möglich, umgehend erfolgt – und zwar gleichermaßen für Festanstellung, Teilzeit sowie Freelancing.

Vorher solltest du dir bewusst machen, welche »Skills« du selbst hast und wo du Unterstützung benötigst. Dann sind die Anforderungen abgesteckt und die Unterstützung durch Dritte hat einen klaren Mehrwert für dein Start-up. Dabei ist es irrelevant, ob es sich um Mitgründende oder Mitarbeitende handelt. Viele Start-ups machen meiner Meinung nach den Fehler, zu früh enorme Kosten durch ein Büro und zu viele Mitarbeitende zu haben, die sie gar nicht finanzieren können. Gerade Gehalt auszuzahlen ist ein großer Kostenfaktor und du solltest prüfen, ob du jede Person einstellen musst oder ob eine Zusammenarbeit mit Freiberuflichen – zumindest zu Beginn – ausreichend ist. Zudem solltest du dich fragen, ob du wirklich ein Büro benötigst, da dies ein enormer Kostenpunkt ist. Reicht eventuell ein Co-Working Space?

Outsourcing – die Vernunft, Arbeit abzugeben

Um ein Unternehmen voranzutreiben, musst du Adminarbeit ab einem fortgeschrittenen Zeitpunkt abgeben. Das nennt sich Outsourcing, was bedeutet, Arbeit, die du bisher selbst erbracht hast, an externe Dienstleistende oder Auftragnehmende auszulagern. Doch die Entscheidung dazu ist schwerer, als zumindest ich am Anfang dachte. Denn ich war daran gewöhnt, alle Stricke in der Hand zu haben, über alles Bescheid zu wissen und alles selbst zu machen. Um dich aber nicht zu überfordern (Vorsicht Burnout!) und langfristig erfolgreich zu sein, musst du priorisieren können. Und das kann und wird wahrscheinlich auch bedeuten, dass du nicht alles selber machen kannst.

Mir hat es auch geholfen zu verstehen: Mitarbeitende haben Expertise, die über den eigenen Wissensschatz hinausragt. Daher solltest du engagierte Menschen einstellen, die mit dir hinter deiner Idee stehen – und ihnen in ihrem Themenbereich vertrauen, denn genau dafür beschäftigst du sie. Ganz wichtig: Sei nett zu deinen Mitarbeitenden, sei empathisch, denn sie sind Teil deines Erfolges. Damit motivierst du sie nicht nur, gerne und gut für dich und vor allem mit dir zu arbeiten, sondern du vermeidest auch Fluktuation. Sorge für ein starkes Team, das dich auf deinem Weg begleitet, statt dich mehr mit dem Fire&Hire-Spiel zu beschäftigten als mit der wirklichen Arbeit und mit deiner Kundschaft. Die Einarbeitung in betriebsinterne Abläufe, genau wie Bewerbungsgespräche, sind zeitintensiv. Aber wenn du dir die nötige Zeit nimmst, wird es sich auszahlen – auf vielen Ebenen.

Ausbeutung

Ich kenne einen Start-up-Inhaber, der etwas älter ist als ich. Er zahlt einer Mitarbeiterin schlappe neun Prozent seines monatlichen Gehalts, welches fünfstellig ist. Dabei betreut die Mitarbeitende 80 Prozent des Klientels.

Ausbeutung in der Start-up-Szene ist keine Seltenheit. Aber auch manche Großkonzerne nehmen Berufsanfangende aus, obwohl sie sich höhere Löhne leisten könnten. Dabei wird gerade Berufseinsteigenden vermittelt, dass es schwer sei, einen Job zu ergattern. Man solle sich dankbar fühlen, überhaupt zum Bewerbungsgespräch eingeladen zu sein – obwohl wir wissen, dass es längst andersherum ist. Die Unternehmen können sich glücklich schätzen, geeignete Mitarbeitende zu finden und die Bewerbenden können sich ihre Jobs häufig aussuchen. Ich kenne viele Personen, Nichtgründende, die den Eindruck haben, es sei schwer, einen Job zu finden. Doch sobald du gegründet hast, fühlt es sich so an, als würde es nirgendwo auf der Welt eine Person geben, die noch keinen Job hat. In meinem Umkreis sind ständig Gründende auf der Suche nach Mitarbeitenden. Genau deshalb gilt es, diese gut zu behandeln und ihnen mit Wertschätzung zu begegnen. Dann werden sie auch bleiben.

Wer nicht allein oder mit Team gründen möchte, kann eine Selbstständigkeit in Betracht ziehen. Dann reden wir nicht von einem Start-up, sondern einer Gewerbeanmeldung oder freier Mitarbeit.

Laut FeMentor-Mentorin und Agenturgründerin Kathrin Schiebler gibt es folgende Vor- und Nachteile: »Wenn du selbstständig bist, hast du die Freiheit, deine eigenen Entscheidungen zu treffen und dein eigenes Geschäft zu führen, ohne auf jemand anderen Rücksicht nehmen zu müssen. Außerdem hast du im Vergleich zur Gründung eines Unternehmens weniger finanzielle Risiken. Dafür arbeitest du alleine, hast kein Team und kannst dich in bestimmten Bereichen nicht spezialisieren. Bei einer Gründung hast du ein größeres Potenzial zu wachsen und dein Geschäft zu skalieren. Du kannst ein Team aufbauen und Investoren finden, die in dein Unternehmen investieren und es finanzieren. Allerdings trägst du dann auch ein höheres finanzielles Risiko und die Verantwortung für das gesamte Unternehmen einschließlich aller finanziellen, rechtlichen und operativen Aspekte. Ich würde mich immer fragen: Wie arbeite ich gerne? Im Team? Alleine? Kann ich mit dem erhöhten finanziellen Risiko umgehen oder hält mich das nachts wach? Beides hat seine Vor- und Nachteile und ist total typabhängig!«

Wenn der Partner zum Co-Founder wird

Es gibt einige erfolgreiche Personen des öffentlichen Lebens, die heutzutage als »Power Couple« bezeichnet werden. Paare, die gemeinsam gründen, ein Unternehmen führen oder ineinander investieren.

Kathrin Schiebler macht Geschäfte mit ihrem Partner, dabei war das nie geplant.

»Die Zusammenarbeit mit dem Partner scheint ein interessantes Thema zu sein, viele Leute sprechen mich darauf an. Ich hätte mir das niemals vorstellen können – bis es schließlich dazu kam. Und ich liebe es! Warum? Darum:

1. Durch die Zusammenarbeit können wir unsere Fähigkeiten kombinieren, um unsere gemeinsamen Ziele zu erreichen. Es ist schön, dass man sich zusammen über Visionen austauschen und diese verfolgen kann. Gemeinsam ist man einfach stärker.

2. Wer viel arbeitet und sich mit seinem Job identifiziert, weiß, wie wenig Zeit manchmal für Freunde und Beziehung bleibt. Ich hatte früher oft das Problem, zu wenig Zeit für meinen Partner zu haben, was zu Streitereien oder gar zur Trennung geführt hat.

3. Eine ganz wichtige Sache: Man sollte gemeinsame Auszeiten planen und diese auch einhalten. Sonst vermischt sich Privates und Berufliches zu sehr. Außerdem ist es wichtig, ab einer gewissen Uhrzeit das Thema ›Job‹ beiseitezulegen und sich über andere Dinge zu unterhalten.

4. Ich empfinde die Arbeit mit dem Partner als großartige, emotionale Unterstützung. Es gibt ja schon ab und an Dinge, über die man sich im Arbeitsalltag ärgert. Der Partner kann einen schnell wieder beruhigen und das geht vor allem deshalb, weil er einen so gut kennt. Auch in Situationen, in denen man sich überfordert fühlt, hilft man einander – und das aus vollem Herzen und weil man möchte, dass sich der andere wieder gut fühlt. Es gibt einem Halt und Sicherheit.

5. Ganz wichtig bei all den Punkten: Nie die Selbstständigkeit verlieren und sich nicht auf dem Partner ›ausruhen‹ – und Routinen einhalten!

Arbeit ist Arbeit und Couple Time ist Couple Time.«

Ich frage Kathrin, wie sie die Start-up-Szene sieht. »Wenn ich an die Start-up-Szene denke, dann denke ich an viele ungewöhnliche Ideen, Innovation und an viele Einzelkämpfer, die ihre Vision Realität werden lassen wollen. Die Start-up-Szene ist eine wichtige, treibende Kraft für Innovationen und Fortschritt. Es gibt viele kluge Köpfe, die hart arbeiten, um die Welt zu verbessern und Probleme unserer Zeit zu lösen. Die dynamische Gemeinschaft von Unternehmern, Investoren und Innovationen finde ich sehr inspirierend. Zwar ist sie immer noch dominiert von Männern, aber durch die steigende Anzahl an Events für Frauen und für Menschen, die sich dafür interessieren, steigt die Vielfalt. Ich persönlich habe die Berliner Start-up-Szene als offene und kollaborative Kultur wahrgenommen. Sie ist ein aufregendes und dynamisches Ökosystem, das sich superschnell entwickelt.«

Doch vor jeder Gründung, irrelevant ob mit der in gemeinsamer Partnerschaft lebenden Person, allein oder im Team, braucht es laut Kathrin Folgendes: »Egal ob Agentur oder Start-up – am Anfang braucht es einen Plan mit Vision und Strategie:

• Wer ist die Zielgruppe?
• Mit welchen Aufträgen rechnen wir im nächsten Jahr?
• Sind sich alle Beteiligten über die Ziele gleichermaßen einig?
• Was muss man beachten?

Wichtig ist ein starkes Team. Gerade wenn die Agentur noch klein ist, muss jeder performen, damit das Ganze irgendwie funktionieren kann. Achte darauf, dass dein Partner die gleiche Vision hat.«

Kathrin Schieblers Tipps & Tricks für eine Agenturgründung

1. **Fokus!** Die Welt braucht nicht noch mehr »irgendwelche« Agenturen. Was bieten wir, was die anderen nicht bieten können? Wir waren eine der ersten Agenturen, die sich auf Nachhaltigkeit spezialisiert hat – und zwar, bevor es »en vogue« wurde. Diese Spezialisierung und unser Netzwerk in diesem Bereich waren zu Beginn sehr hilfreich.
2. **Vernetze dich!** Durch die Teilnahme an Branchenveranstaltungen, durch die Zusammenarbeit mit anderen Agenturen und durch die Pflege von Kontakten zu potenziellen Kunden baust du ein starkes Netzwerk auf.
3. **Deine Tonalität.** Gerade in Zeiten von KI wird deine eigene Tonalität immer wichtiger. Obwohl KI in der Lage ist, menschenähnliche Antworten zu generieren, fehlen ihr immer noch das menschliche Einfühlungsvermögen und die menschliche Intuition. Durch eine einzigartige, persönliche Tonalität unterscheidet sich dein Unternehmen von den anderen. Es wird wiedererkannt.
4. **Persönliche Projekte.** Arbeite neben den laufenden Agenturjobs an persönlichen Projekten und kreiere Cases, hinter denen du zu 100 Prozent stehst. Nur so sehen potenzielle Kunden, was du drauf hast und was sie von dir bekommen könnten. Im besten Fall kommt ein Kunde zu dir und möchte sein Problem genau auf diese Art und mit deiner Tonalität gelöst haben.
5. **Definiere eine klare Markenidentität** und kommuniziere diese entsprechend. Eine starke Onlinepräsenz und ein Top-Portfolio sind ein Muss!

Kathrin hat als Gründerin der Green Window Agency mit Unternehmenden und Start-ups zu tun und weiß somit auch um einige Klischees und wieso sich Mitarbeitende weniger verstecken können.

»›Alle arbeiten rund um die Uhr und schlafen auf dem Bürosofa‹ stimmt genauso wenig wie ›Jedes Start-up hat eine Tischtennisplatte‹. Ich denke, es herrscht die Vorstellung von einem Arbeitsumfeld, das vor allem von Freiheit und Flexibilität geprägt ist. Stimmt zwar auf der einen Seite, aber das bringt auch Herausforderungen mit sich. Im Start-up zu arbeiten bedeutet zum Beispiel auch, mit einer permanenten Unsicherheit klarkommen zu müssen. Außerdem wird es schwer, sich dort zu ›verstecken‹. Man ist kein kleines Rad im Getriebe eines riesigen Konzerns. Wer nicht performt und Leistung bringt, wird gekündigt. Start-ups haben den Ruf, immer dem nächsten ›heißen Scheiß‹ hinterherzujagen und immer auf der Suche nach den neuesten Trends und Technologien zu sein. Aber auch Start-ups verfolgen langfristige Pläne und konzentrieren sich auf solide Geschäftsmodelle. Start-up-Klischees sind oft ungenau oder übertrieben – klar, sonst wären es ja auch keine Klischees. Wie in jeder anderen Branche auch bieten sich Herausforderungen und Chancen. Ich mag den Vibe in der Szene und die Menschen, die ihre Ideen voranbringen wollen. Was ich nicht mag, ist das viele Blabla – aber das gibt es in jeder Branche.«

Mitgründende und wo du diese findest

Ich habe mich 2019 entschieden, allein zu gründen. Allerdings war das rückblickend gar keine bewusste Entscheidung, da ich nicht wusste, wie ich eine passende mitgründende Person finden sollte. Nachdem FeMentor erfolgreich wurde und die ersten Hürden überwältigt waren, kontaktierten mich einige Frauen, die gerne Co-Founder werden wollten. Dabei habe ich nie einen Aufruf gestartet, diese Personen kamen in Eigeninitiative auf mich zu. Dagegen habe ich mich damals allerdings bewusst entschieden, denn ich dachte: Jetzt habe ich die schwerste Zeit allein durchgestanden, da mache ich jetzt auch genauso weiter!

Doch ich durfte in den letzten vier Jahren viele wundervolle Co-Founder-Paare kennenlernen. Einige davon trennten sich friedlich, andere im Streit und einige sind nach wie vor gemeinsam im Start-up aktiv. Was ich daraus ziehen konnte:

1. Macht eine »Paartherapie« VOR der gemeinsamen Gründung. Redet über eventuelle Triggerpunkte und löst im Vorhinein potenzielle Streitpunkte, um diese im stressigen Berufsalltag zu vermeiden.
2. Macht einen »Ehevertrag« für Co-Founder. Darin haltet ihr fest, was passiert, solltet ihr euch trennen. Wer behält das Unternehmen, bleiben die Anteile so verteilt und wer muss bei einer Trennung kontaktiert werden?
3. Schreibt eure Werte und Ziele am Anfang eurer Gründung auf. Das hilft euch, immer wieder daran erinnert zu werden, warum ihr zusammen gegründet habt und wohin ihr mit dem Start-up wollt. Es wird schwierig, wenn eine Person nach fünf Jahren verkaufen, die andere aber ein Imperium aufbauen möchte.
4. Beachtet den Altersunterschied bei den Mitgründenden. Es gibt derzeit noch wenige Gründungspaare, die einen enormen Altersunterschied haben, aber es gibt sie. Solltest du 20 Jahre und die mitgründende Person 50 Jahre alt sein, dann solltet ihr euch darüber im Klaren sein, dass ihr an unterschiedlichen Lebenspunkten steht. Daher schreibt auch hier eine Art »Testament«, um auf alle Eventualitäten vorbereitet zu sein.

Es gibt keinen »richtigen« Weg, um eine passende mitgründende Person zu finden. Es kann beim ersten Mal funken oder etwas dauern. Es gibt Onlineplattformen für »Mitgründende gesucht« sowie Meet-up-Events, um potenzielle Beteiligte zu treffen.

Raji Sarhi von Lemontaps hat seine Traum-Mitgründerin gefunden und teilt seine Tipps.

»Die Wahl der richtigen Co-Founder ist eine der schwierigsten Entscheidungen, die man in seinem Gründerleben treffen wird. Wahrscheinlich wird man das sogar mehrfach tun, wenn man nicht immer mit denselben Personen gründen möchte. Denn der Erfolg deines Start-ups wird zu einem großen Teil davon abhängen, wie gut du und deine Co-Founder zusammenarbeitet und ihr euch gegenseitig unterstützt, um das

Unternehmen aufzubauen. Ein passender Co-Founder kann dir dabei helfen, deine Vision umzusetzen und die Herausforderungen der Gründungszeit zu meistern. Aber wie findet man die richtige Person? Diese Frage beschäftigt viele Gründerinnen und Gründer.

Ich hatte ein wenig Glück, denn ich habe schon früh Interesse an Gründungen gezeigt und mich seit meinem 17. Lebensjahr damit beschäftigt. Mein erstes richtiges Start-up mit Full-time Commitment habe ich dann in der Uni gegründet und dort auch meine Mitgründerin kennengelernt. Das hat super gepasst, da wir während des gemeinsamen Studiums schon befreundet waren, ein gewisses Anfangsvertrauen aufgebaut hatten und uns persönlich gut verstanden haben. Zudem hatten wir dasselbe Problem und konnten uns damit stark identifizieren, weshalb die Kommunikation über die Entwicklung einer Lösung und der Vision fast schon ohne Worte funktionierte. Doch nicht alle haben das Glück, bereits einen passenden Co-Founder zu kennen. Aber es gibt Möglichkeiten, um Gleichgesinnte kennenzulernen. Neben dem Studiengang selbst gibt es auf vielen Campussen Hochschulgruppen für Entrepreneurship oder andere Initiativen, die gründungsbegeisterte Menschen zusammenbringen. Hier kann man Kontakte knüpfen, Ideen austauschen und vielleicht sogar den zukünftigen Co-Founder treffen. In manchen Inkubatoren und Acceleratoren gibt es sogar konkrete Co-Founder Matchmaking Events, um nach passenden Co-Foundern zu suchen. Hier kann man sich in kurzen Vorstellungsrunden vorstellen und sich mit anderen Gründerinnen und Gründern vernetzen. Doch egal, wo und wie man den Co-Founder findet: Es ist wichtig, dass man gut zusammenpasst und gemeinsam an einem Strang zieht. Denn zusammen gründen ist vergleichbar mit einer Ehe und manchmal wird man die mitgründende Person häufiger sehen als seine Familie und engsten Freunde, weil die Gründungszeit sehr intensiv ist. Aber wenn man das richtige Team gefunden hat, kann man gemeinsam etwas Großes aufbauen und seine Vision verwirklichen.«

Freundschaften – Schutzengel bei Einsamkeit und Selbstzweifeln

Abschließen möchte ich dieses Kapitel mit einem Appell an die Freundschaft(en). Denn nicht alles dreht sich ums Business – und nicht alles kannst beziehungsweise solltest du in Businessbeziehungen lösen. An den einsamen, von Selbstzweifeln gefüllten Tagen können dir eine gute Freundin, ein wahrer Freund die beste Stütze sein. Daher pflege deine Freundschaften – auch wenn du als gründende Person keine Zeit dafür zu haben glaubst. Ein kurzer Gruß, ein Telefonat, ein Videocall aus dem Hotelzimmer: Wenn du priorisierst und nie vergisst, dass deine private Ebene, deine persönliche Welt ebenso wichtig ist (wenn auch zeitlich »limitierter«), dann kannst du mit den richtigen Schutzengeln Einsamkeit und Selbstzweifel reduzieren beziehungsweise auffangen.

11 Generation Z – und die Kunst des Voneinander-Lernens

Die (sozialen) Medien haben das Bild von Start-ups und dort vertretenen Köpfen verzerrt. Gründerin oder Gründer zu sein, bedeutet vor allen Dingen eines: harte Arbeit. Oft lassen sich Interessierte vom vermeintlichen Gründungslifestyle blenden. Sie schwärmen für die Idee, selbstständig zu sein, können sich dann aber oft nicht aufraffen, die viele Arbeit zu erledigen, um das Notwendige wirklich durchzuziehen. Mit einem Start-up kommen selten schnelle Erfolge, Geld und Annehmlichkeiten, sondern eher Fehlschläge, Risiken und erfolglose Versuche auf der Suche nach dem berühmten Product-Market-Fit. Es braucht einen eisernen Willen. Wer es dennoch wagt, braucht oft Jahre, bis substanzielle Erfolge kommen. Garantieren kann einem das aber natürlich niemand. Mit möglichen Durststrecken muss man zurechtkommen – ansonsten wird man wenig Lebensfreude an der Start-up-Szene haben.

Dr. Marco Adelt, Angel Investor

Disclaimer: Niemand kann für eine ganze Generation sprechen. Gerade über eine umstrittene wie meine ist es schwierig, ein klares Bild zu zeichnen. Man ist sich nicht einmal einig, ob die Generation 1995, 1996 oder erst 2000 beginnt. Und es gibt alle Richtungen, in die die Gen Z lebt, denkt und Meinungen vertritt: links, rechts, oben und unten. Und es ist mir wichtig, über meine Generation zu sprechen, denn egal ob du gründest, ein Teil davon bist oder nur mehr über die Start-up-Welt wissen möchtest: das Z in Generation Z steht zum Teil für Zukunft. Aber es steht eben auch für Zwiespalt, Zweifel und Ziellosigkeit.

Die Gen Z – ein Einblick

Ich gehöre zur Generation Z, also zu den Menschen, die zwischen 1996 (das ist die Zahl, von der ich ausgehe) und 2012 zur Welt gekommen sind. Über uns wird viel gesprochen, geschrieben und berichtet – in den meisten Fällen aber von Personen, die eine (Millennials oder Gen Y, 1980 bis 1996) oder zwei Generationen (Gen X, bis 1980) vor uns geboren wurden. Wir sind in Deutschland ein geburtenschwacher Jahrgang, vor allem im Vergleich zu den Babyboomern, die zwischen 1946 und 1964 auf die Welt kamen. Meine Mama und ich scherzen immer, dass sie mein »Hausboomer« ist.

Doch was unterscheidet uns, abgesehen vom dem Alter? Und warum ist es wichtig, sich die drei Generationen X, Y und Z anzuschauen, die eine große Rolle in der Arbeitswelt spielen? Zunächst möchte ich mit einigen Vorurteilen aufräumen. Das wohl häufigste Klischee über meine Generation ist: Faulheit. Immer wieder höre und lese ich davon, dass wir nicht arbeiten wollen. Das ist falsch! Richtig hingegen ist: Wir hinterfragen Angebote und Ziele deutlich intensiver als vorherige Generationen. Wir wählen unsere Berufe viel bedachter aus, da wir ein geburtenschwacher Jahrgang sind und wir es durch den Fachkräftemangel uns im wahrsten Sinne des Wortes aussuchen können.

Wir sind Generation Trennungskinder, Generation Therapien schon mit jungen Jahren und gründungsinteressiert. Wir sind Ronja Räubertöchter, Rebellen, Klimakleber, angehende Spießer, Die-Grünen-oder-FDP-Wähler und wir werden belächelt und als Versuchsobjekte für das Internet betrachtet – im Sinne der ersten Generation, die ihr Leben nahezu ausschließlich auf die Onlinemedien ausrichtet. Wir sind die Generation, die statt einer Fotokiste unter dem Bett die Cloud mit unzähligen Fotos von uns, unseren Freunden und Erlebnissen füllen. Wir sind die Generation Schnelltipper auf dem Handy und die, die sich vergleicht, die kopiert, teilt, likt, shared, postet, filmt und alles dokumentiert.

Doch was will die Gen Z wirklich?

Viele von uns sind während der Coronapandemie erwachsen geworden – im wörtlichen Sinne, denn der 18. Geburtstag sowie die Abifeier wurden von vielen Jugendlichen in Quarantäne verbracht. Das macht etwas mit einem. Wichtige Jahre für die Charakterbildung wurden isoliert verbracht. Ich war vor der Pandemie 20 Jahre alt und auf einmal wache ich auf und feiere mein 23. Lebensjahr, als wäre ich drei Jahre in Trance gewesen.

Während dieser Zeit nutzten Personen aus meiner Generation noch deutlich intensiver als eh schon das Internet, es entstanden Start-ups und auch die Reichweite von bestimmten Personen erhöhte sich deutlich. Ich bin der Meinung, dass es nie eine bessere Zeit gab, um auf den sozialen Medien, egal ob TikTok oder LinkedIn, berühmt zu werden. Leider waren wenige inspiriert zu kreieren, dafür haben umso mehr Menschen konsumiert – was auch nach der Krise anhält. Plötzliche mussten sich auch ältere Generationen, die Haptiker und eher »In-real-life-Treffer«, mit Onlinemeetings abfinden und mit dieser Welt auseinandersetzen.

Wir wachsen mit Technik und Social Media auf und tragen die Verantwortung für die nachfolgenden Generationen, diese Onlinewelt zu einer besseren zu machen. Wir sind die Digital Natives und kennen im Gegensatz zu den Millenials keine Welt ohne Social Media. Wir sind die erste Generation, die völlig selbstverständlich mit diesen Plattformen umgeht und diese nahezu ausschließlich nutzt und formt – und damit sind wir auch an einigen Stellen Testobjekte. Wir haben gleichzeitig eine Verantwortung in unserer Generation gegenüber dem Klima – und das teils lähmende Gefühl, die ganze Last auf den Schultern zu tragen, wie die Welt weitergeht (falls sie das überhaupt tut).

Dadurch haben viele in der Gen Z ein intensiveres politisches Interesse, um up to date zu bleiben und vor allem, um an den überfälligen politischen, wirtschaftlichen und gesellschaftlichen Veränderungen mitzuwirken.

Wir müssen politisch korrekt sein, sonst laufen wir Gefahr, eine Shitstorm auszulösen. Und wer, wenn nicht wir, weiß, wie schnell das gehen kann. Das war früher nicht so. Zumindest gab es nicht dieses Überangebot an Plattformen, bei denen du dich anonym hinter einem Pseudonym oder Fake Account verstecken kannst, um online als »Troll« andere Leute zu ärgern und zu stören.

Wir wachsen mit der Genderthematik, dem Gendern, mit einer sich stetig verändernden Sprache auf – und nicht nur die Sprache ist Zeichen einer Zeit, in der deutlich mehr auf geschlechterfaire Themen und Haltungen fokussiert wird. Wie auch in den vorherigen Generationen gibt es Debatten, was man eigentlich gerade sagen darf und was politisch völlig inkorrekt ist.

Gleichzeitig sind wir Spießer. Die Gen Z ähnelt eher der Elterngeneration der Boomer. Nichts mehr mit BH verbrennen oder dem schwarzen Block angehören, her mit dem Hochzeitsring und ein Bausparvertrag ist auch wieder in. Mit 23 Jahren war ich auf fast so vielen Gender-Reveal-Partys, also Feiern, auf denen das Geschlechts des noch ungeborenen Kindes bekanntgegeben wird, wie Geburtstagen eingeladen – nicht weil meine älteren Freunde Kinder bekommen, sondern die gleichaltrigen schwanger sind. Laut Studien wollen aus der Generation Z 92 Prozent in Einfamilienhäusern wohnen, 67 Prozent heiraten und 62 Prozent wünschen sich Kinder[59] – eine Seite der Generation, die viel zu selten beleuchtet wird.

Als Kind erhielt ich von meiner Mutter ein T-Shirt mit dem Aufdruck »Sei nett zu mir, ich bin deine Rente«. Ironischerweise sind wir wohl die letzte Generation, die diesen Spruch verwenden kann. Diejenigen unter uns, die bereits Steuern zahlen, tragen unter anderem die Rente mit – etwas, was wir wohl niemals bekommen werden. Laut Rentenrechner erhält die Millennial-Generation, wenn sie in Rente geht, zwar Geld, aber nur knapp über der Armutsschwelle, die in Deutschland bei 781 Euro liegt.[60] Doch was bedeutet es, wenn die Gen Z keine Rente mehr erhalten sollte? Müssen wir bis ins hohe Alter weiterarbeiten und bedeutet das mit positivem Blick, dass wir mehr Zeit für unsere beruflichen Ziele haben?

Der Mensch wird immer älter. Und wo er früher mit 30 Jahren als »alt« galt, beginnt für viele heutzutage erst das Leben oder sie entscheiden sich für eine neue Lebensweise. Weshalb eine Gründung auch nicht einer bestimmten Altersgruppe vorbehalten ist. In meinem Umfeld gibt es einige Age-Influencer, also jene, die über 50 Jahre sind, aber auch ältere Gründer. Mit einer gewissen Reife zu gründen, finde ich zum Beispiel klug und möchte mit dem Fehlglauben aufräumen, dass der Start-up-Erfolg nur unter 30

Jahren gelingt. Auch wenn ich selbst jung gegründet habe, erkenne ich die Vorteile, wenn du mit Expertise, (Lebens-)Erfahrung und dem Wissen einer reiferen Person gründest, vor allem mit der damit einhergehenden Gelassenheit.

Du musst nicht so früh »dabei« sein, wie das Durchschnittsalter von erfolgreichen Gründern zeigt: Es liegt bei über 40 Jahren. Zudem hat eine Person, die 50 Jahre alt ist, im Vergleich zu einer 30-jährigen doppelt so hohe Erfolgschancen für einen Exit.[61]

Deine Generation tut mir leid – ihr wirkt so lost

Dieser Satz fiel neulich in einem Gespräch. Und ja, wir sind eine traurige Generation mit schönen Bildern. Wir sind Generation Wisch-und-weg, die Generation Wer-bin-ich-überhaupt und Was-will-ich-eigentlich. Wir sind die Generation, die alles werden kann, unabhängig von Geschlecht oder Beruf. Wir sind die Generation Lost-and-Lonely, die Generation, die während Corona erwachsen geworden ist. Und gleichzeitig sind wir die erste Generation, die sich selbst heilt durch Podcasts. Laut Tristan Horx vom ZukunftsInstitut[62] sind wir die am besten ausgebildete Generation, die jemals existiert hat (auch wenn ich das teilweise anzweifle und das sage ich über meine eigene Altersgruppe). Und noch nie gab es so viele Zugänge zu Wissen.

Meine Generation ist nicht faul. Wir sind häufig überfordert. Überfordert von der großen Auswahl an Berufen, Lebenswegen, Ländern zum Leben, Optionen, Studiengängen und Wohnräumen. Social Media bestärkt diese Überforderung, denn ständig wird man damit konfrontiert, was andere erreicht haben, bereits machen, erleben, teilweise Gleichaltrige oder sogar Jüngere. Die eine ist megaerfolgreich in einem Unternehmen, der andere ist jung Vater geworden und gleichzeitig Unternehmer, wieder jemand anderes ist ausgewandert und staatenlos.

Diese Überreizung und Vergleichsmöglichkeiten können ein Stillstehen hervorrufen, einen Moment, in dem wir uns verloren und einsam vorkommen – als ganze Generation und individuell. Und das ist auch in Ordnung. Mir ist es wichtig zu erklären, nicht zu rechtfertigen, wie meine Generation tickt und dass es Verständnis auch für unsere Lebensumstände und Haltungen braucht. Ebenso wie die Gen Z den Generationen zuvor mit offenen Augen und Ohren begegnen muss. Es geht um ein Miteinander, nicht um Isolation.

Gen Z und die Arbeitswelt

Und wir sind noch so viel mehr. Man kann weder eine Menschengruppe noch eine Generation pauschalisieren – und auch beim Bilden von Kategorien müssen wir vorsichtig sein. Ich sage häufig in Interviews, dass es die Klimakleber, die FDP-Wähler und dann sehr viele dazwischen gibt. Auch wenn in den Medien viel über die Macher geschrieben wird, genauso wie die Friday-For-Future-Gruppierung, gibt es noch eine breite Masse, die sich teilweise nach eine Festanstellung und Karriere in einem Konzern sehnt. Entgegen vieler Vorteile: Bei weitem nicht jeder aus der Generation

Z möchte Influencer werden, auch wenn laut Statistiken in den USA 40 Prozent der 16- bis 25-Jährigen dies als Berufswunsch angaben.[63] Hingegen möchten fast 60 Prozent der Generation Z ein Unternehmen gründen, wie eine Studie von Instagram in Kooperation mit YPulse zeigt.[64]

Die Gen Z hat eine andere Arbeitsmoral und diese ändert die Arbeitswelt. Wir setzen uns eher zu sehr unter Druck, statt uns zurückzulehnen. Dieser Druck kann sich negativ auf die Produktivität auswirken, denn wir wollen so viel und schaffen dann gar nichts vor lauter Plänemachen. Wir wollen so schnell, zu schnell heranwachsen, erwachsen sein und ernst genommen werden.

In meiner Generation gibt es einen schnelleren evolutionären Fortschritt als bei unseren Eltern. Gerade für uns ist es schwer, dass das Arbeitsleben nicht mehr so ist, wie es früher war. Da hast du studiert oder eine Ausbildung gemacht, dir eine Branche und einen Job gesucht, den du im besten Fall bis zur Rente durchgezogen hast. Wenn du heute einen Job machst, kannst du jederzeit von AI/KI oder ChatGPT ersetzt werden. Es ist vergleichbar mit dem Bild, auf gepackten Koffern zu sitzen und abzuwarten, bis oder ob man ersetzt wird. Der Markt verändert sich kontinuierlich, was verwirrend sein kann, gerade beim Eintritt in den Arbeitsmarkt. Natürlich vereinfache und verkürze ich die Thematik sehr – aber mit Fokus, um auf die wesentlichen Veränderungen und Unterschiede aufmerksam zu machen.

Wir sind fluide Wesen

Zeitgleich müssen wir immer flexibel und offen für das neue geile Ding sein, seien es Kryptowährung, NFTs oder ein anderer Markt, der zu boomen scheint. Kaum erwachsen geworden, müssen wir uns ständig neu erfinden, ohne uns überhaupt jemals gefunden zu haben. Zudem müssen wir neue Plattformen schnell lernen und verstehen, nutzen können, immer am Puls der Zeit sein. Und die noch größere Herausforderung: immer aktuell und präsent zu bleiben. Was gestern Trend war, ist morgen schon vergangen. Gerade durch die Schnelllebigkeit bei TikTok-Trends, deren Beiträge innerhalb eines Tages oder weniger Stunden erlöschen, ist ein ständiger Druck vorhanden, online zu sein, um ja nichts zu verpassen. Man könnte ja viral gehen.

Sad Fact

In Südkorea wird Jugendlichen 460 Euro gezahlt, damit sie wieder am sozialen Leben teilnehmen – und damit ist in dem Fall nicht Social Media gemeint! Denn geschätzt 338.000 junge Koreaner leben in Isolation.[65]

Ausprobieren, fokussieren – und atmen

Die Option der Selbstständigkeit beinhaltet heutzutage viel mehr Jobs, die für meine Generation attraktiv erscheinen. Du bist nicht mehr »nur« Unternehmer oder Künstler, sondern auch Content Creator, Autor, Fotograf und Videograf in einem. Und am besten bist du in allem gleich gut. Ganz schön unmöglich, oder? Das ist unsere Krux:

Dass wir (noch) nicht gelernt haben, Schwerpunkte zu setzen, uns zu fokussieren. Daher: Entscheide dich nicht für alles gleichzeitig, sondern für das, was du mit am meisten Herzblut machst – und was realistisch ist, es auch »durchzuhalten«! Du kannst zu späteren Zeitpunkten schauen, ob du einen weiteren Skill hinzufügst oder ersetzt.

In jeder Generation gibt es Personen, die sich verloren fühlen, die nicht wissen, wohin die Reise gehen soll. Aber ist das nicht ein wichtiger Teil des Erwachsenwerdens? Das Ausprobieren wird teilweise als etwas Negatives ausgelegt, Hauptsache der Lebenslauf stimmt und ist »rund«. Dabei kann es hilfreich und lehrreich sein, Praktika in unterschiedlichen Branchen zu absolvieren, sich weiterzubilden und auch das Leben als Anfang-20er zu genießen. Ganz egal, wie das für jeden Menschen aussieht.

Mein Appell an meine Generation und all diejenigen, die sich stressen: Atme durch! Wir sind so mit dieser Achterbahnfahrt des Lebens beschäftigt, das wir vergessen, dass wir für einen Moment aussteigen können, dass wir nicht sofort wieder einsteigen und alles in einer bestimmten Zeit erreichen müssen. Es gibt unzählige Preise und Auszeichnungen – aber keine dafür, sich in frühen Jahren bereits viele Träume erfüllt zu haben.

Ich sitze hier mit 24 Jahren und träume des Träumens halber. Viele Wünsche durfte ich mir erfüllen und den einzigen Wunsch, den ich derzeit habe ist: neue Wünsche haben. Das Leben ist für manche zu kurz und dennoch lang. Du hast Zeit, du darfst Zeit haben, du musst nicht gründen, weil es gerade ein Trend ist. Und noch mal: Wie schnell verfliegt ein TikTok-Trend? Früher wollte jeder etwas mit Medien machen, heute ist es für viele das eigene Start-up oder die Selbstständigkeit. Atme aus und überlege dir, was du wirklich willst und warum. Höre auf deine innere Stimme. Du darfst alles und nichts sein, aber sei lebendig und von Herzen dabei und nicht nur, weil es gerade ein Trend ist – wenn nicht, lass es sein.

Ich habe Kenza Ait Si Abbou, Ingenieurin, KI-Expertin, Spiegel-Bestseller-Autorin und leitende Managerin bei IBM gefragt, ob wir, unsere Generation, besorgt sein sollten und uns überhaupt stressen müssen, wenn KI uns sowieso bald ersetzt.

»KI übernimmt einige Aufgaben und wird mit Sicherheit alle Berufe verändern. Das bedeutet aber nicht zwangsläufig, dass Arbeitsplätze insgesamt verloren gehen. Was sicher ist: dass alle Jobs sich verändern werden. Die Jobwelt ist zudem von einem gravierenden Fach- und Arbeitskräftemangel geprägt. Deshalb ist es sinnvoll zu automatisieren, da, wo es geht. Wir müssen freie Kapazitäten schaffen, damit die Menschen Neues lernen, den Wandel gestalten und sie jene Aufgaben übernehmen können, die eine starke emotionale Intelligenz erfordern. Die Arbeitswelt der Zukunft ist fordernd – und nun? ›Neugierig bleiben, verschiedene Perspektiven zulassen und offen gegenüber Veränderungen sein‹, lautet meine Antwort auf Seite 207 meines Buches ›Menschenversteher‹. Auch ein Plädoyer für eine Stärkung der emotionalen Intelligenz, die wir in der digitalen Zukunft mit Maschinen dringend brauchen.«

Die Gen Z ist nicht immer das Problem – sondern häufig die Lösung

Nicht jeder aus der Generation Z möchte gründen und dennoch wird die Start-up-Szene häufig als Nonplusultra verstanden, denn es wirkt so, als wäre sie überhäuft mit meiner Generation. Dabei ist das ein Fehlglauben.

> **Snack Fact**
>
> 2022 waren laut Deutschem Startup Monitor fast 34 Prozent der deutschen Gründenden zwischen 35 und 44 Jahre alt. Die Mehrzahl mit 42 Prozent war zwischen 25 und 34 Jahre alt und über 18 Prozent waren 45 Jahre und älter. Nur 5,8 Prozent waren zwischen 18 und 24 Jahre alt.[66]

Die Großkonzerne fokussieren sich auf die kommende Generation, zahlen Gen-Z-Agenturen Unmengen an Geld, damit sie ihnen das Phänomen erklären. Dabei würde es reichen, sich die TikTok-Accounts einiger U25-Jährigen anzuschauen und das Unternehmen hätte viel Geld gespart.

Der Arbeitsmarkt hat ein Problem, denkt aber, wir seien das Problem. Dabei sind wir ein Teil der Lösung. Man kann sich die neue arbeitende Generation als orientierungsloses Rehkitz vorstellen mitten auf der Autobahn. Unzählige Fahrzeuges, es ist laut, alle wollen etwas von uns, aber wir wissen in dem ganzen Tumult nicht, wohin wir sollen. Das führt zu Lähmung und Angst – gleichzeitig aber auch zu Rebellion, zu einem Aufbäumen und Wegrennen, was viele für »Arbeitsunlust« halten. Das Ende vom Lied: Unternehmen vor allem aus dem Gesundheitswesen und der Pflege, aus Industrie, Handwerk, IT und Software bleiben mit unbesetzten Arbeitsstellen zurück und wissen nicht, wie sie diese füllen sollen.

Gerade in medizinischen Berufen gibt es ein riesiges Problem, denn meine Generation macht diese ausnutzende Berufsbranche so nicht mehr mit. Dazu sprach ich mit einer Ärztin, die ein Millennial ist. Sie selbst sieht ihre Kündigung in einem großen Krankenhaus als eine der besten Entscheidungen ihres Lebens. Mit ihr haben viele gekündigt, neun Stellen in der Notaufnahme sind nicht besetzt, denn keiner möchte den Job mehr machen. Sie liebte ihren Job als Ärztin, weiß aber am besten, dass die eigene Gesundheit vorgeht. Sie hat es schön formuliert: »Wenn ich 23 Stunden arbeite, bin ich, sehe ich mich beispielsweise als Fußballspieler, unterbezahlt. Aber die Gesellschaft will den Fußball, doch wer kümmert sich um die Spieler, wenn sie sich verletzen?«

Das Problem ist nicht meine Generation, sondern es sind die fehlenden Ressourcen, die limitierten Studienplätze, die zu teuer sind und der NC, der vielen potenziellen Ärzten den Weg versperrt. Auch fehlt es an einer Fehlerkultur in unserer Gesellschaft. Über Fehler spricht man nicht, also auch ein Arzt nicht. Und schon gar nicht das Gesundheits- und das Bildungssystem, die viele nötige und zeitgemäße (!) Entscheidungen in der Hand hätten.

Wenn meine Generation dann gründet – beziehungsweise mehr Menschen als in den Generationen zuvor – und damit das Klischee bedient, dass »alle« gründen wollen, liegt zwar ein Fokus auf unserer Berufswahl. Die Einladung an die Entscheidertische landet dennoch nicht im Postfach. Wenn du jung bist, kommt das Gefühl auf, dass dir deine Kompetenzen abgesprochen werden, da es dir, so die Älteren, an Lebenserfahrungen fehlt und du daher nicht ernst genommen wirst.

Auch Kenza weiß, dass es zu ungefragten Ratschlägen kommen kann. »Was mir an der Start-up-Szene gefällt, ist der starke Glaube, ›das geht‹. Es ist der Wille, etwas zu erreichen, auch wenn die meisten um einen herum sagen, dass es nicht geht. Diese Positivität und Hartnäckigkeit führt am Ende dazu, dass man das Unmögliche möglich macht. Natürlich, wenn man der Treiber von dem Ganzen ist, ist das sehr anstrengend. Die Unsicherheiten sind unzählig und die Verzweiflung an der Tagesordnung. Was mich in meiner kurzen Zeit als Entrepreunerin am meisten genervt hat, ist, dass jede/r einen guten beziehungsweise gut gemeinten Rat hat, auch wenn ungefragt. In vielen Köpfen steckt die Assoziation: Gründer/in = unerfahrenes kleines Kind.«

Gen Z – Wünsche, Ängste, Stärken

Auch unsere Generation will verstanden werden. Vielleicht mehr als jene zuvor – und vielleicht ist das auch nötiger denn je. Folgende Tabelle soll Impulse dafür setzen, um Einblicke in meine Generation zu gewähren, was wir bieten wollen und was wir brauchen.

Was wir wollen und brauchen	Wovor wir Angst haben	Was wir geben
• Verständnis • altersunabhängigen Respekt • ehrliches Interesse an unserer Generation • Bereitschaft, sich mit unseren Ängste auseinanderzusetzen • Vertrauen in unsere Leistung und unser Tun • Begegnung auf Augenhöhe • soziales Engagement von Arbeitgebern und Unternehmen, für das wir arbeiten • Weiterbildungsangebote vom Arbeitgeber • weg von »Lehrjahre sind keine Herrenjahre«, sondern aktiv eingebunden werden und das Gefühl bekommen, dass »ihr« uns etwas zutraut	• Klimaerbe • Kriege • Misserfolge • Neid • unsichere bis problembeladene Zukunft • Hoffnungslosigkeit • Insolvenz, auch wegen Inflation und Ressourcenmangel • Shitstorm & Cancel Culture	• Abbild des Zeitgeists • innovative Power • Mut zu entdecken • neues Verständnis von Arbeit • Respekt und Wertschätzung für Erfahrungen, Werte und Erfolge vorheriger Generationen • Einblicke in eine Onlinewelt, mit der wir aufgewachsen sind und die wir mitgestaltet haben • selbstbewussteres Auftreten online und offline • Bewusstsein für (mentale) Gesundheit

Voneinander lernen – Reverse Mentoring

Ein Geschäftsmann, der sich mit 40 Jahren selbstständig macht, kann der Mentee von jemanden werden, der, seit er 16 Jahre ist, selbstständig und mittlerweile 24 Jahre alt ist. Das sind acht Jahre Berufserfahrungen in einem Bereich, den die »erfahrenere« Person eben nicht aufweisen kann. Das nennt sich Reverse Mentoring und ist meine Lösung für den Generationenkonflikt.

FeMentor war die erste Reverse-Mentoring-Plattform in Europa und ich bezeichne uns gerne als Cheat Code, den man aus Videospielen kennt und der dem Spieler einen Vorteil verschafft. Mithilfe von (Reverse) Mentoren beginnst du bei Level 10 statt von vorne. Das Besondere an Reverse Mentoring ist die Begegnung auf Augenhöhe, da beide Seiten Wissen mitbringen und sich gegenseitig bereichern statt zu belehren. Statt eine Einbahnstraße zu sein, bekommt der Mentor für seine Zeit und die Weitergabe seiner Erfahrungen und Kontakte Einblicke in eine andere Generation und Denkweise. Bei FeMentor wünschen sich einige Teilnehmerinnen eine Mentorin aus der gleichen Branche. Dabei haben wir die Erfahrung gemacht, dass Matches aus anderen Sektoren und Blickwinkeln besser funktionieren. Wenn du dich nicht auf deine Branche begrenzt, ist die Auswahl an potenziellen Mentoren auch größer.

Ein Beispiel aus dem Mentorinnen-und Mentee-Pool von FeMentor

Rollentausch – Reverse Mentoring von Mentorin Norma Jansen: »Es war ein ungewöhnliches Angebot, das ich bei meiner Recherche nach Mentoring-Programmen entdeckte. Die Möglichkeit, als Mentorin für eine junge Frau zu fungieren und ihr meine Erfahrungen und mein Wissen weiterzugeben, kannte ich schon. Aber was ungewöhnlich war: Diese junge Frau sollte auch ihre Erfahrungen und ihr Wissen mit mir teilen. Reverse Mentoring nennt man das Konzept, bei dem beide die Rolle von Mentorin und Mentee übernehmen und ein Austausch somit in beide Richtungen stattfindet. Ich war skeptisch, als ich erfuhr, dass meine Mentee die 27-jährige Yvonne sein würde. Was könnte ich ihr beibringen? Immerhin hatte sie die neuesten Technologien und Trends auf ihrer Seite, während ich mich in meiner Karriere auf bewährte Methoden und Strategien verlassen hatte. Doch ich nahm die Herausforderung an und begann, mich auf unsere Treffen vorzubereiten. Unsere erste Sitzung war ein vorsichtiges Kennenlernen, virtuell sind halt Grenzen gesetzt. Yvonne erzählte mir von ihren beruflichen Herausforderungen und ich berichtete von meinem Alltag als Unternehmerin. Am Anfang schienen die Perspektiven so völlig verschieden. Aber je öfter wir uns trafen, desto klarer wurde es. Wir lernten voneinander und ich begann zu verstehen, wie wichtig es war, offen zu bleiben und auch neue Dinge zu akzeptieren. Yvonne hatte vollkommen andere Erwartungen an ihr berufliches und privates Leben als ich. Sie nahm mich mit in ihre Welt und erzählte mir von ihrem idealen Arbeitgeber der Zukunft. Außerdem entwickelte sie Ideen und Visionen für eine selbstständige Tätigkeit. Ich half ihr, ihre Ideen zu strukturieren und erste Schritte umzusetzen. Gemeinsam entwickelten wir eine Strategie, die beide Aspekte vereinte.

Doch das Wichtigste war, dass unsere Gespräche über die Arbeit hinausgingen. Wir sprachen über unsere Familien, unsere Hobbys, unsere Träume und Ängste. Sie lernte, wie wichtig es war, eine Work-Life-Balance zu finden und wie sie ihre Fähigkeiten und Talente besser nutzen konnte, um sich selbst zu verwirklichen. Ich bin beeindruckt von Yvonnes Engagement und Enthusiasmus und fühle mich geehrt, dass ich Teil ihrer Reise sein darf. Und als ich sie dabei unterstützte, ihre Ziele zu erreichen, entdeckte ich auch neue Möglichkeiten für meine eigene Karriere. Reverse Mentoring war für mich eine erstaunliche Erfahrung. Es zeigte mir, dass es nie zu spät ist, neue Dinge zu lernen und dass das Wissen und die Erfahrung, die ich gesammelt hatte, einen Wert haben. Ich hatte das Glück, eine talentierte und motivierte junge Frau zu treffen, die mich inspirierte und mich lehrte, wie wichtig es ist, wertfrei zuzuhören und ein offenes Herz zu haben. Reverse Mentoring hat mir gezeigt, dass wir alle voneinander lernen können, unabhängig von Alter oder Erfahrung.«

Die Generationen – ein Appell für die gemeinsame Sache

Lasst uns Gegenwart und Zukunft gemeinsam und generationenübergreifend angehen. Wir haben so viel voneinander, wir können so viel voneinander lernen. Wir müssen nicht jede Vision, jeden Wert, jeden Blick teilen – aber wir können gemeinsame Sache machen, statt uns gegenseitig im Weg zu stehen. Klischees gegen die jeweilige andere Generation spalten uns. Doch durch mehr miteinander reden statt übereinander, können wir dem entgegenwirken.

1. Boomer, Millennials, Gen Z – Millennials freuen sich darüber, dass die Frauen endlich gehört werden und die kommende Generation so mutig ist – mutig, für sich einzustehen.
2. Dominantes Auftreten als Gen Z statt »Obrigkeitsglauben« – ja, ein Segen! Respekt können wir trotzdem.
3. Als Gemeinsamkeit: Wir sehen, dass gewisse Dinge möglich sind – zum Beispiel Väter, die in Elternzeit gehen und Frauen, die in Vorstände kommen –, weil die Generationen vor uns sie bereits »getan« und uns vorgelebt haben, dass sie möglich sind.
4. Auf Fashion Week bei Influencer-Event als Gründerin erkannt worden: »Du bist doch Anastasia.« Ich verbinde beide Welten, balanciere in der Manege auf dem Trapez. Und das ist teilweise schwierig. Das gab es vorher in der Form kaum: Bikinibilder und Unternehmertum.
5. Neben all den Debatten um Millennials, Gen X, Y und Z sollten wir, statt nur Generationen zu betrachten, übergreifend altersbedingte Bedürfnisse, individuelle Lebensphasen sehen.
6. @alle: Vorurteile und Werteverkrampfung ade!
   - Kein »Was willst du Gen-Z-Kind schon wissen?«
   - Kein »Das haben wir schon immer so gemacht.«
   - Kein »Ihr seid doch von (vor)gestern.«
   - Kein »Ihr versteht doch die Internetwelt überhaupt nicht.«

–   Sondern – und das in alle Richtungen: Erzähle mal, wie es bei dir ist? Welche Erfahrung hast du gemacht? Welche Ängste hast du? Wie kann ich dir helfen? Wie können wir uns unterstützen?

Key Learning

Dass ich ein Fan von generationsübergreifendem Austausch bin, ist offensichtlich. Ich bin davon überzeugt, dass Reverse Mentoring eine umfassende Lösung für viele Probleme ist und wir dadurch unter anderem lästige Klischees aufräumen können. Und auch wenn ich meine Generation manchmal kritisch beäuge, kann ich sagen: Wir sind gar nicht so schlimm! Daher sprecht mit uns und befragt keine »Gen-Z-Experten«, die nicht aus unserer Generation kommen. Bleibt aufgeschlossen gegenüber Neuem. Das gilt genauso für uns Zs. Wir sollten erfahrenere Personen nicht abschreiben à la »okay, Boomer«, sondern das Wissen und die Erfahrungen schätzen. Ich selbst habe einen Hausboomer (auch Mama genannt) und wir lernen viel voneinander. Das hat sogar dazu geführt, dass wir die Snapchat-Gesichter für eine Werbekampagne wurden, weil meine Mutter eine der wenigen älteren Frauen war, die sich auf der Plattform auskannte.

III) Dein Auftritt, Fuck-ups und das liebe Geld

12 Fuck-ups, Scheitern, Insolvenzen

So wie jede spezifische Branche ihre ›Szene‹ hat, kommen auch Gründende, Investierende und Start-up-Mitarbeitende naturgemäß immer und immer wieder über verschiedene Wege zusammen und bilden dadurch ein
loses, lokales Netzwerk. Letztlich sind wir einfach ein Haufen Menschen
mit den gleichen Interessen.

Vivien Wysocki, Gründerin saint sass

Dieses Kapitel möchte ich neben einigen allgemeinen Ausführungen vor allem nutzen,
um Insights in Geschichten zu geben, über die Gründende kaum sprechen – und die
mir aus erster Hand erzählt wurden. Ich berichte beispielhaft von drei Frauen, die Insolvenz anmelden mussten oder einen Shitstorm erlebt haben.

Cashflow negativ – Ende und aus

Mich erreichen in unregelmäßigen Abständen, aber leider zu häufig Nachrichten wie:
»Ich hoffe, es geht dir gut, aber unserem Start-up geht es finanziell gerade nicht gut.
Das Geld ist weg und wir brauchen Hilfe.« An dieser Stelle werde ich nach Investitionen, Story Postings, Kontakten et cetera gefragt. Leider ist das auch die eine Seite
der glitzernden Medaille, die in Magazinen und Zeitschriften so spannend und aufregend klingt: wenn die Nummer der therapierenden Person in Berlin-Mitte diskret via
WhatsApp geschickt wird. Denn nicht nur das Start-up ist am Ende, sondern in vielen
Fällen auch die gründende Person. Ich habe viele Gründende begleitet, die weinend
in meinen Armen lagen, die Insolvenz anmelden mussten, obwohl sie weiterhin an ihr
Start-up glaubten, als es andere nicht mehr taten. Der Schmerz ist groß, wenn man
sich verausgabt, Schweiß und Blut in ein Produkt gelegt hat, es sich aber nicht ren-
tiert. Darüber wird viel zu selten gesprochen und geschrieben.

Genau wie auf Zigarettenpackungen die Warnung steht, »Rauchen kann tödlich sein«,
sollte es eine Warnung vor der Gründung geben: »Gründen kann belastend sein.«
Denn das ist es meistens: eine große Last. Das heißt nicht, dass es keinen Spaß macht,
aber Mitarbeitende zu feuern, an die körperlichen Grenzen zu stoßen und bis vier Uhr
nachts E-Mails zu beantworten, ist anstrengend.

Immer wieder spreche ich mit angehenden Gründenden und Interessierten. Häufig
werde ich gefragt: Wie motiviert man sich jeden Tag, an seinem Projekt zu arbeiten?
Diese Frage habe ich mir seit dem Aufbau von FeMentor nie gestellt, denn ich habe
mich bewusst für die Start-up-Welt entschieden und damit auch für MEIN Herzenspro-
jekt. Dadurch fehlt mir nie die Motivation, sondern ich muss mich eher bremsen und
daran erinnern, Pausen einzulegen. Und das ist das Problem der meisten: sich eine

Pause zu gönnen. Du hast keine vorgeschriebenen Arbeitszeiten, keine Mittagspause mit Teammitgliedern, keinen gesetzlichen Urlaub, an den dich deine Führungsperson erinnert. Du bist die Führung und hast das Gefühl, dass du nie gehen kannst und du hast nie wirklich Feierabend. »Jetzt nicht krank werden, ich muss fit sein« – und das über Jahre hinweg.

Häufig lesen wir über die Erfolge von Gründenden, aber mir fehlt auf dem Weg dahin eine Auflistung all der Dinge, auf die die gründende Person für den Erfolg verzichtet hat – und auch, welche Niederlagen sie »einstecken« musste. In der Start-up-Szene werden Fehler wiederholt, die mit der richtigen fördernden Person, mit dem richtigen Mentoring umgangen werden könnten. Angehende Gründende haben Probleme, die keine mehr sein sollten. Statt die gleichen Fehler zu machen, sollte auf dem Wissen anderer aufgebaut werden. So entstehen erst Wachstum und wahre Innovation.

Um auch die Fuck-ups und teilweise teuren Fehlern aufzuzeigen, die du hoffentlich bei deiner Gründung vermeiden kannst, teilen in diesem Kapitel erfolgreiche Gründerinnen ihre nicht erfolgreichen Geschichten. Es handelt sich dabei um keine allgemeingültigen Wahrheiten, sondern es geht um eine Einschätzung, ein Aufzeigen von Geschichten und Erfahrungen, die nicht so häufig geteilt werden – die aber gute Mahnmale sind.

Super Start-up – superinsolvent

Häufig erfährst du aus den (sozialen) Medien alles über die Erfolge und Personen, die »scheitern« – und leise von der Bildfläche verschwinden. Doch genau diese Geschichten enthalten wertvolle Learnings, denn sie zeigen, dass nicht aus jeder guten Idee ein erfolgreiches Start-up wird, zeigen Fehler, auf die du achten kannst und verdeutlichen, dass Scheitern okay ist.

Abir Haddad ist Tochter tunesischer Eltern, in Deutschland geboren und aufgewachsen. Sie wurde in einem nicht strengen, islamischen Haushalt großgezogen. Heute ist Abir selbst Mutter von zwei Kindern. 2018 fing sie mit den ersten Samples für ihr Start-up an. Zwei Jahre lang beschäftigte sie sich mit Stoffen und erst danach ging sie in den Markt für Sportswear. Mitten in der Coronakrise gründete sie. Tagsüber war sie Mama und Ehefrau, nachts hat sie an ihrer Gründung gearbeitet. Sie beschreibt uns ihre »Berg- und Talfahrt«.

»Stell dir vor, du stehst auf einer Skipiste und schaust dir die vielen Menschen an, wie sie mit Leichtigkeit und in schwingenden Bewegungen durch die Bahnen fahren. Etwas fängt an, bei dir zu kribbeln und du fühlst dich ready für deinen ersten Versuch. Mit voller Euphorie und Enthusiasmus stellst du dich auf die Startlinie und gehst noch mal alle Punkte durch, auf die du zu achten hast. Es geht los. Deine Beine wackeln, aber du stehst noch und fährst stabil geradeaus. Dann versuchst du deine erste kleine Kurve, schwenkst deine Beine und es funktioniert. Langsam verbreitet sich ein Glücksgefühl in dir und auch ein Hauch von Stolz, weil du es direkt beim ersten Mal so gut hinbekommst. Der Berg geht immer steiler nach unten und du wirst schneller. Du hast alles unter Kontrolle. Dein Körper fühlt sich sicher und gut an. Du fährst an den Bäumen vorbei und auch das wie ein Meister! Deine Geschwindigkeit nimmt immer mehr zu, sodass du leicht in Panik gerätst. Immer schneller und schneller und jetzt musst du gleichzeitig denken, lenken und deinen Körper beherrschen. Es wird langsam zu viel und immer schneller. Das Denken und Lenken passiert zeitlich nicht mehr ›hintereinander‹, sondern wird viel zu langsam. Du siehst den großen Baum in 50 Metern vor dir und dein Kopf sagt: ›Nein, nicht da rein.‹ Dein Körper jedoch sagt: ›Mist, ich kann nicht mehr ausweichen, es ist zu spät.‹ Genau in diesem Moment, kurz bevor du den Baum erreichst, denkst du dir: ›F**k, ich fahre direkt in den Baum rein.‹ Und der letzte Gedanke dreht sich nur noch um das Wie. Wie sollte man am besten einen Baum crashen, um so wenige Verletzungen wie möglich zu erleiden? Entschieden. Und rein in den Baum. BAM! Das BAM macht sich im Körper breit, im Stolz, im Selbstvertrauen, im Gehirn und vor allem im Können beziehungsweise im Glauben an die eigenen Skills. Alles bröckelt und du fühlst dich leer. Es dauert, bis du realisierst, was genau du falsch gemacht hast oder was du hättest besser machen können. Die wichtigste Frage lautet: Würdest du wieder Ski fahren? Ich überlasse dir die Antwort auf diese Frage, denn das ist Charaktersache. So oder ähnlich kann man sich die Reise meiner Gründung vorstellen. Meine war zumindest gefühlt genau wie diese Skifahrt, ein Auf und Ab und genau in dem Moment, an dem ich dachte, jetzt kommt unser Jahr, stand auf einmal der Baum vor uns. Ich konnte nichts mehr retten, bis ich am Ende realisiert habe, es ist vorbei. Jetzt geht es nur noch um Schadensbegrenzung.

Bevor ich konkret auf meine Fehler in der Gründung und im Wachstum eingehe, möchte ich erst einmal über die schönen Dinge sprechen. Denn genau sie waren der Grund, warum ich nicht über Risiken nachgedacht habe. Sie haben mir das Gefühl von Sicherheit und Kontrolle gegeben. Wie viele andere Gründer:innen (nicht alle) habe ich mein Business aus Leidenschaft gestartet. Für mich war dieses Produkt einfach unverwechselbar gut und das beste, was es auf dem Markt gegeben hat. Ich war so sehr überzeugt, dass ich dachte, ich müsste das an die große weite Welt verkaufen, damit sie das gleiche Gefühl hat wie ich. Ich wollte dieses Gefühl eigentlich nur teilen. Es war eine Herzenssache. Zwei Jahre vor meiner Gründung habe ich in Samples und Testerei investiert, ohne einen Cent zu verdienen. Eines Tages werde ich richtig gut verdienen, keine Sorge. Geduld zahlt sich ja immer aus – das war mein Gedanke. Um kurz zu meiner Persönlichkeit zu kommen, was bei einer Gründung auch sehr wichtig ist. Ich bin ein Mensch, der nicht gerne in die Öffentlichkeit geht und kaum ein Mensch wusste, wer der oder die Gründerin hinter dieser Marke ist. Ich hatte einfach zu große Angst vor Zurückweisung und der damit einhergehenden Ablehnung meines Produkts. Also blieb ich für ein Jahr bedeckt. Um es mal aus Marketingsicht zu erklären: Es gab keine Vertrauensbrücke (Awareness) zwischen Kunde und Marke, weil niemand wusste, wer hinter diesem Produkt steht und warum es wirklich so besonders ist. Es war kein außergewöhnliches Produkt, ganz im Gegenteil. Der Markt ist überfüllt mit dieser Produktpalette. Für alle, die jetzt unbedingt wissen möchten, was zum Geier ich da verkauft habe: Es war Sportbekleidung für Frauen. Ich sage lieber Activewear, weil der Begriff mehr hergibt und man es mit jeder Aktivität verbinden kann. Meine Activewear war aber sehr qualitativ und dementsprechend sehr teuer in der Produktion. Das war mir aber egal, weil ich natürlich nur das Beste für meine Kundschaft wollte. Naja, so ganz gesund war der Gedanke dann am Ende doch nicht. Es war nämlich nicht jeder Frau so wichtig, wie ICH gedacht habe. Denn am Ende habe ich alles nur in meinem Kopf erfunden. Nichts davon habe ich vorher ausgiebig erforscht beziehungsweise nicht im deutschen Markt. Ich habe den amerikanischen und australischen Markt erforscht, weil dort das Bewusstsein für hochwertige Activewear ziemlich angesagt war und immer noch ist. Für mich war klar: Deutschland ist auch so weit! Naja, auch das war wieder nur in meinem Kopf erfunden. Am Ende hat sich herausgestellt, dass der Markt teilweise bereit war, aber nur in kleineren Communitys und vor allem für bereits bekannte Marken aus Amerika und Co. Bis zu dieser Station meiner Gründerreise erkennt man schon einige Fehler, die mir zu dem Zeitpunkt überhaupt nicht klar waren. Ja, ich bin Trainerin und trage gefühlt jeden Tag Leggings und Sport-BHs und weiß, worauf es bei sehr guter Activewear für uns Frauen ankommt. Dennoch habe ich mich nur mit meiner Erfahrung in dieses Business gestürzt und bin nicht über meine Fehler gestolpert, sondern euphorisch drüber gesprungen.

Der wichtigste Faktor der Gründung: Finanzierung. Mit welchem Geld habe ich meine Firma eigentlich gegründet? Ich würde sagen, Patchwork! Ich habe einiges selber gespart und fing an, mir Geld von meiner Familie zu leihen. Um genau zu sein, habe ich insgesamt über die ganzen zwei Jahre nach dem Start circa 25.000 Euro nur aus familiären Töpfen geschöpft. Ich muss dazu sagen, dass ich davor noch nie in meinem Leben Geld von meiner Familie geliehen habe, aber ich war mir sicher, dass ich in maximal zwei Jahren alles zurückzahlen könne. Autsch. Um richtig dick ins Geschäft zu kommen, habe ich noch mithilfe meines Businessplans einen Gründerkredit bei der KfW beantragt und ihn auch genehmigt bekommen – weitere 50.000 Euro. Jackpot, dachte ich! Der Weg schien mir glasklar. Ich hatte meinen Marketingplan, meine Produktion, meinen Unternehmensberater und das Team, welches immer größer wurde. Alles schien perfekt zu sein. Die Kosten stiegen so schnell wie die Geschwindigkeit auf der Skipiste. Mitarbeitergehälter, Produktion, Shootings (inkl. Fotograf, Videograf, Models, Stylist, Set-Ausstattung, Verpflegung), Marketingagenturen, Messestände, Werbeanzeigenbudgets, Influencer Marketing, Logistik und vieles mehr. Wir reden hier pro Posten nicht von dreistelligen Beträgen, by the way. Man sollte wissen, egal ob Start-up oder großes Unternehmen: Diese Posten werden niemals in kleinen Beträgen berechnet, es sei denn, man kann einiges davon selber abdecken oder die Familie und Freunde helfen kostenlos aus. Also kleiner Tipp am Rande: Versuche so viel wie möglich selber zu können, um zumindest am Anfang die Kosten zu senken und weite dein Netzwerk so weit wie möglich aus – mit der Absicht, kostenlose Erwähnungen auf Social Media zu ergattern. Vitamin B bringt dir eine Menge Umsatz rein, kein Scherz! Und als ›bedeckter Mensch‹, den niemand kannte, war es natürlich schwierig, erfolgreiche Menschen kennenzulernen.

Nach 1,5 Jahren haben wir einige Krisen hinter uns: Post-Corona-Schaden, Ukraine-Krieg (Logistik- und Produktionskosten sind um das Achtfache gestiegen), Inflation. Wobei wir aktuell immer noch in der Inflation stecken und die Menschen immer weniger nicht lebensnotwendige Sachen kaufen. Dazu gehört natürlich auch neue Sportbekleidung. Zu der größten Fehlentscheidung komme ich aber jetzt. Nach 18 Monaten Jahren habe ich eine Entscheidung getroffen, die mir die Kontrolle über meine Firma genommen hat. Ich habe einfach alles zerstört! Achtung: Die folgenden Informationen beziehen sich ausschließlich auf meinen Fall. Sie beziehen sich nicht auf die Allgemeinheit und auch nicht auf die Menschen selber. Es geht lediglich um den ›Deal‹ an sich. Es gab schon zu Anfang meiner Gründerzeit einen interessierten Investor. Dieser war von meiner Idee und meiner Person überzeugt und auch bereit, in mein Business zu investieren. Mein Unternehmensberater hat mein vollstes Vertrauen genossen (merke dir diese Info). Als ›neutraler‹ Berater hat er die Verhandlungen betreut und eine Berechnung des Unternehmenswerts gemacht. Zu diesem Zeitpunkt war ich gerade in den Startlöchern der Gründung und es gab noch keine Umsätze, die den Wert der Firma hätten steigern können. Demnach war die Bewertung gleich null. Es wurde nur mein Einsatz mit meinem Kapital bewertet und das ergab laut seiner Berechnung 44 Prozent Anteile für 25.000 Euro. Ich muss zugeben, ich war weder in Mathe noch in Kontrolle gut, also habe ich seiner Berechnung geglaubt. Wie gesagt, vollstes Vertrauen! Naja, an dieser Stelle würde ich auch zugeben: vollste Naivität!

Da ich den Investor sehr gut kannte und wusste, dass ich von ihm einiges lernen konnte, war mir noch ein weiterer Punkt sehr wichtig: das unternehmerische Know-how. Davon wollte ich noch jede Menge lernen, also ging ich noch einen Schritt weiter. Ich bot dem Investor 46 Prozent für 30.000 Euro an inklusive Coaching in unternehmerischem Know-how. Der Investor hat zugestimmt. Deal! Moment … mündlicher Deal. Es war alles nur Gerede, ohne vertraglich alles festzuhalten. Das Geld floss nicht. Erst knapp 1,5 Jahre später, als ich alles Geld schon verbrannt hatte und in Not war, haben wir den Vertrag bei einem Anwalt aufsetzen lassen und schließlich zu den alten Konditionen unterschrieben. Das Geld kam umgehend und ich war erstmal froh. Endlich wieder atmen können. Ich wusste, dass die ursprüngliche Berechnung nach 18 Monaten nicht mehr gelten dürfte, denn ich habe einiges an Umsatz erzielt und der Wert der Firma ist dementsprechend gestiegen. Aber die Notsituation, in der ich mich befand, hat meine Vernunft ausgeschaltet und mir war nur wichtig, die Firma zu retten. In Wirklichkeit habe ich aber die Firma mit dieser Unterschrift zum Baum der Skipiste gesteuert. Gnadenlos. Jetzt könnte man natürlich spekulieren, ob der Investor mich extra hat ausbluten lassen, der Unternehmensberater geschlafen hat, ob er überhaupt in der Lage war, ein Unternehmen zu bewerten oder ob es schlicht und ergreifend Dummheit von mir, der Gründerin war, die die Verantwortung für jede Entscheidung trägt und vor jeder Unterschrift alles noch einmal in Ruhe durchgehen sollte. Wenn ich mich für eins der vier entscheiden müsste, würde ich mich natürlich für Letzteres entscheiden, denn es ist meine Firma und ich trage die volle Verantwortung für jede noch so kleine Entscheidung.

Mein Verhalten könnte viele Begriffe haben – wie Dummheit, Naivität, Blauäugigkeit, Unwissenheit, Kurzsichtigkeit und so weiter. Ich nenne es Learning! Ich durfte es auf die harte Tour lernen, denn dieser Deal hat mir alle Türen für Wachstumsfinanzierungen geschlossen. Ich hätte weder Kredite noch weitere Investoren ins Boot holen können. Der Investor hatte zu viele Anteile, sodass es sich für keinen lohnen würde, auch nur einen Cent in das Geschäft zu stecken. Bei den weiter steigenden Kosten und der weiter sinkenden Kaufkraft aufgrund der Inflation hätten wir das über lang oder kurz nicht mehr decken können. Die Firma war zum Baumcrash verurteilt. Vorbei! Die Themen, mit denen ich mich durch all das beschäftigen durfte und immer noch darf, sind Mitarbeiterentlassungen, Zahlungsunfähigkeit und Insolvenzverfahren. Alles ungemütliche Folgen, die dicke Dellen auf meiner Erfahrungshaut hinterlassen haben und es auch weiterhin werden. Die Geschwindigkeit, mit der ich gegen den Baum gecrasht bin, ist enorm hoch und die Verletzungen brauchen eine gute Zeit zum Heilen. Habe ich schon erwähnt, dass ich während dieser Jahre kein Gehalt an mich selbst ausgezahlt habe? Ups!

Nun zu der Frage, die ich anfangs gestellt habe: Würdest du wieder Ski fahren? Ich kann nur für mich sagen: Hell, yes! Die Schmerzen sind meine besten Berater für die Zukunft. Ich weiß nicht, ob ich wieder einen Unternehmensberater brauchen werde, doch wenn ja, würde ich definitiv rechnen und kontrollieren und niemandem die Kontrolle über meine Firma überlassen. Ich bin unheimlich dankbar für diesen Crash und für diese Verletzungen, denn sie werden mir in Zukunft immer wieder die Augen öffnen. Wer einmal fühlt, vergisst nie, heißt es doch, oder? Ich liebe mein ehemaliges Team immer noch und bin allen grenzenlos dankbar für ihren Mut, ihre Ideen, ihr Vertrauen und den Zusammenhalt. Was das Finanzielle angeht, habe ich auch ein Learning gezogen. Ich versuche bei der nächsten Gründung ausschließlich auf meine eigenen Mittel aufzubauen, ohne Fremdkapital und ohne Investoren. Nichts gegen Investoren, es gibt sehr viele vertrauenswürdige und gute da draußen. Aber vielleicht ist es doch besser, alles alleine zu stemmen, soweit möglich. Falls doch, werde ich den Deal und den Vertrag von mehreren Stellen absegnen lassen und bei diesen Angelegenheiten nicht auf mein Bauchgefühl hören. Ich teile mit dir diese sehr vertraulichen Informationen, um dich an meinen Learnings teilhaben zu lassen. Es ist nicht verkehrt, von Erfahrungen anderer zu profitieren und ich persönlich bin der Meinung, dass alles, was wir erleben, nicht nur wichtig für uns, sondern auch für viele andere Menschen ist. Erlebnisse sollten geteilt werden und vor allem sollte man sich nicht für seine Fehler schämen. Ich habe mich anfangs gegen diese Offenlegung entschieden, weil mir das einfach unangenehm war. Am Ende ist alles nur Vergangenheit und wir entscheiden, was wir daraus machen. Danke Anastasia, für den Push und für diese einzigartige Möglichkeit, meine Fuck-ups mit der Welt zu teilen.«

Auch ich bedanke mich bei dir, Abir! Genau dieser Mut, über das Scheitern zu sprechen, macht jede/n von uns stärker. Wir lernen voneinander, machen uns gegenseitig Mut, statt zu verurteilen und gaukeln uns nicht Erfolge vor, die keine sind. Wozu auch? Und schon ist die »schöne heile Welt« der Gründendenszene wirklich etwas heiler.

Shit(storm)

Ein Fuck-up eines Start-ups muss nicht immer Insolvenz bedeuten. Auch ein Shitstorm kann die Hölle auf Erden sein – und auch ihn gilt es zu überbrücken beziehungsweise zu überstehen. Genau wie Fernsehbeiträge in Vergessenheit geraten, können Social Media Postings einen Shitstorm auslösen, der aber durch die Schnelllebigkeit nicht lange präsent ist.

> **Shitstorm**
>
> Ein Shitstorm ist eine Welle oder Lawine an Beleidigungen, Hass, Kritik oder Häme, die aufgrund einer Aussage oder eines Postings in sozialen Netzwerken, in einem Kommentar oder Blog ausgelöst wird. Davon können Unternehmen, Personen des öffentlichen Lebens, aber auch Privatpersonen betroffen sein.[67]

Angelica Conraths ist Gründerin und Managing Director der fembites GmbH, die studienbasierte Vitamine in Kakao, Gummibärchen oder Schokolade verkauft. Sie hatte gleich mit zwei Shitstorms während ihrer Gründung zu kämpfen.

»Die Idee zur Gründung unseres Start-ups fembites ist aus einer persönlichen Mission entstanden. Ich nahm 14 Jahre lang die Antibabypille ein. Als ich diese absetzte, passierte es: Haarausfall, Akne, depressive Verstimmungen, Immunschwäche, Unterleibsschmerzen und, und, und. Die Liste war wirklich lang. Ich hatte das sogenannte ›Post-Pill-Syndrom‹ – eine Konstellation von circa 80 möglichen physischen und psychischen Symptomen, die nach dem Absetzen hormoneller Verhütungsmittel auftreten können. Ich wurde darüber nicht aufgeklärt. Weder von meiner Gynäkologin, noch wusste mein Umfeld, also meine Mama oder meine Freundinnen, darüber Bescheid und hätte mir irgendwie helfen können. Ich war komplett auf mich alleine gestellt. Dazu kam, dass ich wieder mit Symptomen vor der Periode, dem prämenstruellen Syndrom, und Periodenbeschwerden wie Unterleibsschmerzen zu kämpfen hatte, die ich vor der Pilleneinnahme hatte. Die Antwort meiner Gynäkologin: ›Ja, dann sollten Sie wieder die Antibabypille nehmen.‹

Was viele nicht wissen beziehungsweise nicht bedenken, ist, dass die Pille ein viel verschriebenes Medikament ist, welches Symptome zwar für die Zeit der Einnahme ›betäubt‹, sie jedoch nicht am Ursprung bekämpft. Schnell wurde mir klar, dass eine unheimliche Wissenslücke existiert und wir viel zu wenig über unseren eigenen Körper und vor allem unseren Zyklus wissen. Als ich meine Mitgründerin Jana kennenlernte, war ich am Tiefpunkt angelangt, weil mir nichts auf dem Markt geholfen hat. So kam es, dass wir uns zusammen durch unzählige Studien wälzten, mit unzähligen Frauen und Expertinnen sprachen und darauf basierend fembites gründeten, unter dessen Schirm wir hochkonzentrierte Vitaminkomplexe entwickelten mit einem Twist, einem Protein – denn wir verzichten auf Kapseln, bei uns schmeckts. Wir nennen es auch Frauengesundheit mit Geschmack. Denn wir fügen den Vitaminkomplexen Schokolade, Kakaopulver und Gummibärchen bei ohne künstliche Zusatzstoffe, ohne zugesetzten Zucker. Unser Ansporn war es, Helferlein zu entwickeln, die wirklich einen Unterschied machen und in den Alltag vieler Frauen zu integrieren sind. Wir haben mit fembites die einzige Lösung deutschlandweit erschaffen, die auf natürlichen, hochwertigen und wissenschaftsbasierten Produkten basiert. Seither rücken wir mit unserer Marke fembites® Themen wie das Post-Pill-Syndrom, PMS und Periodenbeschwerden in den Fokus der Gesellschaft und haben die Mission, Lösungen für alle Lebensphasen einer Frau zu entwickeln – von der Menarche bis zur Menopause.

Der erste Shitstorm passierte kurz bevor wir unser erstes Produkt auf dem Markt einführten. Ich war Tag und Nacht damit beschäftigt, unsere Community auf Instagram aufzubauen und unsere Website zu erstellen. Wir sind beide als Gründerinnen sehr reflektiert und bilden uns konstant weiter, auch was die Inklusion und Diversität bei einem vermeintlich hundertprozentigen Frauenthema betrifft. Dem ist jedoch nicht so. Nicht jede Person, die menstruiert, identifiziert sich als ›Frau‹ und nicht jede Frau menstruiert. Mit dieser Erkenntnis wollten wir schon immer sensibel umgehen und haben in unserer Kommunikation seither gegendert. Eines Abends, es war ein Samstag gegen 22 Uhr, passierte es: der erste Shitstorm – ausgelöst von jemanden, der um die 30.000 Follower auf Instagram hatte und sich selbst als Keynote Speaker und Coach bezeichnete. Wir hatten zuvor einen Post über die Krankheit Endometriose veröffentlicht und auch hier gegendert mit ›menstruierenden Menschen‹. Diese zwei Wörter hat er zum Anlass genommen, seine Followerschaft in über zwölf (!) Story-Slides zu erzählen, dass wir Frauen nur als menstruierende Menschen sehen würden und dadurch diskriminieren. Mir wurde damals sehr schnell bewusst, wie oberflächlich und manipulierbar die Welt geworden ist. Denn was folgte, waren Hassnachrichten und Kommentare, die ich so noch nie in meinem Leben erlebt habe. Es schien so, als hätte sich niemand auch nur drei Minuten Zeit genommen, um sich unsere Website oder ähnliches anzusehen. Hätten sie es, dann wäre ihnen schnell klar geworden, dass wir beide selbst Frauen sind und auf der Mission waren zu inkludieren, einen Safe Space zu schaffen und Aufklärung zu leisten. Das Ganze ging drei Tage lang. Ich kann mich daran sehr gut erinnern. Ich hatte Angst, Instagram zu öffnen, Angst vor weiteren Hassnachrichten, Angst davor, man würde mich auf der Straße erkennen und angreifen. So etwas hatte ich noch nicht erlebt.

Dann hatte es sich gelegt, aber leider nur eine Zeit lang. Ein paar Monate später haben wir nach langer Entwicklung, Blut, Schweiß und Tränen fembites gelauncht mit unserem ersten Produkt: einer Schokolade, die als Alternative zu herkömmlichen Schokoladen mit Vitaminen und Pflanzenpulvern supplementiert war. Unsere ›femchoc‹ wurde sogar als innovativstes Produkt in diesem Monat ausgezeichnet. Dann folgte der zweite Shitstorm. Dieses Mal auf der Plattform TikTok. Ich habe die Schokolade in die Kamera gehalten und voller Stolz präsentiert. Als ich ein paar Stunden später nochmal die App öffnete, sah ich Hunderte von Hasskommentaren. Ob es dieselben Menschen wie zuvor auf Instagram waren, konnte ich nicht nachvollziehen. Aber sie folgten demselben Prinzip. Ohne einen Blick auf uns und die Website geworfen zu haben, sagten auch sie, wir wären diskriminierend, das Produkt sei bloß ein Marketingprodukt, mit dem wir die Symptome anderer ausnutzen würden. Ich fühlte mich total überfordert. So viel Hass zu bekommen, obwohl man doch einen Unterschied machen, etwas Wichtiges in der Gesellschaft verändern, vorantreiben wollte. Das macht etwas mit einem.

Die Community, die wir bis dahin jedoch aufgebaut hatten, war so stark, dass wir hier unglaublich viel Unterstützung erfahren haben. Wir sind durch unser Netzwerk an ein Expert:innenteam gekommen, dass sich auf ›Non-violent Communication‹ spezialisiert hatte. Zusammen haben wir eine Strategie entwickelt, wie wir persönlich und als Start-up mit diesen Shitstorms in Zukunft umgehen. Teil dieser Strategie war und ist es bis heute, immer wieder zu wiederholen, wer wir sind, wofür wir stehen und warum wir so kommunizieren, wie wir es tun. Außerdem, und das ist sehr wichtig: Man sollte auf Hasskommentare besser nicht antworten, sondern sie lieber löschen oder nicht weiter beachten, sofern das möglich ist. Das kommt natürlich auch immer auf die Art und das Ausmaß des Kommentars oder der Nachricht an. Meistens kommt diese Kommunikation aus einer emotionalen Unreflektiertheit, gegen die man mit Gegenantworten oder rationalen Erklärungen nicht ankommen kann. Seitdem habe ich einen unglaublichen Respekt für Influencer:innen und alle, die auf irgendeine Weise ihre Person in der Öffentlichkeit präsentieren.«

Der Umgang mit einem Shitstorm

Solltest du einen Shitstorm erleben oder darauf vorbereitet sein wollen, dann habe ich wertvolle Tipps von PR-Beraterin Henrike Redecker, wie du damit am besten umgehst.

»Einen Shitstorm zu vermeiden, ist fast unmöglich, da wir nie wissen, was andere über uns und unsere Ansichten denken werden. Natürlich sollte man sich von Themen fernhalten, die ethisch nicht korrekt sind. Dabei entsteht ein Shitstorm oft genau dann, wenn wir es gar nicht erwarten.

Meine Tipps aus der Krisen-PR für den Umgang mit Shitstorms

1. Vorbereitung eines Statements: In jeder Schublade sollte ein allgemeines Statement liegen mit den Werten, der Haltung und den Ansichten des Start-ups, welches man gegebenenfalls anpassen kann.
2. Plan: Es sollte ein Vorgehen festgelegt werden, wie reagiert wird. Leider poltert oft das Social-Media-Team drauf los und springt in die Verteidigung. Stattdessen sollte hier eine konkrete Reihenfolge inklusive Freigabe eines Statements geregelt werden.
3. Reaktion: Wenn beschlossen worden ist, wie und mit welcher Aussage reagiert werden soll, auch absprechen, wer der Absender sein soll.
4. Persönlichen Kontakt suchen und um ein Gespräch bitten.
5. Stellungnahme: Wenn es angebracht ist, eine Stellungnahme veröffentlichen.
6. Abwarten und Tee trinken.«

Auch wenn Henrike und Angelica Unterschiedliches empfehlen, zeigt das nur, dass es eine klare Empfehlung, wie du mit einem Shitstorm umgehst, nicht gibt. Aber beide haben wertvolle Hinweise, die du in deinem Fall (der hoffentlich nie eintritt) berücksichtigen kannst.

Auch ich hatte in den letzten Jahren mit einigen Fuck-ups zu tun – entweder habe ich sie am eigenen Leib erfahren oder bei anderen miterlebt. Ich möchte die »Größten« nennen inklusive daraus gezogener Lektionen und Learnings.

1. Insolvenzen sind nichts Schönes und können auch die engste Freundschaft zerstören. Auch wenn man nicht die Person ist, die eine Insolvenz durchmacht, kann die Freundschaft darunter leiden. Gerade wenn das eigene Unternehmen gut läuft, das der anderen Person aber nicht, kann es zu Missgunst und Überforderung kommen, wie man miteinander umgeht. Wenn die Person, die in eine Insolvenz verstrickt ist, sich zurückzieht, solltest du unbedingt Verständnis aufbringen und ihr den Raum geben, sich in der schwierigen Phase zu fangen. Du kannst zu einem späteren Zeitpunkt einen Annäherungsversuch starten und die Freundschaft wieder aufleben lassen.
2. Fernseh- oder Videobeiträge können einen regelrechten Shitstorm auflösen. Teilweise sehen in kürzester Zeit viele Menschen einen Beitrag und je nachdem, wie dieser geschnitten wurde, kann er vorteilhaft sein oder dir schaden. Wenn du bereits im Vorhinein Sorgen hast, kannst du deine Rechte bei einer Rechtsvertretung prüfen lassen und provisorische Vorkehrungen treffen. Ich habe in solchen Situationen teilweise mein Instagram-Profil privat geschaltet und erst nach einigen Tagen wieder geöffnet. Auch hat es mir geholfen, die FeMentor-Website und das Anmeldeformular für ein paar Tage zu deaktivieren, um Spamnachrichten zu umgehen. Wenn jemand wirklich Interesse an deinem Start-up oder deinem Service hat, versucht die Person es ein paar Tage später noch einmal.

3. Kopiert werden ist leider etwas, was gerade in der Start-up-Szene häufiger passiert, als viele zugeben würden. Ich kenne ein paar Gründende, die zu früh von ihren Geschäftsideen erzählt haben und dabei an die falsche Person geraten sind. Gerade bei einer unausgereiften, aber guten Idee solltest du dir dreimal überlegen, mit wem du darüber redest und dir gegebenenfalls einen Geheimhaltungsvertrag (NDA, Non Disclosure Agreement) unterschreiben lassen, um auf Nummer sicher zu gehen.

4. Produkte auf den Markt bringen, die niemand braucht oder will. Vermeintliche Marktlücken können verlockend wirken – aber Vorsicht, weil es den Markt für eine Dienstleistung, ein Produkt schlicht nicht immer gibt. Hier hilft es, sich vorher mit der potenziellen Kundschaft auszutauschen und mehrere Umfragen zu starten, BEVOR du Geld in ein Produkt investierst, das niemand kaufen möchte.

5. Schlechte juristische Beratung ist nicht selten. Es gibt keine Garantie, dass etwas eintritt, nur weil eine Rechtsvertretung rät, eine bestimmte Richtung einzuschlagen. Viele Rechtsvertretende empfehlen schnell die Wahl einer Rechtsform. Dabei kann es sinnvoller sein, dass du dich vorher über mögliche Förderungen und Stipendien informierst. Denn einige von ihnen sind nur vor der Gründung einer Rechtsform möglich.

6. Nicht vergessen, dass andere mehr finanzielle Mittel zur Verfügung haben als du selbst. Gerade in der Start-up-Szene gibt es ein paar Gründende, bei denen es einfach zu laufen scheint. Selbst Krisen scheinen ihnen nichts anzuhaben. Und häufig ist das der Fall, weil sie ein großes finanzielles Polster haben – was den meisten aber nicht zur Verfügung steht. Nimm dir den Druck raus, genauso locker mit dem Geld umgehen zu müssen, nur weil andere das tun.

Warum Scheitern eine positive Erfahrung sein kann

Dass wir aus dem »Scheitern« lernen können, weiß auch Carina Frings. Sie teilt ihre Geschichte, weil auch sie meint, dass uns, gerade in Deutschland, mehr Mut guttun würde, über Fehler und Scheitern zu sprechen – und das Positive daraus zu ziehen.

»Statistisch gesehen gehöre ich zu den 90 Prozent der Gründenden, die mit ihrem Start-up gescheitert sind. Doch anders als die meisten verdränge ich das Scheitern nicht, sondern spreche offen darüber. Warum fällt es uns so schwer, über unsere Fehler zu sprechen? Vermutlich liegt das daran, dass wir in der Schule darauf konditioniert werden, dass wir nur dann erfolgreich sind, wenn wir möglichst wenig Fehler machen. Diese Mentalität kann dazu führen, dass viele Menschen in Deutschland Angst vor dem Scheitern haben und sich stattdessen lieber für den sicheren Weg entscheiden. Um mehr Menschen für das Gründen zu begeistern, wird häufig der Slogan ›Einfach mal machen‹ verwendet. Doch was passiert mit den 90 Prozent der Start-ups, die scheitern? Warum wird nicht darüber gesprochen, was es wirklich bedeutet, ein Unternehmen zu gründen? Wenn wir uns dem Scheitern jedoch stellen, können wir daraus lernen und uns schneller weiterentwickeln. Wir sollten daher nicht nur über Erfolge sprechen, sondern auch über unsere Fehler und Misserfolge. Ich selbst habe mich dem positiven Scheitern verschrieben. Durch das Scheitern meines Start-ups wurde ich auf den Boden der Tatsachen zurückgeholt und konnte mich neu orientieren. Das Scheitern hat mich dazu gebracht, meine Fehler zu analysieren und aus ihnen zu lernen. Ironischerweise begann und endete meine Start-up-Journey mit dem Scheitern.

Ich hoffe, du schätzt es genauso wie ich, in vergangenen Erinnerungen zu schwelgen. Um meine Geschichte besser zu verstehen, möchte ich gerne in den Hörsaal zurück-kehren. Mein größter Wunsch war es schon immer, Design zu studieren und es war dieser Wunsch, der meine Reise als Unternehmerin begründete – von der Konzeption meiner Idee während des Studiums bis hin zur Teilnahme an ›Die Höhle der Löwen‹. Ich wollte Design studieren, um ›Einfluss auf die Welt‹ zu nehmen, um unsere Gesell-schaft mitzugestalten. Ich spreche hier nicht nur von der ästhetischen Gestaltung von Produkten, sondern von der Kraft des Designs, die Welt zu transformieren. Wusstest du zum Beispiel, dass 80 Prozent der Umweltauswirkungen eines Produkts bereits im Designprozess gesteuert werden können? Als ich kurz vor der Gründung meines Unter-nehmens stand, stellte ich mein Designstudium allerdings in Frage. Warum studiere ich Design? Ist das wirklich der richtige Ort für mich? Wer bin ich eigentlich? Warum gestalte ich Ideen nur für die Schublade? Warum passe ich mich den Anforderungen meiner Dozenten an? All das schwirrte in meinem Kopf herum, ohne dass ich eine zufriedenstellende Antwort darauf hatte. Hätte ich mich zuvor mit Freuds Theorien auseinandergesetzt, hätte ich mein Unterbewusstsein besser verstanden und mehr Vertrauen in meine Instinkte gehabt.

Bei meiner Suche nach meinem ›Big Why‹ entschied ich mich schließlich für ein Se-mesterprojekt, das mich vollständig herausforderte – und zum Schiffbruch einlud. Zu Beginn des Sommersemesters 2017 wurde mir im Rahmen eines Produktdesignkurses die Aufgabe gestellt, einen nachhaltigen Coffee-to-go-Mehrwegbecher zu entwickeln. Diese Aufgabe widersprach allem, was ich in den letzten Wochen reflektiert hatte. Ich wollte nicht einfach nur gestalten, weil es von mir gefordert wurde. Ich wollte keinen Mehrwegbecher entwerfen, der einfach nur nachhaltig und ästhetisch ist. Für mich war Design so viel mehr. Warum noch einen Mehrwegbecher gestalten, wenn es schon zahlreiche auf dem Markt gibt? Sollte der Markt noch mehr überflutet werden? Aus meiner Sicht hatte das mit Nachhaltigkeit wenig zu tun. Es fühlte sich falsch an, als ich die Aufgabe des Dozenten in Frage stellte. Wie zu erwarten, arbeiteten geschätzte 99 Prozent der Kursteilnehmenden nach der genauen Aufgabenstellung, um die Er-wartungen zu erfüllen. Zunächst hatte ich auch keine Idee, was ich mit meiner Infra-gestellung machen sollte. Durch das öffentliche Hinterfragen der Kursaufgabe setzte ich mich natürlich unter Druck. Die Erwartungen an mich waren hoch und es war keine Lösung in Sicht. Also tat ich das Gegenteil von dem, was man hätte tun können: nichts! Und das bis eine Woche vor der Abgabe. Das setzte mich enorm unter Druck, denn ich brauchte den Schein, um weiter zu studieren. Heute bin ich mir sicher, dass das

Nichtstun der ausschlaggebende Punkt war, den mein Unterbewusstsein brauchte, um all die Fragen zu beantworten.

Die Antwort lag tatsächlich wortwörtlich in meiner Hand. Wie gewohnt machte ich mir einen Kaffee am Morgen, nahm meine Tasse mit auf den Weg in die Uni – und hatte eine Idee: Warum nicht einen Deckel entwickeln, der die eigenen Tassen in einen To-go-Becher verwandelt? Wir haben schließlich alle unsere Schränke voll. Ich war wie angetrieben von der Idee, machte eine schnelle Skizze und erstellte einen Entwurf. Ich bestellte einen 3-D-Druck, den ich mir eigentlich nicht leisten konnte. Ich hatte zuvor noch nie einen 3-D-Entwurf erstellt, aber in dieser Woche hatte ich das Gefühl, dass alles möglich ist und mit dieser Energie ging ich auch in die Kurspräsentation. Mutig zu sein hatte sich gelohnt. Die Leistung wurde von mir unerwartet mit einer 1,0 bewertet. Die Einladung der Schulleiterin zur beeindruckenden Semesterabschlusspräsentation vor einem Publikum von 500 Zuschauern und die Empfehlung eines anderen Dozenten, die Idee bei einem Designwettbewerb einzureichen, unterstrichen den Erfolg meines Projekts. Doch der wahrhaftige Schlüssel zu diesem Erfolg lag nicht allein in der innovativen Idee, sondern vielmehr darin, dass ich es gewagt habe, auf meine inneren Überzeugungen und Glaubenssätze zu vertrauen.

Die Idee, aus meinen Entwürfen ein erfolgreiches Start-up zu machen, entsprang der Fragestellung: Warum sollen meine Ideen nur in der Schublade verstauben? Doch bis zu diesem Punkt brauchte es einige äußere Auslöser. Nachdem ich einen Designwettbewerb sowie den Nachwuchspreis in NRW gewonnen und ein Gründerstipendium erhalten hatte, wurde ich von der Presse aufmerksam beobachtet. Journalisten schrieben mir E-Mails und Interessenten fragten nach dem Erscheinungsdatum meines Produkts. Die Nachfrage ermutigte mich so sehr, dass ich mich entschloss, das Produkt zu überarbeiten, um es produzieren zu können. In meinem naiven Enthusiasmus bestellte ich ein Spritzgusswerkzeug im Wert von 15.000 Euro, obwohl ich mir das eigentlich nicht leisten konnte. Doch ich war felsenfest davon überzeugt, dass ich es schaffen würde – und das tat ich auch. Mittlerweile besitze ich drei dieser Werkzeuge, die alle vollständig bezahlt sind. Während ich auf das Werkzeug wartete, überbrückte ich die Zeit mit Pressearbeit, die quasi von selbst meinen Vertrieb vorantrieb. Vor dem offiziellen Launch erhielt ich bereits über 5.000 Bestellungen. Aus diesen Bestellungen wurden schließlich 250.000 Produktplatzierungen im deutschen Einzelhandel, ein TV-Deal, Live Shopping auf QVC, zwei Büros und ein Team mit zehn Mitarbeitern.

Wie mein Erfolg zum Scheitern führte

Die Geschichte liest sich wie ein typisches Start-up-Märchen. Jedoch hält jede spannende Geschichte auch eine Wendung bereit. Fast vier Jahre lang war ich auf der Überholspur der Start-up-Autobahn unterwegs. Die Umsätze verdoppelten sich pro Jahr, das Geschäftsmodell schien zu funktionieren und alle im Team waren zufrieden – außer ich selbst. Ich war so besessen von der Idee, dass ich irgendwann völlig vergaß, wer ich eigentlich war und warum ich das alles tat. Ich identifizierte mich so sehr mit der Marke, dass ich nur noch eine Rolle spielte, die der ›Fast-Track‹-Ideologie treu ergeben war. Konzentrationsschwierigkeiten, Müdigkeit, Schlafprobleme, schlechte Laune und zwischenmenschliche Konflikte in meinem privaten Umfeld ignorierte ich über Monate hinweg. Viele Freundschaften litten darunter und eine Beziehung schien unerreichbar. Doch bis zu diesem Zeitpunkt hatte ich immer funktioniert. Wir unterzeichneten den Deal bei ›Die Höhle der Löwen‹, wuchsen noch schneller und arbeiteten mit Stückzahlen, von denen ich niemals zuvor geträumt hatte. Meine Rolle in der Öffentlichkeit nahm zu, TV-Aufzeichnungen, Interviews und Presseveröffentlichungen sowie Vorträge – das Pensum war enorm. Abgesehen von den vielen Chancen, die ein solches Format mit sich bringt, kann man sich nicht vorstellen, wie groß mein mentales Feuerwerk war. So viele Eindrücke und Erlebnisse – und keine Zeit zum Verarbeiten.

Das ist generell einer der größten Herausforderungen während einer Start-up-Gründung: Wir nehmen uns zu wenig bis gar keine Zeit zur Reflexion.

Nachdem die erste Welle der Euphorie abgeebbt war und der Alltag uns wieder fest im Griff hatte, fühlte ich mich wie eine ausgediente Batterie, die keine Energie mehr speichern konnte. Ich versuchte irgendwie den Tag zu überstehen, doch in meinem träumerischen Zustand war es mir nicht möglich, eine Strategie für die Zeit nach dem Höhepunkt von ›Die Höhle der Löwen‹ zu entwickeln – ein entscheidender Moment, der sich als fatal erweisen sollte. Die gestiegenen Fixkosten durch das Wachstum, zu viel Lagerware und die bereits erwähnten mentalen Probleme hatten mich schließlich eingeholt und gezwungen, Zahlungsunfähigkeit anzumelden. Über sechs Monate lang hatte ich kein Gehalt erhalten, um andere Ausgaben zu decken. Ich hatte mich so sehr zurückgezogen, um sicherzustellen, dass alle anderen Beteiligten nicht unter meinen unternehmerischen Fehlern leiden mussten. Doch heute würde ich es anders machen und mein eigenes Wohl nicht mehr so sehr vernachlässigen. Der Tag, an dem meine Bankkarte nicht mehr funktionierte und ich mir weder Essen noch Miete leisten konnte, wird für immer in meinem Gedächtnis bleiben. Die finanzielle Belastung hatte meine Situation noch verschärft und ich war wie gelähmt von der Angst, um Hilfe zu bitten. Ich verbrachte Tage im Bett und wollte niemanden sehen oder sprechen. Die seelische Belastung wirkte sich nun auch körperlich aus und meine Symptome verschlimmerten sich. Ich hatte keine Chance, das sinkende Schiff zu retten – ich wäre nur noch mit untergegangen. Dieser Schmerz war etwas, das ich bis dahin noch nie erlebt hatte, als ob ich einen geliebten Menschen verloren hätte. Ich denke, das beschreibt ziemlich gut, wie sehr ich mich mit meiner Geschäftsidee identifiziert hatte.

Nachdem der erste Schmerz abgeklungen war, empfand ich es fast als befreiend, die Rolle abzulegen und mich wieder auf meine wahre Identität zu konzentrieren. Während dieser turbulenten Zeit hatte ich völlig vergessen, warum ich überhaupt in dieses

Geschäft eingestiegen war und welche Fragen ich mir im Studium gestellt hatte. Leider gab es für mich keine Möglichkeit, eine Pause einzulegen, obwohl ich mir das sehr gewünscht hätte. Die finanzielle Belastung war einfach zu groß und ich musste schnell wieder ins Berufsleben einsteigen. Das Insolvenzgeld wurde abgelehnt und eine Festanstellung kam für mich nicht infrage, obwohl ich kurz darüber nachgedacht hatte. Stattdessen entschloss ich mich, selbstständig zu bleiben und arbeitete für eine Marketingagentur sowie eine Gründungsinitiative. Diese Arbeit gab mir Struktur und Sicherheit – genau das, was ich zu diesem Zeitpunkt brauchte. Ich fand mich nach und nach wieder im Berufsleben zurecht und lernte, dass es auch gut sein kann, weniger Verantwortung zu tragen. Ich hatte wieder mehr Zeit für mich, arbeitete hart an mir, besuchte eine Therapie, Coachings und reiste viel, um wieder zu Kräften zu kommen. Nie mehr würde ich mich so sehr vernachlässigen. Ich hatte wieder Zeit für Freundschaften und konnte Beziehungen pflegen. Ich konnte wieder leben und lieben, vor allem aber lebte und liebte ich mich selbst. Ich dachte, ich mache alles richtig, doch irgendwie hatte ich wieder einen Fehler begangen. Nach gut einem Jahr kehrte ich zu meinem ›Big Why‹ zurück und erinnerte mich daran, warum ich mich überhaupt selbstständig gemacht hatte. ›Einfach mal machen‹ war für mich die Chance, mich durch das Scheitern wieder neu zu erfinden.

Folgende Analogie beschreibt es gut: Die Start-up-Szene ist ein Fischernetz(werk). Ein Netzwerk und ein Fischernetz haben gemeinsam, dass sie beide aus verschiedenen Knotenpunkten (Kontakten im Fall des Netzwerks und Knoten im Fall des Fischernetzes) und Verbindungen zwischen diesen Knotenpunkten bestehen. Diese Verbindungen ermöglichen es, Informationen oder Fanggut zu übertragen. Beide Systeme funktionieren auch durch eine wechselseitige Verstärkung der Knotenpunkte. Das heißt, wenn eine Verbindung stärker wird, wird das gesamte Netzwerk stärker. Ebenso kann ein schwacher Knoten das gesamte Netzwerk beeinträchtigen. Zudem müssen sowohl ein Netzwerk als auch ein Fischernetz regelmäßig gewartet werden, um sicherzustellen, dass sie stabil und funktionsfähig bleiben. In der Start-up-Szene ist ein stabiles Netzwerk ebenfalls unerlässlich, um erfolgreich zu sein. Es ermöglicht den Austausch von Ideen, Ressourcen und Kontakten und kann ein Gründerunternehmen in schwierigen Zeiten auffangen.

Warum das Warum so wichtig ist

Für mich ist das ›Einfach-mal-Machen‹ gleichbedeutend mit der Chance, mich durch das Scheitern neu zu erfinden. Es ist uns allen bekannt, dass es im Leben Momente gibt, in denen wir den Wunsch verspüren, Veränderungen vorzunehmen. Obwohl wir unsere Arbeit mögen, fühlen wir uns manchmal doch nicht ganz zufrieden. Unser Partner ist großartig, aber trotzdem haben wir manchmal dieses beunruhigende Gefühl. Vielleicht fragen wir uns, ob unser derzeitiger Wohnort noch der richtige für uns ist. Wenn wir das Gefühl haben, dass unsere innere Welt nicht mehr mit unserer äußeren Welt übereinstimmt, neigen wir dazu, uns instinktiv darauf zu konzentrieren, Veränderungen in unserer äußeren Welt herbeizuführen. Wir fragen uns, was wir wollen und wie wir dorthin gelangen können. Dabei vernachlässigen wir oft die entscheidendere Frage: Warum möchten wir diese Veränderung überhaupt vornehmen? Ich nutze diese Gelegenheit, um meine Dankbarkeit gegenüber Anastasia auszudrücken. Nicht nur für die Möglichkeit meines Gastartikels, sondern auch für ihre ermutigenden Worte und Unterstützung während meiner Entscheidung, den Schritt in die Insolvenz zu wagen. Anastasia war einer der wenigen Menschen, die nicht bereits (vor)verurteilten, wenn ich das Wort Insolvenz in den Mund nahm. Gleiches gilt für meinen besten Freund Marc, der stets an meiner Seite stand, mich emotional begleitete und niemals aufhörte, an mich zu glauben. Für ihre unerschütterliche Unterstützung möchte ich beiden von Herzen danken.«

Einmal aussteigen, bitte!

Als gebürtige Berlinerin ist mir folgender Satz wohlbekannt: »Ausstieg in Fahrtrichtung rechts. Bitte beachten Sie beim Aussteigen die Lücke zwischen Zug und Bahnsteigkante!« So eine klare Ansage gibt es nicht, wenn du ein Unternehmen verlässt – zunächst einmal irrelevant, ob es profitabel ist/war und du freiwillig aussteigst oder Insolvenz anmelden musstest: Nach dem Exit ist man meistens alleine. Was jetzt? Du stehst wieder am Anfang, musst von vorne anfangen oder darfst du jetzt endlich ruhen? Egal ob »ruhen« in dem Fall frühzeitige Rente bedeutet, zurück in die Festanstellung oder etwas dazwischen.

Elena Margulis hat bei unserem ersten Treffen viele Insights zum Ausstieg gegeben.

»Wir trennen uns von Partnern, Wohnungen, Orten – aber wir vergessen, dass wir uns auch von dem Start-up trennen können. Die Möglichkeit, ›einen Exit zu machen‹, ist nicht nur auf den Verkauf deiner Firma beschränkt. Erst einmal kann ein Exit jegliche Lebensbereiche betreffen und bedeutet für mich eine Trennung von etwas, aber vor allem ein ›Hin‹ zu etwas – ergo Neuanfang, der im Moment des Exits oft noch verborgen und undefiniert ist. Unternehmende schwimmen die meiste Zeit in Ungewissheit und der Survival Mode ist defaultmäßig an. Auch das Szenario eines Exits oder Pivots (Anm.: eine fundamentale Änderung des Geschäftsmodells) gehört stets dazu. Aber ein eigener Exit aus der Firma ist undenkbar. Warum eigentlich? Warum ist eine Trennung von deinem Start-up so eine unmögliche Vorstellung? Ich hatte beides erlebt. Einmal wurde für mich diese Entscheidung getroffen und einmal habe ich sie aktiv getroffen. Bei meiner ersten Gründung war ich am Aus der Firma passiv beteiligt. Umstände und Entscheidungen, die dazu geführt haben, lagen außerhalb meines Einflussbereiches. Diese Ohnmacht war paralysierend. Bei meiner zweiten Firma saß ich am Steuerbord. Der Exit aus der Firma war diesmal meine aktive Entscheidung. Es war nicht weniger schmerzhaft, die Firma auf diese Weise zu verlassen, aber es war nicht so lähmend. Das Absurde damals war, dass ich trotz Burn-out und Energiegehalt einer Tagesfliege nicht mal eine Sekunde daran gedacht hatte, die Firma zu verlassen. Meine Mutter war es, die mich darauf brachte. Ich habe gelacht und ihr gesagt, dass das doch verrückt sei. Ganz im Gegenteil: Es ist verrückt, NICHT daran zu denken. Es sollte genauso eine Option wie sein wie jeder andere Exit auch. Und es spricht nicht von einem Loyalitätsproblem, sondern in meinen Augen von Reife und Reflexion, denn so wie in jedem anderem Exit Szenario auch, trifft man so eine Entscheidung nicht leichtsinnig. Es gehört viel Mut dazu und am Ende ist es für alle Beteiligten das Beste.«

13 Personal Brand/Social Media/PR

Ich habe zwei Sichtweisen auf die Start-up-Szene, speziell die in Berlin. Auf der einen Seite sehe ich sehr kreative und engagierte Menschen, die tolle Ideen haben und diese mit unglaublich viel Power und Energie versuchen umsetzen. Daraus entstehen manchmal ganz neue Kategorien, manchmal großartige und nachhaltige Unternehmen oder das Start-up wird an ein anderes Unternehmen verkauft und dort sinnvoll integriert. Auf der anderen Seite sehe ich auch einige Leute, die viel quatschen, nicht wirklich nachhaltig unternehmerisch tätig sind und es entweder auf schnelles Geld abgesehen haben oder von dem Glanz der Szene profitieren wollen.

Christian Bracht, Medienunternehmer

Ganz einfach: Es geht (meist) nicht ohne Selbstdarstellung. Deine Person, deine Persönlichkeit sind ein ganz wichtiger Part deines beruflichen Seins. Wenn dich keine (er)kennt, wenn du dich nicht authentisch präsentierst (ja, das Wort hat seine Berechtigung) und vor allem keine Personal Brand aufbaust, wirst du früher oder später in der Unkenntlichkeit verschwinden. Wie häufig du dich in Social Media zeigst, für welche PR-Maßnahmen du dich entscheidest und wie intensiv du deine Person in die Positionierung deines Start-ups einbindest, musst du selbst entscheiden. Das ist auch Typsache. Aber ohne dich geht es nicht!

Personal Brand und die Macht der Bilder

Beides – der Aufbau deiner Persönlichkeitsmarke sowie die Bilderwahl und damit das Fotoshooting – ist gleichauf relevant für ein erfolgreiches Start-up. Du fragst dich eventuell, warum ein Fototermin unbedingt sein muss. Ausreichendes und professionelles Bildmaterial ist bei Themen wie PR und Personal Branding unglaublich wichtig. Zum einen, wenn du in die Start-up-Welt eintrittst und dich bekannt machst, dein Gesicht zeigst. Zum anderen wirst du meistens danach gefragt, wenn du für Talks, Präsentationen oder Interviews angefragt wirst. Bei solchen Anfragen kannst du einem Magazin oder einer Journalistin kein Kinderfoto schicken, geschweige denn ein Bild, welches in schlechter Qualität im Urlaub entstand. Auch dein Tinder-Profilbild eignet sich wahrscheinlich nicht. Kleider machen Leute und Bilder beeinflussen die Meinung von Menschen über eine andere Person. Diese Eindrücke sind visuell und sie haben starke Wirkung.

Snack Fact

Wir Menschen können visuelle Daten besser aufnehmen als zum Beispiel geschriebenen Text. 90 Prozent der Informationen, die an das menschliche Gehirn übermittelt werden, sind visuell. Der Mensch kann Fotos 60.000 mal schneller verarbeiten als Schriften.[68]

Ein gutes Bild von dir im Business Pitch ist genauso relevant und kann die Entscheidung einer Investorin beeinflussen. Denn dieses verwendete Motiv ist aussagekräftig – und zwar bezüglich deiner Person. Die ersten Sekunden entscheiden bereits über den häufig zitierten ersten Eindruck.

Good to know

Du & deine Botschaft = ein Foto von dir, das beides darstellt

Das Foto sagt aus (oder sollte es), wer du bist, für was du stehst und stehen möchtest und wie du gesehen werden willst. Hast du ein Markenzeichen? Eine Kurzhaarfrisur, ein bestimmtes Kleidungsstück oder eine Farbe, die du besonders oft trägst?

Dazu ein paar Beispiele starker Marken-Frauen:
1. Janina Kugel – trägt meistens einen Pferdeschwanz auf ihren Fotos, egal ob auf einem privaten Instagram Post oder einem Buchcover.
2. Tijen Onaran – ist bekannt für ihre geschminkten Lippen, was zu einer Kooperation mit Douglas führte, einen eigenen Lippenstift mit ihr auf den Markt zu bringen.
3. Fränzi Kühne – ist für ihre Sidecut-Frisur bekannt.
4. Heidi Klum – eine Frau, die mindestens in Deutschland und Amerika wohl nahezu jede kennt, unverkennbar nicht nur an ihrer Stimme, sondern an den immer blonden, aber abwechselnd gestylten Haaren.

Für ein Fotoshooting solltest du also bei deiner Kleiderwahl, dem Make-up, der Frisur und dem Gesichtsausdruck darauf achten, dass dies kein einmaliger Look bleibt – du also auf jedem Foto, aber natürlich auch im persönlichen Auftreten, ein optisches, eindeutiges Merkmal, einen USP, hast (okay, manche Menschen wie Heidi Klum haben einfach auch ein akustisches, aber das kann man nicht unbedingt »erschaffen«). So kannst du mit jedem Fototermin einen Wiedererkennungswert schaffen, der deine Botschaft und Personal Brand unterstreicht.

USP

Ein »USP«, Unique Selling Proposition oder Unique Selling Point, ist ein Alleinstellungsmerkmal, ein eindeutiges Leistungsmerkmal. Dadurch kann ein klar abgrenzbarer Wettbewerbsvorteil entstehen und ist besonders im Marketing inklusive Eigenmarketing relevant.[69]

Teilweise werde ich auf Veranstaltungen oder in der Öffentlichkeit nur deshalb erkannt, weil ich die Haare offen trage. Meine schwarzen, langen, dichten Haare sind schon früh und bewusst zu meinem Markenzeichen geworden. Das führt auch dazu, dass ich sogar von hinten erkannt werde.

Viele Personen des öffentlichen Lebens machen Gebrauch von Markenzeichen und verstärken damit ihre Brand, gehen Kooperationen ein, die sich um das Trademark drehen.

Dazu ein paar Beispiele starker Marken-Männer:
1. Steve Jobs – schwarzer Rollkragenpullover. Muss ich mehr sagen?
2. Karl Lagerfeld – machte seinen Look auch zum Logo für sein gleichnamiges Label mit seinen weißen, zum Zopf gebundenen Haaren und der Sonnenbrille.
3. Mark Forster – Cap aufs Haupt, erst dann geht's weiter. Von ihm gibt es fast kein Foto ohne seine Käppi.

Am Anfang deiner Karriere, die sich teilweise auch in der Öffentlichkeit abspielt, kannst du dein Profil und deine Personal Brand noch selbst bestimmen und beeinflussen. Nutze die Chance, selbst zu entscheiden, wie du auftreten und auf andere wirken möchtest: als Rebellin, elegante Dame, Turnschuhträgerin und/oder in einer bestimmten Farbe. Das bedeutet nicht, dass der komplette Kleiderschrank nur noch aus der gewählten Farbe oder einem ausgewählten Kleidungsstil bestehen darf. Es geht darum, bei öffentlichen Auftritten, deiner Onlinepräsenz und auf Bildern deinen USP zu haben. Daher sollte dir für dein Gründerinnendasein und damit auch vor jedem Shooting klar sein: Wie möchte ich wahrgenommen werden und auftreten? Und das soll keinen Stress in dir auslösen, sondern gibt dir die Möglichkeit, das, was dich ausmacht, dich »besonders« macht, auch zu zeigen – und zwar ohne dich zu verbiegen, sondern mit Selbstbewusstsein und Freude. Es geht dabei nicht um Schönheitsdenken, es geht ausschließlich um dich!

Augen auf bei der Farbwahl

Wenn du dich auf eine Farbe »fokussieren« möchtest, solltest du wissen, wie Farben wirken. Dabei ist keine Farbe auszuschließen – nur solltest du überlegen, mit welcher Botschaft du dadurch auf andere zugehst. Hier eine kleine Auswahl, um dich für das Thema zu sensibilisieren. Die Farbwahl kann dein Gegenüber beeinflussen, denn Farben signalisieren Botschaften wie zum Beispiel[70]:
1. **Rot** ist eine starke Farbe, die Dominanz und Stärke ausstrahlt, aber auch aggressiv auf dein Gegenüber wirken kann.
2. **Blau** wirkt grundsätzlich beruhigend und strahlt Sicherheit aus.
3. **Gelb** signalisiert Temperament, Optimismus und Aufgeschlossenheit gegenüber Neuem.

4. **Grün** wirkt bescheiden und kann auch dazu führen, dass dir soziale Kompetenzen zugeschrieben werden.
5. **Orange** strahlt Warmherzigkeit aus, kann aber auch aufdringlich erscheinen.
6. **Grau** ist eine gedeckte Farbe und kann dich untergehen lassen.

Influencer ist keine Krankheit

Ich kann gewisse Sprüche, leider häufig von älteren Personen, nicht mehr hören. Und ich verstehe auch die abschätzige Bewertung der Influencerinnen nicht. Selbstverständlich gibt es auch unter ihnen schwarze Schafe, die eine Scheinwelt präsentieren. Doch es gibt auch viele, die so erfolgreich sind, weil sie den Medienwandel sowie den Zeit- und Generationengeist widerspiegeln und anderen aus der Seele sprechen. Was soll daran ausschließlich falsch sein? Denn vielen ist nicht bewusst: Eine Influencerin arbeitet in einem Monat teilweise mehr als eine Managerin oder eine CEO im gesamten Jahr. Statt also gegen oder über diese Berufsgruppe zu sprechen, sollten lieber Gespräche mit ihnen stattfinden – denn eine Zusammenarbeit kann förderlich sein, für alle Parteien. Zum Beispiel können in Kooperationen mit Influencerinnen Produkte deines Start-ups beworben und somit der Bekanntheitsgrad gesteigert werden.

> **Influencerin**
>
> Als Influencerin wird eine Person bezeichnet, die regelmäßig auf Social Media postet und eine sogenannte Community, also Followerinnen, hat. Das können Prominente, Politikerinnen, Bloggerinnen/Vloggerinnen, Sportlerinnen oder Personen aus der Entertainmentindustrie sein. Der Begriff leitet sich vom englischen Verb »to influence« (»beeinflussen«) ab. Die Reichweite wird genutzt, um persönliche Einblicke zu teilen, auf Themen aufmerksam zu machen, Informationen zu verbreiten oder Unternehmen zu bewerben.

Es gibt unterschiedliche Kategorien von Influencerinnen[71], die zunehmend für Unternehmen interessant sind – denn ihr Wirkkreis und/oder ihr »Einfluss« sind teilweise enorm.

1. **Nano-Influencerin** (1.000–10.000 Followerinnen): meistens Privatpersonen, die entweder einen sehr großen Freundeskreis haben oder durch einen Post oder anderen medialen Fokus minimal viral gegangen sind.
2. **Mikro-Influencerin** (10.000–50.000 Followerinnen): Persönlichkeiten, zum Beispiel Unternehmerinnen, mit medialer Relevanz wie Lea-Sophie Cramer (50.000 Followerinnen), Verena Pausder (46.500 Followerinnen) oder Franzi von Hardenberg (44.000 Followerinnen).
3. **Mid-Tier-Influencerin** (50.000–500.000 Followerinnen): Wer durch Postings, die viral gegangen sind, bekannt wurde, ist meistens in dieser Sparte. Das ist die Followerinnenanzahl, bei der sich viele für die Karriere als Influencerin entscheiden

und die Festanstellung aufgeben, da der Instagram Account beziehungsweise die damit verbundene Reichweite die Rechnungen bezahlen kann. Aber auch deutsche Politiker wie Christian Lindner (365.000 Followerinnen) oder Robert Habeck (358.000 Followerinnen) befinden sich in der Gruppe. Die Politikerin Annalena Baerbock hat 583.000 Followerinnen und gehört damit bereits zu den Makro-Influencerinnen.

4. **Makro-Influencerin** (500.000–1.000.000 Followerinnen): TV-Persönlichkeiten aus Sendungen wie »Love Island« und »Der Bachelor«/»Die Bachelorette« haben meistens in dieser Höhe Followerinnen. Aber auch viele Mode-Influencerinnen und Pärchen-Accounts befinden sich in dieser Vorstufe zur Mega-Influencerin.

5. **Mega-Influencerin** (1.000.000–5.000.000 Followerinnen): In dieser Kategorie befinden sich viele Schauspielerinnen und Sängerinnen, die wir im Radio hören oder in Netflix-Shows sehen.

6. **Celebrity-Influencerin** (über 5.000.000 Followerinnen): Hierzu gehören Prominente wie Selena Gomez (425 Millionen Followerinnen), Cristiano Ronaldo (594 Millionen Followerinnen) oder Kim Kardashian (361 Millionen Followerinnen), die weltweit unfassbar bekannt sind.

Hier eine Auswahl der häufigsten »Kritikpunkte«[72], ich nenne sie eher Sprüche, über Influencerinnen und etwas Entkräftigung, die hoffentlich für das nötige Verständnis sorgt:

- *Die haben doch nichts gelernt.* – Ach, und warum müssen sie erst eine Lehre machen, obwohl sie bereits mehr verdienen als so manche Managerin oder CEO?
- *Die reden doch nur dummes Zeug ohne Tiefgang.* – Nein, sie sprechen im Zeitgeist: »Influencer machen, was sie machen, für junge Menschen – die sie dafür lieben.«[73]
- *Die manipulieren alle und jede.* – Nicht mehr oder weniger als andere Werbetreibende, Politikerinnen oder Chefinnen. Kritik mag angebracht sein, aber wir alle müssen für uns selbst entscheiden, ob wir anderen blind nacheifern oder es aus Überzeugung tun. Ich finde aber, dass meine Generation mehr Medienkompetenz hat und Onlinebetrügerinnen schnell identifizieren kann.
- *Die hängen doch nur auf Social Media rum.* – Genau, verstanden! Das ist der Medienwandel. Wir leben nicht mehr in Buchdruckzeiten. Das mag nicht allen gefallen, aber so ist es. Durch Social Media bleibt die neue Generation up to date in politischen Themen, kombiniert mit Entertainment.

Und ja, ich sehe ebenso, dass es auch hier schwarze Schafe gibt. Reichweite bringt Verantwortung mit sich und viele sind sich dieser teils nicht ausreichend bewusst. Was ich sagen möchte, ist, dass wir aufhören sollten, mit Vorurteilen um uns zu werfen und stattdessen auch Influencerinnen/Content Creators mit Respekt für ihre Arbeit begegnen.

Auf einen Kaffee mit …

… Luisa Stroh, 22 Jahre, Künstlerin, Autorin & Content Creator.

In einem Café in Mitte sitzen Luisa – ganz in schwarz gekleidet, ihr Markenzeichen – und ich. Gerade noch waren wir gemeinsam in München, wo wir von einer Automarke mit 13 anderen Content Creators zu einem Workshop eingeladen waren. Zurück in Berlin haben wir mehr Zeit, uns auszutauschen, denn seit letztem Jahr, als sie nach Berlin gezogen ist, hat sich einiges bei ihr getan: von beruflichem Erfolg bis hin zum Burn-out.

»Also, wenn du mich zitierst, dann nicht als Influencerin.« Den Begriff sieht Luisa als Beleidigung, der eigentlich nichts anderes bedeutet, als dass man auf Social Media viele Followerinnen hat. Sie sieht sich nicht als Influencerin, sondern ist Künstlerin, die ihre Kunst auf sozialen Medien wie Instagram, TikTok und YouTube vorstellt. Und das erfolgreich. Doch Luisa ist nicht nur Künstlerin. Durch ihre Onlinepräsenz ist sie Content Creator, was im Gegensatz zur Influencerin (Person, die jemanden beeinflusst) bedeutet, Bilder und Videos zu erstellen und zu veröffentlichen, um Insights in ihre Arbeitswelt zu geben und diese zu vermarkten. Zudem ist sie publizierte Autorin – ein Deal, der ohne ihre Medienpräsenz nicht zustande gekommen wäre. Und seit neustem ist sie auch Agenturinhaberin. Und das alles ohne Studienabschluss, da sie ihr Kommunikationsdesign-Studium für ihre Karriere als Künstlerin abbrach.

»Ohne den Ausstieg aus dem Studium hätte ich den Weg so gar nicht gehen können und die Zeit für ein Buch gehabt. Heute arbeite ich sogar mit meiner ehemaligen Universität als Kooperationspartnerin zusammen und verdiene damit Geld.« Und sie erklärt weiter: »Die Agentur war der logischste nächste Schritte, anderen zu helfen, online zu wachsen. Wir helfen dabei, ein Personal Branding zu erstellen. Vorher habe ich das nur für meine Kunst gemacht. Aber auch wenn unsere Kunden inhaltlich und thematisch anders sind, ist die Strategie doch die Gleiche. Mein Wissen aus meinem Studium und natürlich die eigenen Erfahrungen sind dabei sehr hilfreich. Außerdem sehe ich den Bedarf, der riesig ist. Gerade in der Gastronomie, denn viele haben keine Zeit für das Social Media Branding und genau da setzen wir an. Influencerinnen machen ihre eigene Brand, also sich selbst bekannt, und Personen, die im Influencer Marketing arbeiten, beschäftigen sich zwar mit der Materie, haben aber meist selbst kein Following.« Luisa kombiniert beides.

Warum also ist Social Media relevant, wenn es um die Selbstständigkeit oder Gründung eines Start-ups geht? Luisa hätte sich nach eigenen Aussagen ohne soziale Medien nicht selbstständig machen können. Die unterschiedlichen Onlineplattformen haben ihr die Chance gegeben, ihren Traum zu leben und sich davon finanziell tragen zu können. Durch die Werbekampagnen, die sie eingegangen ist, konnte sie frei arbeiten und war nicht angewiesen darauf, alle Aufträge annehmen zu müssen – im

Gegensatz zu den meisten Kunstschaffenden, die mit ihrer Arbeit gerade einmal einen netten Nebenverdienst erwirtschaften. Vielen ist bewusst, dass Content Creators Geld verdienen, aber wie viel Geld im Spiel ist, wird kaum genannt. Luisa erläutert: »Instagram wird heute immer noch besser bezahlt, Werbe-Placements auf TikTok nehmen aber immer mehr zu und das Budget, welches Unternehmen darin investieren, steigt.«

Snack Facts

- 2010 wurde Instagram von Kevin Systrom und Mike Krieger, zwei Stanford-Absolventen, gegründet. 13 Jahre später hat Instagram über zwei Milliarden aktive monatliche Nutzerinnen. Auch einer der Gründe, wieso Facebook, mittlerweile bekannt als Meta, nur zwei Jahre nach dem Launch von Instagram eine Milliarde US-Dollar für die Übernahme des Unternehmens zahlte.
- Fast 18 % der Weltbevölkerung nutzen Instagram monatlich, wobei 230 Millionen Nutzerinnen allein aus Indien stammen und damit die meisten Nutzerinnen abdecken, gefolgt von den USA, Brasilien, Indonesien und Russland.[74]

Auf die Frage, worin der noch immer starke Unterschied zwischen den beiden Plattformen liegt, antwortet Luisa: »TikTok existiert noch nicht so lange wie Instagram. Viele Brands haben erst gefühlt vor einem Jahr angefangen, Werbung auf TikTok zu machen. Lange Zeit war TikTok eine reine Unterhaltungsplattform, das ändert sich gerade. Ich kann Start-ups und Unternehmen nur empfehlen, dort aktiv zu werden mit einem eigenen Account und in Kooperation mit Influencerinnen.«

Dass Influencerinnen Geld verdienen, ist kein Geheimnis. Ihren Verdienst kann man allerdings nicht pauschalisieren. Es kommt immer auf den Bereich an, in welchem eine Person »beeinflusst« oder aufklärt. Schon mit 1.000 bis 5.000 Followerinnen kann man via Instagram Geld verdienen, ein netter Nebenverdienst zwischen zehn bis 60 Euro pro Posting. Es bietet sich auch an, UGC Creator zu werden. UGS steht für User-Generated Content, also Beiträge, die für Unternehmen erstellt werden, welche für Werbeanzeigen oder den Unternehmensaccount verwendet werden können. Der Marktdurchschnittspreis bei Mega-Influencerinnen fängt hingegen bei stattlichen 15.000 US-Dollar pro Posting an.[75] Für viele ist es schlicht unfair, dass Influencerinnen, die sich eigentlich alles leisten können, dennoch gefühlt für nichts mehr Geld ausgeben müssen. Und ich kann das verstehen, auch wenn diese Geschenke Teil von Werbemaßnahmen sind und, was häufig vergessen wird, Steuern für sie anfallen. Allerdings darf eben die Arbeit »hinter« solchen Kooperationen und den damit verbundenen Briefings nicht unterschätzt werden. Es ist genauso ein Job wie andere auch.

Luisa hat sich aufgrund ihrer Erfahrungen, wie viel Aufwand in diesem Kontext betrieben werden muss, letztes Jahr für ein Management entschieden. »Ein Management macht für mich Sinn, weil ich eben nicht nur Content Creator bin und von Kooperationen lebe, sondern mich hauptsächlich auf meine Kunst fokussiere. Außerdem bin ich dadurch geschützt, gerade bei Verträgen.« Die finanzielle Freiheit, die Luisa durch ihre Einkünfte über Social Media hat, bedeutet aber auch gleichzeitig finanzielle Verantwortung und damit verbundener Druck. Durch die Selbstständigkeit gerät sie enorm unter Stress, sobald sie krank ist und damit unbezahlt ausfällt. Daher investiert sie in ETFs und bildet damit Rücklagen. »Meiner Meinung nach sollte man mit dem Investieren so früh anfangen wie möglich. Auch wenn nur zehn Euro im Monat in ein ETF-Portfolio gehen, kann sich das im Alter rentieren. Ich hätte mir ein Buch wie deins gewünscht vor der Selbstständigkeit, dann wäre mir der Burn-out eventuell erspart geblieben.«

Mit 22 Jahren hat man, egal ob Studentin oder Selbstständige, eigentlich durchgängig Existenzangst. Zumindest kann ich ein Lied davon singen. Man kämpft gefühlt ums Überleben, zudem wird seit zwei Jahren alles deutlich teurer, Miete, Nebenkosten und Einkäufe.

Die Schattenseiten von Social Media & Ruhm

»Teilweise werde ich von Mädchen auf der Straße erkannt wegen meiner tätowierten Hand«, erzählt Luisa. Und dass sie erkannt wird, liegt an ihren mittlerweile über 700.000 Followerinnen (TikTok: 565.000, Instagram 101.000, YouTube 83.000). Dabei ist und vor allem war sie sich der Schnelllebigkeit von Plattformen wie TikTok ständig bewusst. »Du musst immer präsent sein für den Algorithmus und musst immer etwas von dir preisgeben. Egal was es ist, du musst immer etwas von dir zeigen: etwas über dich, dein Leben, dein Aussehen, deine Tipps und Tricks. Und das Ganze ist jederzeit öffentlich zugänglich, für jeden.« Diese Abhängigkeit von einem »simplen« Algorithmus hat bei Luisa zu extremen Existenzängsten und schließlich einem Burn-out geführt. Anfang 2022 hat sie sich mit der Verantwortung überfordert gefühlt. Allein schon mit jener, dass sie nach Berlin umgezogen ist mit wenigen Kontakten vor Ort. Durch die Selbstständigkeit hatte sie keine Arbeitskolleginnen, mit denen sie sich austauschen konnte, kein Büro, wo sie anderen begegnet wäre oder kein Setting wie in der Universität, wo man Gleichaltrige kennenlernt. Das Gefühl der Einsamkeit ist nach wie vor nicht weg und auch die Verantwortung, genug Geld zu verdienen und Erfolg zu haben, drängen sie weiter.

Im Nachhinein kann sie ihren Burn-out besser beurteilen. Erst fühlte es sich an, als ob sie alles im Griff hätte. Auch in der Start-up-Szene, genau wie in der Selbstständigkeit, stürzte sie sich von Projekt zu Projekt, meistens mit viel Disziplin und einem hohen Anspruch an sich selbst. Und als Gründerin kommt häufig noch ein Druck von Investorinnen hinzu. Die Aneinanderreihung von Geschehnissen bis hin zur sinkenden Performanz ihrer Videos – in der Start-up-Welt vergleichbar mit Umsatzeinbrüchen – führte dazu, dass sie Angst bekam und diese zu kompensieren versuchte, indem sie noch mehr arbeitete, noch mehr Content erstellte und verbissener wurde. Sie verlor die Leichtigkeit und den Spaß an der Tätigkeit, befand sich in einer Gedankenspirale voller Vorwürfe. »Nach drei Monaten konnte ich nachts nicht mehr schlafen, ich hatte regelmäßig Herzrasen, habe weniger gegessen, weil ich so gestresst war und hatte ein dauerhaftes schlechtes Gewissen, nicht genug zu machen. Darauf folgte die Phase, in der ich versucht habe, mich selbst abzulenken, was ein Fehler war. Es war ein permanentes up und down, zwischen ›Ich komme nicht aus dem Bett‹, ›Aus mir wird nichts‹ und dem Davonlaufen.«

Als die Panikattacken ihren Höhepunkt erreichten, packte sie ihre Taschen und fuhr zu ihrer Mutter. Sie redete kaum mit Freundinnen darüber aus Angst und Scham vor ihrem »Versagen«. Für eine lange Zeit dachte sie, sie wäre depressiv, obwohl sie eigentlich immer meinte, sie sei nicht der Typ dafür. Ich kriege so was nie, dachte sie. Die Rettung war eine Therapie sowie die Therapeutin, die sie aufklärte, dass sie nicht depressiv ist, sondern sich im »Endstadium« eines Burn-outs befand (siehe Kapitel 7). Denn Depressionen waren nur ein Symptom davon und nicht die Ursache für ihren Gefühlszustand. Während der Therapie hat Luisa feste Strukturen in ihren Alltag eingebaut und ein Atelier gesucht, damit sie ihre Wohnung zum Arbeiten verlassen musste und von anderen Menschen umgeben war. Inzwischen hat Luisa Routinen in ihrem Leben und weiß, dass ihr so etwas nie wieder passieren wird. Sie hat gelernt, Pausen zu machen, sich nicht jeden Tag zum Arbeiten zu zwingen, den Druck auch ab und zu rauszunehmen und nicht mehr in Extreme zu gehen. Dazu sagt sie: »Social Media verläuft wie Wellen, manchmal geht es bergab und dann wieder bergauf. Aber es geht letztendlich immer weiter und es kann nicht immer nur hochgehen. Sowas musste ich erstmal lernen. Man muss dranbleiben und du solltest dein langfristiges Ziel im Auge behalten. Bei mir ist es eben nicht Social Media, sondern etabliertere Künstlerin zu sein.«

Talks, Bühnen und Medienberichterstattung

Häufig werde ich von Freundinnen, aber auch Unbekannten gefragt, wie ich die Speakerinnenaufträge, Moderationen, Panel Talks, Interviews und Artikel bekomme. Am dem Tag, an dem die FeMentor-Website online geschaltet wurde, gewann ich auch den B.Z. Berliner Helden Preis 2019. Hier erhielten wir nicht nur ein Preisgeld, sondern auch mediale Berichterstattung in der Lokalzeitung mit der höchsten Auflage in Berlin. Diese mediale Aufmerksamkeit öffnete viele Türen. Aber das ist meine Geschichte. Grundsätzlich ist der Anfang als Start-up häufig schwierig und es dauert, bis du Anfragen für Interviews, Fernsehbeiträge oder Podcast-Einladungen erhältst. Daher empfehle ich, mit einer PR-Agentur oder PR-Beraterin zusammenzuarbeiten. Irgendwann kommen die Anfragen (hoffentlich) automatisch und als etablierte Gründerin hast du dann auch die Option, Angebote abzulehnen – was mir am Anfang meiner Gründung unvorstellbar erschien.

Wenn du dir bereits eine Personal Brand aufgebaut hast, solltest du wohlüberlegt entscheiden, wem und was du zusagst und ob ein Auftritt, unabhängig vom Honorar beziehungsweise der Bezahlung, ausschlaggebend für deine Karriere ist. Bühnenauftritte nehmen viel Zeit in Anspruch, die vom Daily Business abgezogen werden muss und somit auch finanzielle Einbußen für dein Start-up bedeuten können. Wahr ist aber auch: Speakerinnen können – ziemlich viel – Geld mit Talks verdienen. Das kann ein netter Nebenverdienst neben der Gründung sein.

Kaum jemand spricht darüber, wie viel Speakerinnen verdienen, daher nenne ich realistische Zahlen. Dabei solltest du nicht vergessen, dass du nicht sofort in der höchsten Preisklasse mitspielen wirst. Die meisten gut verdienenden Speakerinnen haben sich über Jahre ein Portfolio aufgebaut oder sind in einem Feld Expertin, in dem es kaum weitere Fachfrauen gibt. Speakerinnen-Honorare können zwischen 200 und 15.000 Euro liegen (nach oben mag die Grenze je nach Persönlichkeit auch noch deutlich höher liegen). Aus Gesprächen mit anderen Gründerinnen sowie angestellten Führungskräften habe ich unterschiedliche Preiskategorien kennengelernt. Die meisten Gründerinnen verdienen zunächst nichts mit ihren Talks, egal wie alt sie sind. Wenn es dann zu Honoraren kommt, befindet sich das meistens in einer Preisspanne von 500 bis 1.500 Euro. Mit einer entsprechenden Reichweite auf Social Media und medialer Präsenz kann der Betrag zwischen 2.000 und 6.000 Euro liegen. Die großen Deals über 5.000 bis 10.000 Euro werden meistens über Speaker-Agenturen verhandelt, bei denen du aber noch 20 bis 25 Prozent abgeben musst. Prominente Persönlichkeiten zum Beispiel aus Film und Fernsehen können für eine 60-minütige Keynote 20.000 bis 30.000 Euro verdienen.[76]

Unbezahlter Talk – und nun?

Was also, wenn ein Talk unentgeltlich ist? Es gibt Angebote, die immer angenommen werden sollten, auch wenn es kein Budget gibt. In meinem Fall war das mein TEDx Talk 2022, der zwar unentgeltlich war, aber dazu führte, dass meine Expertise unterstrichen wurde. Ein TEDx Talk oder ein veröffentlichtes Buch ist für selbstständige Speakerinnen und Moderatorinnen zu vergleichen mit einer Gehaltserhöhung als Angestellte oder mit dem Zusatz »in Harvard« studiert im Lebenslauf. Das alles sagt zwar noch nichts über die eigenen Kompetenzen aus, ist aber Prestige wie ein Biosiegel auf einer Banane. »Bitte gut bezahlen, bin Bio aka TEDx Speakerin.«

Hier gilt es vorausschauend zu prüfen, wann du einen Talk annimmst, der unbezahlt ist:

- **Messen & Konferenzen.** Hier können potenzielle Kundinnen auf dich und somit dein Start-up aufmerksam werden. Das kann dazu führen, dass du anschließend für einen bezahlten Talk angefragt wirst, weil du überzeugt hast. Das allerdings setzt voraus, dass du dich immer (!) gut vorbereitest – auch wenn es unentgeltlich ist. Oder du gewinnst eine Kooperationspartnerin oder Kundin, die dein Produkt, deine Dienstleistung kaufen möchte.

- **Netzwerkevents.** Ob du bei einem Netzwerkevent kostenlos als Speakerin auftrittst, macht Sinn, wenn die Zielgruppe spannend für dich ist oder du erste Speakerin-Erfahrungen sammeln möchtest.
- **Renommierte Plattformen** (Universität/Stiftung oder ähnliches). 20 Prozent meiner Talks mache ich nach wie vor pro Bono, denn es ist mir wichtig, Herzensprojekte zu haben. Da ich selbst mein Studium noch nicht abgeschlossen habe, ist es mir immer eine Ehre, an Universitäten zu sprechen. Teilweise haben die Hochschulen dafür kein Budget und in ausgewählten Fällen gebe ich dann einen Impulsvortrag. Auch Stiftungen haben häufig keine Gelder für Speakerinnen und ich unterstütze bei sozialen Projekten gerne mit meiner Stimme oder Reichweite.

Was du beachten solltest, wenn du für Interviews oder Talks angefragt werden möchtest:

- **Sei auf diversen Social-Media-Plattformen aktiv.** Besonders LinkedIn hat ein riesiges Potenzial, um als Akquise-Plattform genutzt zu werden. Fast 80 Prozent meiner Speakerin-Anfragen kommen über eine Kontaktanfrage bei LinkedIn, darunter auch mein TEDx Talk. Dort bin ich nahbar für die Ansprechpartnerinnen, leicht erreichbar und die Personen haben weniger Arbeit, meine E-Mail-Adresse ausfindig zu machen.
- **Sei intuitiv erreichbar.** Eine eigene Website mit Kontaktmöglichkeiten (E-Mail, Formular und Telefonnummer, wenn gewünscht) direkt auf der Startseite machen es der Interessentin leicht, eine Interviewanfrage zu stellen – und du kannst gleichzeitig signalisieren, dass du ebenfalls als Speakerin buchbar bist.
- **Positioniere dich als Expertin** – und zwar in den Medien sowie in deinen eigenen Onlinebeiträgen. Magazine und Zeitungen sowie potenzielle Kundinnen wollen neue Impulse und noch nicht gehörte Geschichten, weshalb es auch spannend ist, in Artikeln zu erscheinen, die sich um eine gewisse Branche oder Thematik drehen, die dir besonders liegt beziehungsweise die zu deinem Angebot passt. Als Impulsgeberin kannst du zitiert werden und erhöhst dadurch ebenfalls deine Sichtbarkeit.

In der Berichterstattung ist gleichzeitig besondere Vorsicht geboten. Nicht alles, was online steht oder gedruckt wird, stimmt. Auch in meinem Fall gab es gedruckte oder veröffentlichte Artikel, die trotz Freigabe meinerseits im Nachgang falsche Zeiten oder Zitate enthielten. Von kleinen Zahlendrehern bis hin zu erfundenen Aussagen war alles dabei. In einem Artikel wurde meine Teilnahme bei Miss Germany mit Germany's Next Topmodel verwechselt, das andere Mal wurde ich Jahre jünger oder älter gemacht und Fernsehbeiträge wurden falsch geschnitten, wodurch meine Aussagen nicht der Wahrheit entsprachen, aber in das Bild der Redaktion passten.

Public Relations (PR)

Nicht jede Presse ist gute Presse. Sollte zum Beispiel ein Fernsehbeitrag geschaltet werden, der dich in einem negativen Licht zeigt, kann ich dir versprechen: Viel versendet sich. Das bedeutet, dass der Beitrag zwar für Aufmerksamkeit sorgen wird, aber nicht auf Dauer, die Zuschauerinnen werden sich daran nicht mehr erinnern. Doch du kannst solche Sorgen vermeiden. Gerade Absagen sind teils klüger als der Glaube an die Sichtbarkeit, die man sich von einer Teilnahme für ein TV-Format verspricht. Denn nicht jede PR ist automatisch gute PR. Du solltest dir vorher über dein Image Gedanken machen und gerade bei Fernsehauftritten vorsichtig sein, denn es kann zu bösen Überraschungen wie einem Shitstorm kommen. Da machen Verträge im Vorfeld Sinn, die deine Rechte schützen und du damit auch die Kontrolle hast, was gezeigt wird.

Gute PR liefert immer einen Mehrwert

Die PR-Expertin und Personal-Branding-Strategin Henrike Redecker teilt ihre Insights zum Thema.

»Die Start-up-Szene in Deutschland war für mich genau das Richtige, als ich mich selbstständig gemacht habe. Warum? Weil ich hier die Kundinnen gefunden habe, die zu mir passen, obwohl Start-ups zuerst gar nicht in meinen Fokus fielen. Mein USP ist die PR und das Personal Branding für Frauen und Organisationen, die mit Frauen in Zusammenhang stehen. Deswegen ganz klar: Je mehr Frauen gründen, desto besser (auch für mich). Trotzdem finde ich, dass mehr differenziert werden muss. Nicht jede, die sich selbstständig macht, ist automatisch Gründerin oder CEO eines Start-ups. Manchmal finde ich, dass der Begriff ›Gründer:in‹ fast inflationär genutzt wird, genauso wie sich plötzlich alle Coach nennen. PR heißt Public Relations, es sind also die Beziehungen mit der Öffentlichkeit gemeint. In Deutschland hat es sich so eingeschlichen, dass PR bedeutet, in der Presse, also in Magazinen und Zeitungen mit Artikeln zu erscheinen. Ich lehne mich mal weit aus dem Fenster und sage: Das stimmt nicht. Die Veröffentlichungen oder im Fachjargon auch Clippings genannt sind sicher ein Teil davon, aber längst nicht alles. Es geht auch darum, nachhaltige Verbindungen zu schaffen, einen Social Proof aufzubauen, das Image einer Marke oder einer Person aufzubauen und so Aufmerksamkeit zu schaffen. Gute PR hat immer einen Mehrwert. Wenn es also darum geht, eine Veröffentlichung in einem Magazin zu bekommen, sollte auf Folgendes geachtet werden:

- Welchen Mehrwert liefert dein Thema für die Leser:innen?
- Hast du eventuell Belege wie Zahlen, Daten, Fakten für dein Thema?
- Zahlt dein Thema auf die Botschaft des Mediums ein?
- Welchen Newswert hat dein Thema?

In den letzten Jahren habe ich viele Kund:innen auf ihre PR-Arbeit vorbereitet und dadurch bereits einige Erfolge erleben dürfen. Wichtig ist auf jeden Fall, dass man sich Zeit nimmt und PR als einen langfristigen Bestandteil der Unternehmensstrategie sieht.

Erfolg durch Individualität

Nach fast 20 Jahren in verschiedenen PR-Agenturen habe ich mich Anfang 2019 dazu entschieden, in die Selbstständigkeit zu gehen – bis jetzt die beste Entscheidung, die ich für mich treffen konnte. Für mich ist die Freiheit zu entscheiden, wie und mit wem ich arbeiten möchte, der größte Luxus. Und das nehme ich auch sehr ernst. Oft trudeln Anfragen bei mir ein, dass ich doch bitte mal ein Angebot für PR machen soll. PR ist aber meiner Meinung nach etwas sehr persönliches, daher ist für mich bei der Auswahl meiner Kundinnen folgendes wichtig:

- Passt der Kunde/die Kundin oder Marke zu meinen Werten?
- Stehe ich hinter dem Produkt, den Ansichten und der Haltung der Kunden/Marke?
- Bringt der Kunde/die Kundin die Voraussetzungen mit, die ich für eine gute PR Arbeit benötige?

So landen immer nur eine Handvoll Kund:innen in meinem Portfolio und ich kann mit viel Herzblut und Engagement die PR übernehmen. Da ich mich auf vor allem auf das Personal Branding spezialisiert habe, investieren wir viel Zeit in die Themenfindung und orientieren uns dabei an einem Sichtbarkeitsmodell mit drei Säulen:

- Business: Was ist deine Expertise?
- Vision/Mission: Für was stehst du?
- Passion: Was ist dein Herzensthema?

Wenn alles steht und wir ein ›PR-Kit‹ zusammengestellt haben, erarbeiten wir eine Strategie, wie wir die Kundin entsprechend ihren Themen positionieren. Da ich nicht jede in mein Portfolio aufnehmen kann und möchte, biete ich außerdem Workshops an, in denen ich zeige, wie PR-Arbeit funktioniert. Wer es einmal schnell braucht und nur ein paar Fragen klären möchte, ist in meiner PR-Sprechstunde richtig. Viele Infos dazu gibt es auch in meinem Podcast PR Karussell, in dem ich mit anderen Expertinnen über Public Relations, Sichtbarkeit und Personal Branding spreche.

PR-Beratung: Wie finde ich die richtigen Partnerinnen?

Zuerst solltest du dich fragen, warum du sichtbar sein möchtest und was das Ziel deiner PR-Arbeit sein soll? Dann gibt es verschiedenen Optionen:

- **Inhouse PR-Abteilung.** Wenn das Start-up schon ein bisschen weiter ist, kann das eine gute Option sein. Erst mal eine Person einzustellen, die dann die PR übernimmt und auch eine Agentur oder Freelancer steuern kann. Die Herausforderung dabei ist: Gute Senior PR-Berater, die dafür am besten geeignet wären, sind teuer und wollen auch nicht mehr alles alleine machen, sondern ein Team haben.
- **PR-Agentur.** Eine Agentur hat den Vorteil, dass man auf viele Personen zurückgreifen kann, also viele Ideen und viele Kontakte. Allerdings zahlt man hier auch den ganzen Apparat mit. Vorteil ist auf jeden Fall, dass immer jemand für dich erreichbar ist.

- **Freelancerin.** Hier gibt es viele PR-Beraterinnen, die sich auf eine bestimmte Nische spezialisiert haben. Das Netzwerk haben sich Freelancerinnen mit ihrem Namen aufgebaut und daher ist dieses oft nicht nur sehr umfassend, sondern auch belastbar. Nachteil: Die PR-Power wird mit anderen Kund:innen geteilt und es gibt kein Back-up, wenn deine Freelancerin anderweitig beschäftigt ist.

Mein Weg zu FeMentor

Ich bin schon von Anfang an bei FeMentor dabei und darauf auch sehr stolz. Mit meinen Mentees arbeite ich inzwischen sogar zusammen und es hat sich eine wunderbare Beziehung entwickelt, die ich als sehr wertvoll betrachte. Vanessa de Silva und Viktoria Kranz gehören inzwischen zu meinem Team aus Freelancer:innen, mit denen ich regelmäßig arbeite. Seit 2018 singe ich in einem Chor namens ›Grölende Girls‹ und eine meiner Chorschwestern, Panja Pries, stellte mich Anastasia vor, ein super Match. Seitdem bin ich Feuer und Flamme für Reverse Mentoring und unterstütze, wann immer ich kann. Für meine eigene Sichtbarkeit war FeMentor ein wichtiger Schritt und es ist immer eines der ersten Dinge, die ich meinen Kundinnen empfehle. Durch die Plattform bekommst du Sichtbarkeit und gehörst gleichzeitig einem Netzwerk mit Mehrwert an. Und das gehört auch zur PR.

Effektive PR braucht ihre Zeit

Im Allgemeinen gehen die meisten Menschen davon aus, dass PR mit Veröffentlichungen, (Print-)Magazinen und Zeitungen einhergeht. Das stimmt natürlich nicht, es gehört einiges mehr dazu. Im Vordergrund stehen aber die Verbindungen (Relations), die geschaffen werden sollen mit einer Zielgruppe, mit Journalistinnen, mit Konsumentinnen, mit Influencerinnen, mit Opinion Leaderinnen und so weiter. Dabei sollte PR immer einen Mehrwert schaffen und das macht wirklich gute PR aus. Nicht jede PR ist also gute PR, aber wenn sie jemand anderem weiterhilft, inspiriert oder auch nur zum Lachen bringt, dann würde ich immer einen Hacken dahinter setzen. Sorgfältige PR ist immer eine gute Unterstützung und ich würde jedem Start-up raten, sich hier gut aufzustellen, weil sie für die Aufmerksamkeit, das Wachstum und die Glaubwürdigkeit einen Unterschied machen kann. Was du aber nicht erwarten solltest, ist, dass PR alle Probleme löst, Sales durch die Decke schießen lässt oder Investorinnen anzieht. Dabei kann PR unterstützen, aber wir reden hier von einem langfristigen Projekt. PR braucht einen langen Atem.«

Meine Mutter ist PR-Beraterin und teilt ihre ultimativen Boomer-PR-Tipps für Printmedien und Radio gerne an dieser Stelle.

Die wichtigsten PR-Tipps von Annette Barner

1. Ihr solltet immer eine Presseinformation über euer Start-up und euch vorbe-reiten, die man auch bei kurzfristigen Anfragen für zum Beispiel Neuigkeiten wie Namensänderung oder Produktpräsentationen versenden kann.
2. Eine Pressemitteilung sollte nicht länger als eine Seite sein.
3. Die 7 Ws sollten beachtet werden: wer, was, wann, wo, wie, warum, woher (wobei die beiden letzten beiden nicht immer relevant sind).

Wer?	Das seid ihr bzw. euer Start-up, eure Idee oder euer Produkt.
Was?	Ich empfehle meinen Kundinnen immer, einen Anlass zu schaffen. Presse-konferenzen sind nicht sonderlich beliebt. Besser ein intimeres Presse-gespräch mit wenigen geladenen Journalistinnen oder ein Essen in einer coolen Location mit Präsentation. Aber da müsst ihr entscheiden, was zu eurem Unternehmen passt.
Wann?	Findet zum Beispiel eine Veranstaltung statt, sollte schnell die Uhrzeit ersichtlich sein, zum Beispiel in der Überschrift. Oder das Datum nennen, an dem ein besonderes Ereignis passiert ist. »Heute haben wir erfolgreich den Vertrag unterschieben mit xy.«
Wo?	Bitte immer genaue Ortsangabe mit Stadt, Postleitzahl und Adresse angeben und wenn möglich eine Ansprechpartnerin vor Ort mit Telefon-nummer
Wie?	Wie kam es dazu? Nennt dazu gerne Umstände oder Details eurer Gründung, z. B. ethische oder auch persönliche Gründe, die für Journalistinnen spannend sein könnten.
Warum?	Was macht euer Produkt oder Unternehmen besonders?
Woher?	Hintergründe oder die Geschichte erzählen. Dies kann auch als Interview-passage mit euch in den Text einfließen.

4. Am besten die wichtigsten fünf Fragen und die Antworten darauf schon in der Überschrift platzieren und den Text nicht in stilvoller Prosa verfassen, son-dern so faktenlastig wie möglich formulieren.
5. Einladungen bitte mindestens zwei Wochen vorher verschicken. Und keine zig Reminder hinterher, sonst landet man sehr schnell im Spamordner.
6. Eine Ansprechpartnerin für Rückfragen oder Anmeldung benennen, die nicht ihr sein solltet. Das wirkt professioneller.
7. Die Pressemitteilung solltet ihr direkt in die Mail kopieren und keine großen Dateien verschicken. Falls ihr Fotos habt (bitte professionelle und mit hoher Auflösung), als Link zum Download einfügen.
8. Auch gerne mal einen Anruf tätigen. Aber nicht vor Redaktionsschluss oder der morgendlichen Redaktionskonferenz bei Tageszeitungen. Und montags stauen sich die Mails vom Wochenende, also auch da nicht versenden oder anrufen.

9. Grundsätzlich solltet ihr euch fragen: Ist die Neuigkeit wirklich auch für Leserinnen interessant und falls ihr die Frage mit Ja beantwortet, auch spannend aufbereiten. Ich lege die Presseinfo immer noch jemand vor, der keine Ahnung von dem Thema hat, weil man oft als Insiderin zu viel Wissen beim Gegenüber voraussetzt.

10. Falls ihr eine originelle Story zu einer Gründung oder zu euch selbst habt: Journalistinnen lieben Storys. Da auch gerne einen Profi für Storytelling engagieren.

11. Beim eigentlichen Versand dann die richtige Redaktion beachten, keine Mails an info@zeitungxyz.de. Die werden nicht wirklich gelesen. Besser ist es, eine persönliche Mail an die passende Redakteurin (vorher im Impressum gucken) zu senden und auch als persönliche Ansprache formulieren. Dabei gerne auf einen Artikel, den man von ihr gut fand, verweisen.

12. Ihr könnt auch in eurem Bekanntenkreis fragen, ob es nicht einen Kontakt zu einer Journalistin gibt und euch dann im Anschreiben oder beim Telefonat darauf berufen.

13. Alle wollen in die sogenannten Qualitätsmedien, aber da ist der Streuverlust oft hoch und die Chance gerade am Anfang gering, dort einen Artikel zu lancieren. Die lokalen Medien (Radio und Print) freuen sich immer über Erfolgsgeschichten. Also warum nicht mal bei der Heimatzeitung anrufen und den Erfolg dort publizieren mit nettem Interview oder der Story über eure Gründung. Da sind dann by the way auch noch die Eltern und die Verwandtschaft stolz. Und der Multiplikationseffekt ist nicht zu unterschätzen.

14. Bei den meisten Radiostationen, aber auch Zeitungen kann man auch eine Verlosung anbieten vom Produkt oder zwei Ehrenplätze bei dem Event. Dazu ein Interview mit euch und ihr habt fast kostenlose Werbung.

15. Die verkaufte Gesamtauflage der Tageszeitungen in Deutschland betrug im Jahr 2022 rund 14,6 Millionen Exemplare. Also ein durchaus interessanter Markt, bei dem ihr auch an ältere Zielgruppen rankommt, die sich eben (noch) nicht bei Instagram oder TikTok tummeln.

Personal Brand

In der Start-up-Szene sind wir alle Gründerinnen. Doch gewisse Personen stechen heraus durch eine starke Personal Brand.

Good to know

Eine Personal Brand bleibt, dein Start-up nicht unbedingt.

Damit meine ich, dass du dich neben der Vermarktung deiner aktuellen Gründung beziehungsweise Gründungsidee auf deine Selbstvermarktung, also dich und deine Expertise, stützen solltest. Das hilft dir nicht nur bei der Positionierung, sondern ist vor allem auch dann von Bedeutung, sollte es dein Start-up nicht mehr geben oder du zum Beispiel aufgrund eines Verkaufs nichts mehr damit zu tun hast.

Personal Brand

Mit der Personal Brand ist gemeint, dass kein Unternehmen oder Produkt beworben wird, sondern eine Person vermarktet wird. Es geht darum, ein stabiles Image aufzubauen, für dauerhafte Sichtbarkeit zu sorgen und das in einigen Fällen auch zu monetarisieren.

Dafür sind folgende Aspekte relevant[77]:
1.   Eine klare Botschaft oder Expertise, die du vertrittst.
2.   Einen USP, also etwas, was dich von anderen abhebt.
3.   Wertvolle Insights für eine breite Masse oder Zielgruppe.
4.   Ein bereits bestehendes Netzwerk oder das Ziel verfolgen, ein größeres Netzwerk aufzubauen, um den Bekanntheitsgrad zu erweitern.

Eine Personal Brand kann zu Speakerin-Anfragen führen, zu Einladungen zu Veranstaltungen, zu einem neuen Netzwerk und sie kann Türöffner in Unternehmen oder neue Umfelder sein. Bisher bauten eher Influencerinnen, Content Creators und Künstlerinnen eine »Eigenmarke«, um sich besser selbst zu vermarkten. Doch seit einiger Zeit tun dies auch vermehrt Gründerinnen, bei denen vorher nur das Unternehmen im Vordergrund stand. Es ist wichtig, die Arbeit an dem eigenen Start-up nicht in den Hintergrund zu schieben, um an der Selbstvermarktung zu arbeiten, aber dennoch ist es möglich, sich neben dem Start-up einen Namen als Individuum zum machen.

Genau wie bei den Fotos kann die Personal Brand mit einer Farbe oder einem anderen Alleinstellungsmerkmal unterstützt werden. Ich rate daher, bei Events zu farbigen oder mindestens individuellen Kleidungsstücken zu greifen. Mir fällt immer wieder auf, wie viele Frauen, aber auch Männer bei Veranstaltungen Jeans, schwarze Kleidung oder gedeckte Farben tragen. Es gab Start-up-Events (besonders in Berlin), auf denen ich mir eher wie auf einem Grufti-Emo-Treff vorkam und der einzige Farbfleck war.

Zu einer guten Personal Brand gehört auch eine große Portion Selbstbewusstsein und Mut, denn Sichtbarkeit führt dazu, dass du auffällst. Mit einem optischen USP bleibst du zudem eher in Erinnerung. Genauso sieht es mit Instagram oder LinkedIn Postings aus: eine coole Frisur und Haarfarbe, ein immer wiederkehrendes Kleidungsstück, dieselbe Brille in unterschiedlichen Farben, schrille Schuhe (okay, da könnte es schwer werden, sie auf jedem Foto ins Bild zu rücken).

Ob online oder offline auf Veranstaltungen: Überlege dir genau, welches authentische Merkmal du hervorheben möchtest, um anderen positiv im Gedächtnis zu bleiben. Denn du könntest zum Role Model für andere werden, auch wenn das eine Gefahr mit sich bringt. Denn teilweise werden Vorbilder/Idole aus der Start-up-Szene idealisiert. Statt sich wie »früher« in der Jugendzeit die Wand mit Postern von Stars oder Sportlerinnen vollzukleistern, folgt man heutzutage den Role Models auf Instagram, TikTok und/oder LinkedIn. Man ist hautnah dabei, erlebt die Erfolge, identifiziert sich mit der Person und hat diese häufig auf dem Feed mit Einblicken in ihr Privatleben – was dazu führen kann, dass man den Eindruck bekommt, diesen Menschen zu kennen. Und hier liegt eine Gefahr, die es in der »Posterzeit« so nicht gab: In der Social-Media-Welt werden schnell Grenzen überschritten (durch Posts, negative wie positive) oder Erwartungen an die Person gestellt, die diese gar nicht erfüllen kann beziehungsweise will.

Social Media

Doch nicht nur dein USP sowie ein oder mehrere qualitativ hochwertige Bilder sind ausschlaggebend für die erfolgreiche Sichtbarkeit deiner Person. Ein gepflegter und regelmäßig bespielter Social-Media-Kanal kann dir und damit auch deinem Unternehmen, irrelevant ob Start-up oder Großunternehmen, Sichtbarkeit und potenzielle Kundinnen sowie Partnerinnen bringen. Hier lohnt es sich, auch mit Influencerinnen zusammenzuarbeiten, um den Wachstum des eigenen Kanals zu beschleunigen.

Die Macht von sozialen Medien wie LinkedIn oder Instagram ist enorm. Es ist wie eine kostenlose Werbeplattform, bei der man viel Reichweite mit wenig Geld generieren kann. Eine ausgeprägte Social-Media-Präsenz hat in Verhandlungen enorme Vorteile, da du zum Beispiel nicht nur als Speakerin bei einer Konferenz auftrittst, sondern ein Instagram Post eine automatische Werbung für das Event ist. Daher werden besonders häufig Gründerinnen mit einer hohen Followerinnenzahl als Speakerinnen angefragt.

Ein großes Following kann aber auch für Nachteile sorgen, gerade in Kundinnengesprächen oder Verhandlungen. Ich hatte am Anfang meiner Gründung den Fall, dass ich wegen einer Instagram Story zurechtgewiesen wurde, dass eine junge Gründerin sich nicht als »Modepüppchen« darzustellen hat. Das nahm ich als Anlass zu zeigen, dass Fashion Week und Start-up-Welt einander nicht ausschließen müssen. Gerade ältere männliche Kunden nehmen Frauen mit einem Following nicht ernst und stempeln diese ab, was ebenfalls zum Nachteil werden kann. Wer viele Followerinnen hat, gibt meist viel von sich preis. Dadurch bietest du auch viel Angriffsfläche.

Auf LinkedIn oder Instagram erhalte ich regelmäßig Nachrichten von jungen Frauen, die sich bei mir bedanken, dass ich diese feminine Seite behalte und Tabus breche, wie zum Beispiel ein Bikinibild im Urlaub neben einem Posting von mir auf der Bühne im Businessanzug.

Meine Learnings über die Jahre auf Social Media

1. **Es geht nicht um die Likes, sondern die Kommentare.** Letztere sind für den Algorithmus doppelt so relevant wie ein Like.
2. **Kommentare bekommst du durch eine Interaktion mit den Leserinnen.** Diese kannst du zum Beispiel mit einer Frage am Ende deines Posts starten.
3. Täglich posten wäre das Ideal, aber die wenigsten schaffen das. Daher versuche **ein bis drei Postings pro Woche** auf Plattformen wie LinkedIn oder Instagram.
4. **Suche dir eine Plattform aus, die zu dir passt**, die du gut bedienen kannst und wo du selbst auch gerne Beiträge von anderen liest.
5. **Erstelle eine Posting-Ideenliste.** Damit hast du in Zukunft genug Themen, auf die du zurückgreifen kannst.
6. **Bereite deine Beiträge vor.** Dadurch hast du immer etwas zum Posten und kannst das auch von unterwegs tun.
7. **Lasse dich unterstützen.** Vergiss nicht, dass viele erfolgreiche Gründerinnen ihre Beiträge nicht selbst verfassen. Viele haben dafür Assistentinnen oder Freelancerinnen, die regelmäßig im Namen der Person Beiträge schreiben und veröffentlichen.
8. **Finde die beste Zeit zum Posten heraus**, in dem du zu unterschiedlichen Tagen an unterschiedlichen Zeiten postest und die Resonanz miteinander vergleichst.
9. Wenn du keine Ideen für Beiträge hast, kannst du auf **tagesaktuelle Nachrichten** und Geschehnisse in der Welt eingehen. Das kommt immer sehr gut an – vorausgesetzt, du hast zu einem Thema auch etwas Wertvolles zu sagen.
10. **Arbeite mit anderen Content Creators zusammen.** Verlinkt euch, erstellt gemeinsame Bilder oder macht Verlosungen oder Umfragen.
11. **Poste regelmäßig auch Bilder.** Triff dich mit Freundinnen oder Fotografinnen und erstellt Bildmaterial für Postings. Wenn du kein Geld für eine professionelle Fotografin hast, kannst du auch mit angehenden Fotografinnen Fotos machen mit einem TFP Shoot (time for picture), das heißt, du stellst dich als Model für die Fotografin zur Verfügung und darfst die Bilder ohne Gebühr verwenden.

14 Events und Netzwerken

Die Start-up-Szene ist für mich eine Welt für sich. Und ein Abenteuer. Als ich vor drei Jahren nach Berlin gezogen bin, bin ich richtig reingeschlittert. Als Agenturgründerin habe ich nämlich nicht direkt ein eigenes Start-up, jedoch sehr viele Freunde und Bekannte in der Szene. Partys, Networking-Events, Intros, spannende Storys. Cool finde ich, dass die Start-up-Szene in Berlin sehr vielfältig ist. Vor zwei Jahren habe ich dann in mein erstes Start-up investiert: MANIKO Nails. Ich kannte die Gründer und MANIKO war mein Kunde im Influencer Marketing. Also dachte ich: Why not?

Sarah Emmerich, Agenturgründerin

Roter Teppich. Blitzlichtgewitter. Wir befinden uns bei einer der unzähligen Galas, die es wöchentlich in Berlin gibt: den Green Tech Award, den Bold Woman Award oder Bälle für Gründende. Kurz vorher ruft mich eine Gründerin an und fragt, wie ich es immer schaffe, auf all den Events stets ein anderes Outfit zu tragen, schließlich sei das auch eine Geldfrage. Worauf sollte man achten und welche Rolle spielt der Look bei solchen Veranstaltungen überhaupt? Und worauf kommt es darüber hinaus an? In diesem Kapitel teile ich mit dir meine wichtigsten Erfahrungen, Learnings und meine ganz persönlichen Kritikpunkte an der glamourösen Veranstaltungswelt.

Um das vorwegzunehmen: Die Outfitwahl ist ein nicht zu unterschätzender Faktor, auch was die persönliche Brand angeht. Teilweise erkennen mich Personen auf Events wegen meiner Social-Media-Präsenz und meines Faibles für außergewöhnliches Styling. Um den Schweizer Dichter Gottfried Keller etwas abgewandelt zu zitieren: (Abend-)Kleider machen Leute. Insbesondere bei Frauen wird hier nach wie vor ein hoher Maßstab angelegt.

Menschen kategorisieren und stecken andere in Schubladen. Innerhalb weniger Sekunden entscheiden wir unbewusst, wie wir jemanden einordnen. Auf solchen Events ist das natürlich noch verstärkt. Angesichts eines beschränkten Zeitrahmens, enger Programmpunkte und vieler Gäste möchte man die Zeit natürlich bestmöglich nutzen, um interessante Gespräche zu führen. Optischer Wiedererkennungswert und auffällige Merkmale erleichtern dies ungemein. So oberflächlich das ist: Die Wahrscheinlichkeit, bei einem Event mit Abendgarderobe eher in ein Gespräch verwickelt zu werden, weil du »das Richtige« anhast, ist sehr hoch. Das kann eine auffällige Tasche, das neuste Kleid einer Kollektion sein oder ein offensichtlich teures Markenteil. Dafür musst du keine Unsummen ausgeben. Über Apps wie ClothesFriends, WeDress

Collective oder Wardrobe Affaire kannst du diese preiswert und auch mit Blick auf Nachhaltigkeit leihen. Zudem ist es möglich, sich direkt von Labels ausstatten zu lassen. Vielleicht kennst du jemanden, der dir ein Intro herstellen kann. Realität ist aber leider auch, dass es zu abschätzigen Blicken kommen kann, wenn die Kleidung nicht zum Etablissement zu passen scheint und unangemessen wirkt.

Achte darauf, dass du nicht »zu dick aufträgst«. Dein Style sollte authentisch sein, du musst dich wohl fühlen und er sollte zu deiner Personal Brand passen. Du kannst den Dresscode beachten und dennoch auffallen, wenn dir das wichtig ist. Ich selbst entscheide mich an dem Abend für ein eng anliegendes, goldenes Kleid und unbequeme High Heels, die den Look vervollständigen. Der Mantel wird übergestreift, die Ballerinas für den Heimweg eingepackt und los geht's. Während für die meisten um diese Zeit der wohlverdiente Feierabend eingeläutet wird, beginnt mein Arbeitstag jetzt eigentlich erst richtig: netzwerken! Endlich angekommen, werde ich von allen Seiten begrüßt. Ein kurzer Blick in die Gästerunde bestätigt mir, was ich vermutete habe: ein weiterer Abend, an dem ich die Jüngste bin und die Mehrzahl der Gäste kenne. Um mich herum werden Kinderfotos gezeigt, wird über die anstehenden Schulferien gesprochen und wie es dem Mann geht. Auf der anderen Seite werden neue potenzielle Investments besprochen und Businessideen ausgetauscht. Bei einem Champagnerempfang wie an diesem Abend sind die meisten bereits erfolgreich und etabliert in der Szene. Doch sei nicht frustriert oder traurig, falls du noch nicht eingeladen wirst. Das wird kommen!

Wir sind nachhaltig, wir sind sozial – weil wir spenden

Sozial und nachhaltig sind Begriffe, die viele Start-ups für sich in Anspruch nehmen. Leider wird es oft nur halbherzig umgesetzt und ist mehr Teil des Image statt der Identität. Dabei kann es nachhaltige Veranstaltungen geben. Da ich selbst Events organisiere, weiß ich, wie viel Müll am Ende eines Abends entstehen kann: Essensreste auf den Tellern (bitte nimm dir nur das, was du isst und belade dir nicht deinen Teller, wenn du das meiste dann am Ende stehen lässt!), halbvolle Gläser, Blumendekoration und das teils unberührte Büffet, welches in den meisten Fällen weggeworfen werden muss. Um meine Veranstaltungen so nachhaltig wie möglich zu gestalten, lasse ich die Gäste übrig gebliebene Häppchen mitnehmen. Außerdem kontaktiere ich für jedes Event Foodsharing-Gruppen oder sogenannte Food Saver, die dafür sorgen, dass kein Essen entsorgt werden muss, sondern an Personen verteilt wird, die sich das kaum mehr leisten können. Ein anderes Beispiel: Beim Deutschen Filmpreis gab es in den letzten Jahren statt Schnittblumen eine grüne Pflanzenwand für den Red Carpet. Am Ende des Abends können sich die Gäste Pflanzen in Töpfen mitnehmen. Was zeigt: Brimborium geht auch nachhaltig!

Der zweite Aspekt, der soziale, ist ebenfalls von einer gewissen Scheinheiligkeit getrübt – auch wenn ich das sicher nicht allen teilnehmenden Personen solcher Veranstaltungen unterstelle. »Wir spenden, deshalb tun wir Gutes« ist häufig kein Abbild der Realität. So manch großzügig spendende Person macht es sich mit einem Scheck einfach und belässt es dabei. In diesem Zusammenhang ist oft die Rede von »modernem Ablasshandel«: Wo man früher in der Kirche Geld gespendet hat, um sich von seinen Sünden freizukaufen, spenden heute viele Menschen auf solchen Veranstaltungen (wenn teils auch nicht wenig), statt im echten Leben menschlich zu sein.

Und wenn es bereits um Menschlichkeit geht: Viele Bedienungen müssen stundenlang unbequeme Schuhe tragen. In der Zeit dürfen sie weder essen noch trinken, müssen aber den Gästen beim Verzehr zuschauen. Ein kleiner Schritt mit großer Wirkung: jeder bedienenden Person Pausen zugestehen und für den Ablauf des Abends einplanen!

Und noch etwas, das mir leider häufig bei Gästen solcher Events auffällt: Es kostet nichts, nett zu der Person zu sein, die für eine entspannte und angenehme Umgebung sorgt, einem alles bringt, damit man einen schönen Abend hat. Meist bin ich bei solchen Dinnerpartys im selben Alter oder jünger als die bedienenden Personen. Auch ich wurde schon mit einer Hostess verwechselt, weil ich jung war und und aufgrund meines Alters nicht in das Bild gepasst habe. Das ist einer der Gründe, wieso ich auf Veranstaltungen meist keine weißen Blusen trage oder generell Outfits, die schwarz-weiß sind, da ich die Frage, wo denn die Toilette sei oder ob ich noch ein Getränk bringen könnte, häufig mit "Ich bin hier ebenfalls Gast" beantworten musste. Aber durch diese Erfahrung weiß ich, wie wenig man als Arbeitskraft beachtet wird. Dabei unterhalte ich mich sehr gerne mit den Menschen, die nicht auf der offiziellen Einladungsliste stehen, sondern sich im Service etwas dazu verdienen. Diese Personen sind oft unglaublich spannend. So hatte ich ein Gespräch mit einem 67 Jahre alten Kellner. Er hatte eine beeindruckende Vita, bezieht nur leider nicht ausreichend Rente, weshalb er als Aushilfskellner arbeitet. Trotz zahlreicher Celebrities und Personen aus der Politik war das Gespräch mit ihm mein absolutes Highlight des Abends. Nach einer anderen Veranstaltung fragten mich im Nachgang zwei Hostessen nach meiner Nummer, da sie sich gerne bei FeMentor bewerben würden. Ich sei an dem Abend die einzige Person gewesen, die ernsthaftes Interesse an ihnen zeigte. Das Scheinheilige und für mich sehr Traurige an der Situation: Während des Essens wurde über soziale Ungerechtigkeit gesprochen und darüber, wie wir eine Chancengleichheit ermöglichen können. Im Anschluss wurden großzügige Spenden in fünfstelliger Höhe zelebriert, während »unter sich« sehr elitär über diese Zielgruppe gefachsimpelt und Servicepersonal teils abschätzig ignoriert wurde.

Was man wirklich wissen sollte, bevor man ein Event besucht

Obwohl ich dank meiner Mutter das große Glück hatte, schon sehr früh (und oft unwissentlich) »großen« Persönlichkeiten begegnen zu dürfen, brachte mir das für mein späteres Start-up nicht direkt etwas. Denn Start-up-Events gab es in dieser Welt nicht: Ich war durch meine Eltern in der Kunst- und Kulturbranche verankert. Damals wollte ich höchstens einen TEDx Talk geben, da ich meine Mama zu einigen TEDx-Veranstaltungen begleitet hatte – aber Unternehmerin zu sein, klang damals unglaublich öde. So brachten mir die Veranstaltungen, die ich in meiner Kindheit und Jugend besuchte, kaum etwas für meine Gründung. Selbst die Berichterstattenden, die ich in der Zeit kennenlernte, schrieben eher über Kulturveranstaltungen als über neue Start-ups. Aber: Durch diese kindliche Naivität habe ich etwas ganz Entscheidendes für mich und die Grundlagen des Netzwerkens gelernt: Offen auf andere zugehen öffnet Türen. Ich habe dir deshalb meine wichtigsten Learnings aus unzähligen Events zusammengefasst:

Meine Learnings zu Events

1. **Stars sind auch nur Menschen.** Die meisten prominenten Personen sind überraschend schüchtern, was zum Beispiel auf der Leinwand, wo sie eine Rolle verkörpern, nicht so wirkt. Der beste Umgang mit Menschen, die in der Öffentlichkeit stehen, egal ob Filmstar oder unternehmende Person, ist ein respektvoller, menschlicher Ton. Statt nach einem Autogramm oder Foto zu fragen, sind ein Austausch und ein nettes Gespräch auch Balsam für diese Persönlichkeiten.
2. **Veranstaltungen sind das, was du daraus machst.** Ich war schon auf den vermeintlich spannendsten Events, habe mich aber zu Tode gelangweilt, weil ich mit niemandem ins Gespräch kam. Gerade wenn man noch keine offensichtliche Relevanz für andere hat, wird man selten beachtet. Eine aktive Ansprache von Personen auf diesen Veranstaltungen kann dabei helfen, dein Netzwerk zu erweitern und den Abend »sinnvoll« zu verbringen. Denn viele Events sind genau dazu da: Kontakte aufzubauen.
3. **Zeit ist Geld – Zeitverschwendung nicht.** Du solltest dir gut überlegen, welches Event und welches Publikum für dich relevant ist. Teilweise gehe ich nicht mehr zu Early Stage Start-up-Treffen, weil das eine Phase ist, in der ich nicht mehr bin und die Gespräche sich meistens um anfängliche Wachstumsphasen drehen. Andererseits macht eine Teilnahme auch Sinn, denn dort sind zum einen potenzielle Kooperationspersonen, die von unserem Wachstum profitieren können und wir ihnen bei ihrer Problematik helfen können. Zum anderen kann ich dort aus Investorinnenperspektive schauen, wie der Markt sich wandelt und welche Start-ups derzeit Gelder suchen – denn jedes Start-up kann zum Unicorn werden. Man muss nur früh genug dabei sein und den richtigen Support liefern.
4. **Netzwerkpflege ist wichtig!** Ich habe eine Excelliste mit allen Namen, Adressen sowie Tag und Ort, an dem ich eine Person kennengelernt habe. Das hilft mir dabei, den Überblick über mein Netzwerk zu behalten. Wenn du mit einer solchen Liste arbeiten möchtest, solltest du den Kontakt noch am selben Tag eintragen, damit du nichts vergisst.

Auch wenn bereits meine Kindheit von Events geprägt war, hatte ich keinen einfacheren Start in die Start-up-Szene. Denn ein Netzwerk von Gründenden fehlte mir ebenso wie das Know-how einer Gründung. Zudem gehört zum Aufbau eines starken Netzwerks auch der Blick über den Tellerrand, denn bei spezifischen Events gibt es kaum Überschneidungen zu anderen Industrien. Dadurch fehlt ein branchenübergreifender Austausch, der für alle Beteiligten wertvoll wäre und weitere innovative wie kreative Kooperationsmöglichkeiten unterstützen könnte.

Heute werde ich regelmäßig gefragt, wie ich zu den vielen Einladungen komme und bei so unterschiedlichen Events dabei bin – von Fashion Week bis Blockchain-Messe ist alles dabei. Das funktioniert tatsächlich so ähnlich wie bei Geburtstagseinladungen in der Kindheit und Schulzeit. Man lädt die Leute zu sich ein, damit man auch eingeladen wird. Übersetzt heißt das: Veranstalte auch eigene Events und lade die für dich relevanten Personen ein.

> **Meine Tipps und Tricks, um eingeladen zu werden**
>
> 1. **Google ist dein Freund und Helfer.** Wenn du von einem bestimmten Veranstaltenden eingeladen werden möchtest, dann recherchiere auf der Firmenwebsite. In den meisten Impressen stehen Personen, die du kontaktieren kannst, um Interesse an einer bestimmten Veranstaltung zu bekunden und mit etwas Glück auf die Gästeliste zu kommen.
> 2. Gerade in Großstädten gibt es massenhaft **Veranstaltungen, die teilweise kostenlos sind**. Da bieten sich Plattformen wie Eventbrite an. Dort kannst du nach Events oder Themen in deiner Umgebung suchen und filtern.
> 3. **Du solltest bereit sein zu reisen** – gerade wenn du nicht in den großen deutschen Städten wohnst, wo gefühlt immer etwas veranstaltet oder gefeiert wird.
> 4. **Kontaktiere Personen, die regelmäßig auf Veranstaltungen gehen** mit dem Anliegen, dass du sie gerne begleiten würdest. Ich habe fast immer eine Plus-Eins-Einladung und verlose diese über Instagram oder LinkedIn an Personen, die keinen Zutritt zu diesen Abendaktivitäten haben.
> 5. **Baue dir eine Social-Media-Präsenz auf**: Sichtbarkeit = Einladungen.
> 6. **Kontaktiere PR- oder Eventagenturen und akkreditiere dich.** Doch statt einer Instagram-DM (Direktnachricht) oder LinkedIn-Nachricht sollst du noch die »Old-School«-E-Mail schreiben, da die meisten Agenturen über diesen Kanal einladen.
> 7. **Veranstalte selbst Events** und lade die relevanten Player der Szene ein.

Solltest du in Berlin wohnen, gibt es den wöchentlichen und kostenlosen »FOMO-Berlin«-Newsletter von Cephas Ndubueze, Gründer von Newcon. So erfährst du alles über anstehende Veranstaltungen aus der Start-up-, Social- und Art-Szene. Mit dem Newsletter strebt Cephas an, die besten Veranstaltung der Berlinszene zu demokratisieren und für alle zugänglich zu machen. Nie war es so einfach, einen Überblick zu bekommen, was in der Hauptstadt passiert.

Sobald es dein Name auf die Gästeliste geschafft hat, fängt das Netzwerken an. Denn nur »da sein« reicht nicht aus. Es ist wichtig zu wissen, mit wem und wie du mit den anderen Gästen sprichst. Ich bin zum Glück extrovertiert und habe daher kein Problem, auf Leute zuzugehen, aber manchmal sitze ich am Anfang einer Veranstaltung auch alleine da und schaue mir die Teilnehmenden an. Ich versuche, mich auf meine Intuition zu verlassen und herauszufinden, wer für mich spannend aussieht. Häufig spreche ich eher Frauen an, die zu den »Alterspräsidentinnen« gehören, also über 50 Jahre alt sind. Mir fällt dabei immer auf, dass es Frauen Anfang 20 und ab 50 Jahren ähnlich geht: Wir werden leider unterschätzt.

Meine Tipps & Tricks, wie du bei Events ins Gespräch kommst

1. **Laufe oder irre nicht herum.** Je mehr du in Bewegung bist, desto weniger besteht die Chance, dass du in ein Gespräch verwickelt wirst. Die meisten werden denken, dass du auf dem Weg zu jemandem bist und dich deshalb nicht ansprechen.
2. **Setze dich hin** – entweder neben jemanden oder allein. Häufig gesellen sich andere zu dir und du kannst schon bei der Frage »Ist hier noch frei?« mit der Person ins Gespräch kommen.
3. **An der Bar oder beim Essen** fällt es häufig leichter, Kontakt aufzunehmen. Wenn ich niemanden kenne, spreche ich häufig in der Schlange zum Buffet jemanden an. Das kann ein Kommentar zum Essen sein oder ein Witz. Hier warten alle hungrig und freuen sich, dabei eine nette Unterhaltung zu führen. Nutze die Chance.
4. **Tausche beim ersten Kontakt den LinkedIn-Kontakt aus** – sofern dir die Person relevant erscheint. Verknüpfe dich, bevor es zu spät ist und dein Gegenüber weiterzieht. Das kann ganz einfach erfolgen, indem du nach dem vollen Namen der Person fragst oder direkt mit offenen Karten spielst und um den QR-Code bittest.
5. **Gehe alleine auf Veranstaltungen**, denn so bist du drauf angewiesen, mit anderen ins Gespräch zu kommen. Du bist gezwungen, die eigene Komfortzone zu verlassen und sprichst nicht aus Bequemlichkeit den ganzen Abend nur mit deiner Begleitung.

Snack Fact

Raya, Tinder, Bumble Business: Nutze Dating-Apps zum Netzwerken.

Bei meinen ersten Events, besonders Messen, habe ich Gebrauch von Online-Dating-plattformen gemacht. Indem ich meinen Radius bei Tinder oder Bumble auf die niedrigste Distanz eingestellt habe, konnte ich teilweise spannende Investierende oder Gründende kennenlernen. Bei vielen Dating-Apps gibt es Applikationen, bei denen du angeben kannst, was beziehungsweise wen du suchst, zum Beispiel Freundschaften, Businesskontakte, Co-Founder und Co. Bei Bumble gibt es drei Kategorien: Dating, BFF und Business. Von diesen Funktionen solltest du Gebrauch machen, aber führe niemanden hinters Licht, dass du angeblich einen Partner oder eine Partnerin suchst, sondern spiele mit offenen Karten, dass du dich nur beruflich vernetzen möchtest.

Auf der Gästeliste – und jetzt?

Du hast es geschafft. Du bist auf der Gästeliste für ein relevantes Event und hast jemanden erfolgreich in ein Gespräch verwickelt. Doch was jetzt? Netzwerken fällt Extrovertierten häufig leichter, da sie auf andere zugehen und schnell ins Gespräch kommen. Für diejenigen, die introvertierter sind: Versuche dir deine Expertise und dein Ziel vor Augen zu führen. Warum bist du heute hier? Was möchtest du erreichen? Ich empfehle zwar, dass du allein auf Events gehen solltest, um dich aus deiner »Komfortzone« zu zwingen, aber wenn du dich sicherer fühlst, lass dich von einer Person begleiten, die dich unterstützen kann. Unabhängig davon gibt es in der Businesswelt gewisse Etiketten und »Spielregeln«, die es einzuhalten gilt. Ich sehe diesen Part teilweise als Kartenspiel an. Beide Seiten wissen, dass es einen Joker, einen König, einen Buben und eine Königin und weitere Karten gibt. Doch welche Karte dann gezogen wird, bestimmt den Verlauf des Spiels.

Folgende »Spielkarten« stehen dir beim Gespräch zur Verfügung:

1. Nenne Keywords, um die eigene Kompetenz zu unterstreichen. Damit meine ich, dass du dich als Person mit Expertise in einem bestimmten Feld mit gewissen Fachbegriffen präsentieren kannst.
2. Namedropping ist eine beliebte Art des »Wichtigmachens« und nach wie vor sehr effektiv. Erst neulich sprach ich mit einem Gründer darüber, dass wir beide ungerne Namedropping betreiben – also bestimmte Persönlichkeiten aus der Gründendenszene oder Unternehmen nennen, mit denen wir gearbeitet haben, um die eigene Relevanz zu unterstreichen. Dennoch ist das in einer Businesswelt, in der es darum geht, wer du bist, wie viele Titel du hast und wen du kennst, nach wie vor eine Art »Jokerkarte«, mit der du dich schnell als interessante Gesprächsperson hervorheben kannst.
3. Erzähle nicht jedem Gegenüber das Gleiche. Formuliere Sätze anders, erzähle unterschiedliche Anekdoten und gehe – ganz wichtig! – auf die Person ein, mit der du im Gespräch bist. Versuche, flexibel zu bleiben, dein Gegenüber einzuschätzen und was für die Person spannend sein könnte.
4. Ein unterschätzter und vor allem vernachlässigter Skill in unserer heutigen Gesellschaft ist das Zuhören. Die meisten Menschen können oder wollen nicht wirklich

zuhören, sondern in Konversationen ihren Sprechanteil möglichst hoch halten. Netzwerken erinnert häufig an einen Pitch, den man herunterrattert, um möglichst schnell den eigenen Wert unter Beweis zu stellen und die eigene Relevanz in Nebensätzen zu betonen. Dabei ist eine der wertvollsten Tugenden, einer Person im wahrsten Sinne das Gehör zu schenken. Wertschätzung und Empathie ermöglichen Gespräche mit Tiefgang, was auch zu einer langfristigen positiven Erinnerung führt. Außerdem erfährst du dadurch viel über den Menschen vor dir und erhältst Einblicke in andere Gedankenwelten.

5. Fälle keine Vorurteile, auch wenn das schwerfällt. Bei einigen Events gibt es die »bunten Vögel«, die herausstechen, die imposante Kleidung tragen und wie die spannendsten Gesprächsparteien wirken, da sie auffallen. Doch es heißt nicht umsonst: Nicht alles ist Gold, was glänzt. Teilweise sind die Personen, die weniger auffällig und »laut« in ihrem Auftreten sind, die relevanteren Persönlichkeiten.

6. Jeder Mensch, der auf Veranstaltungen eingeladen ist, hat einen Grund, da zu sein. Die meisten Gästelisten werden kuratiert, weshalb jede Person, die du bei einem Event mit einer exklusiven Einladung triffst, spannend sein könnte. Ich spreche bei Events häufig die ältesten Gäste an, da ich damit bis dato immer sehr gute Erfahrungen sammeln durfte und mich schon mit einigen ehemaligen Unternehmenden unterhalten konnte, die ein beeindruckendes Netzwerk und einen unglaublichen Wissensschatz besitzen.

7. In Gesprächen muss es nicht immer um Kooperationsmöglichkeiten und potenzielle Kundschaft gehen, sondern es kann auch zu einem Wissens- und Erfahrungsaustausch kommen, der nicht weniger wertvoll ist.

8. Ich kann es nur immer wieder sagen: Vernetzung ist alles! Wenn du den Kontakt erhalten hast, solltest du ein zeitnahes Follow-up machen, damit aus dem Gespräch im Nachgang etwas entstehen kann – eine Kooperation, ein weiteres Treffen in einem privateren Rahmen oder ähnliches.

9. Profitipp: Frage die Person, ob sie ein gemeinsames Foto machen möchte. So hast du automatisch neuen Content für einen LinkedIn oder Instagram Post, kannst über das Event und spannende Begegnungen berichten.

Auf Partys, Empfängen oder Panel-Veranstaltungen zu gehen, dessen kann man irgendwann überdrüssig werden– außer du hast einen Auftrag oder eine Mission, die dich motivieren und die du auch immer wieder »aktualisieren« kannst: dein Unternehmen bekannt machen, Personen kennenlernen, die Informationen und Wissen verbreiten, und sie in deine Kommunikation einbinden, Medienschaffende treffen, um persönlich mit ihnen über deine Themen zu sprechen. Sinn macht daher, für dein Unternehmen relevante Events zu besuchen, auf denen du interessiertes Klientel triffst. Falls vorhanden, habe immer deinen Flyer in der Handtasche oder im Jacket, den du am Ende des Gesprächs überreichen kannst. So werden rechte (Tastsinn) und linke (Sprache) Gehirnhälfte angesprochen.

Natürlich solltest du auch einfach mal Spaß haben, das Büffet plündern oder das »Stehrummchen« am Tisch sein, das die anderen beobachtet. Aber gesellt sich jemand zu dir, komme ins Gespräch, egal welcher Altersgruppe die Person angehört. Denn allein, dass sie hier bei dem Event ist, zeugt von Interesse und dass sie etwas mit der Materie zu tun hat oder haben will.

Gute Gründe, auf Veranstaltungen zu gehen

Doch warum solltest du überhaupt auf Veranstaltungen gehen und warum sollten andere auf dein Event kommen? Die Hauptgründe sind sicher Vernetzung, Präsenz zeigen, damit verbundene Sichtbarkeit und potenzielle Kundschaft treffen. Wichtig ist, dass beiden Seiten klar ist, warum ein Veranstaltung Relevanz hat und sie daher den hohen Organisationsaufwand betreiben (Veranstaltende) beziehungsweise auf ein Event gehen (Gäste/Teilnehmende).

Veranstaltungen sind eines meiner »Erfolgsgeheimnisse«. Durch diese ständige Vernetzung in unterschiedlichen Industrien – von der Gründendenszene über Tech-Events bis hin zum Influencer Brunch – erhalte ich unterschiedliche Impulse, die für mein Start-up wertvoll sind. Es ist wie eine reelle Marktanalyse. Doch anstatt ausschließlich vor dem Laptop die Zeit zu verbringen, spreche ich mit den Menschen vor Ort und erhalte direktes Feedback sowie Inspiration.

Für dieses Buch waren Veranstaltungen eine ausschlaggebende Quelle. Häufig ging ich auf Events, sprach mit spannenden Persönlichkeiten, nur um mich dann in eine Ecke zu begeben, um ein Kapitel zu schreiben. Was ich damit sagen möchte: Ständiger Input kann überfordernd sein, da du dir bei zu vielen Eindrücken häufig nicht die Zeit geben kannst, alles zu verarbeiten. Du kannst dir bei einem Event auch eine ruhige Ecke suchen und musst nicht die ganze Zeit mit anderen sprechen. Nimm dir auch den Druck, bei allen Veranstaltungen dabei zu sein. Selektiere sorgfältig, hetze nicht allem nach und versuche generell, deine Zeit sinnvoll zu nutzen. Produktiv kann auch Nichtstun sein, um deine Batterien wieder aufzuladen. Das musste ich auch erst lernen. Mittlerweile habe ich JOMO – »Joy Of Missing Out« –, wenn ich Veranstaltungen in den Instagram Storys sehe. Ich freue mich dann zwar für die anderen, aber ebenso auch darauf, einen ruhigen Abend zu genießen.

Netzwerken ist wie gärtnern – das A&O ist die Pflege

Ich mag eigentlich keinen Kaffee. Dennoch hangele ich mich an machen Tagen von Café zu Café. Von 10:30 bis 16:00 treffe ich mich mit potenziellen Kooperierenden, Unternehmen und Gründenden. Was auf Instagram womöglich nach »Arbeitet die überhaupt?« aussieht, ist in Wirklichkeit ziemlich anstrengend, denn du musst topfit sein, vor dem Treffen so viel wie möglich über die Person recherchieren, aufrichtig zuhören und dein Anliegen so geschickt wie möglich rüberbringen, ohne plump zu wirken. Was für andere häufig eine Wochenendtätigkeit ist, ist Teil meines Jobs: im Café sitzen und netzwerken.

Sei es eine Person, der du zum ersten Mal begegnest oder eine bereits bekannte, die du triffst, um die Beziehung zu stärken: Netzwerken solltest du nicht unterschätzen. Denn es geht nicht nur darum, ein Netzwerk aufzubauen, sondern es auch zu pflegen. Eine Telefonnummer oder eine Visitenkarte bringen dir keinen Vorteil, wenn die Person nicht mehr weiß, wer du bist, wo ihr euch begegnet seid und warum du »wichtig« für sie sein könntest.

Daher finde ich folgenden Vergleich passend: Ein Netzwerk ist wie ein Garten. Dieser muss regelmäßig gepflegt werden, sei es um die Pflanzen zu gießen – übersetzt Nachrichten an Menschen in deinem Umfeld schicken oder diese treffen – oder um Unkraut zu beseitigen – vergleichbar mit Problemen zum Beispiel mit Unternehmen, mit denen du eine geschäftliche Verbindung hast. Ein branchenübergreifendes Netzwerk ist dann die komplette Kleingartenanlage, in der du unterschiedliche Gärten hast, die komplett andere Pflanzen – Bedürfnisse – haben, aber alle versorgt und besucht werden müssen.

Warum Netzwerken so wichtig ist

- Gleichgesinnte treffen und Austausch auf Augenhöhe,
- Inspiration finden, Neues entdecken,
- Geschäftsbeziehungen auf- und ausbauen,
- Role Models/Vorbilder finden,
- Aufbau einer Beziehung von geben und nehmen,
- Perspektiven erweitern, über den Tellerrand schauen,
- Hilfe erhalten in unterschiedlichen Thematiken,
- Zugang zu anderen (branchenfremden) Netzwerken.

Tipps für deine eigenen Events

Ich wiederhole mich: Eigene Veranstaltungen zu planen, ist ein guter Weg, um dich publik zu machen sowie im Gegenzug zu anderen Events eingeladen zu werden – und es ist eine wirkungsvolle Marketingmaßnahme. Bei FeMentor veranstalten wir teilweise vier Events im Monat, offline wie online. Wenn du Events veranstaltest, denke diese neu. Gerade Investierende und Unternehmende, die an einer Kooperation interessiert sind, waren häufig auf unzähligen Events, die nicht inspirierend und unkreativ waren. Hebe dich mit deiner Veranstaltung ab. FeMentor hat 2022 gemeinsam mit MA Money die N. F.T.-Eventreihe auf die Beine gestellt. N. F.T steht in dem Fall nicht für Non-Fungible Token, sondern für »Nails, Finance, Tits«. Bei diesem Format laden wir 50 bis 150 Frauen ein, mehr über Finanzen zu erfahren und sich während des Talks die Nägel machen zu lassen. Damit konterkarieren wir Klischees und bieten beides: sich um sein Äußeres zu kümmern und sich gleichzeitig weiterzubilden. Wer schon einmal in einem Nagelstudio war, weiß, dass dies zeitintensiv ist. Bis die Nägel gefeilt, lackiert und trocken sind, kann es schon einmal 60 bis 90 Minuten dauern, in denen die Hände unbrauchbar sind und man selbst »unproduktiv« ist. Mit der Reihe wollen wir die Zeit nutzen, Frauen in Finanzen weiterzubilden – ein Thema, das immer wichtiger wird, denn laut einer Studie flossen bei der weiblichen Kundschaft 2022 pro Monat durchschnittlich 30 Prozent weniger Geld auf das Konto, trotz steigenden Einkommens.[78] Generell fehlt es vielen Events an Individualität. Also: Hebe dich hervor, werde kreativ, mache neugierig und das Event zu einem wahren Erlebnis!

Meine Tipps für kreative Veranstaltungen

1. **Hänge am Eingang deines Events einen Zettel mit allen relevanten Hashtags und Social-Media-Profilen aus**, zum Beispiel Instagram-Namen, damit die Teilnehmenden es leicht haben, sie zu markieren.
2. Es muss nicht immer die große Konferenz sein. Viele wollen ihren ersten Event gleich mit 300 Teilnehmenden oder mehr veranstalten. Dabei sind **Veranstaltungen in einem intimeren Rahmen** gerade am Anfang oft sinnvoller und die Chance, mit jeder Person sprechen zu können, ist deutlich größer.
3. Bei manchen Veranstaltungen im kleineren Rahmen kann es Sinn machen, die **Gästeliste im Nachgang mit den Teilnehmenden zu teilen** oder sogar die LinkedIn-Profile zu verlinken, damit die Personen sich vernetzen können, wenn sie bei der Veranstaltung nicht dazu kamen.
4. **Fotografierende Personen vor Ort** zu haben, gibt dem Event eine Professionalität und die Teilnehmenden haben anschließend Bildmaterial, welches sie posten können – was im besten Fall Werbung für dein Start-up ist. Die Fotos können aber auch für deine Website oder Werbezwecke verwendet werden.
5. Wenn du dich für fotografierende Personen entscheidest, dann achte darauf, dass **die Teilnehmenden mit der Verwendung des Bildmaterials einverstanden sind**. Am besten lässt du dir vorher oder am Eingang einen Zettel unterschreiben, damit du rechtlich auf der sicheren Seite bist. Und respektiere, wenn jemand nicht fotografiert werden möchte.
6. **Vermeide lange Talks!** Das gilt besonders für Netzwerkveranstaltungen, denn hier soll es hauptsächlich um das Netzwerken gehen – was unmöglich ist, wenn das Abendprogramm mit Diskussionsrunden, Panel Talks oder einer Keynote gefüllt ist. Wenn du dich für einen Impulsvortrag entscheidest, versuche diesen kurz und informativ zu halten.
7. **Plane immer Zeitpuffer ein.** Das vorgefertigte Programm und der Zeitplan werden fast nie eingehalten. In der Theorie und Vorbereitung wird alles im Minutentakt geplant, doch die Realität sieht anders aus. Häufig kommt es zu Verspätungen, weil Teilnehmende fehlen oder du als veranstaltende Person noch im Gespräch bist.

8. **Achte auf die Kosten** und zahle bei deinen eigenen Events nicht drauf. In meinem Umfeld gibt es Personen, die sich mit Veranstaltungen stark verschätzt und dadurch verschuldet haben. Plane deine Veranstaltungen also mit einem realistischen Budget und werde kreativ, wenn die finanziellen Mittel nicht für das Luxusschloss reichen, sondern »nur« für die Bar an der Ecke.

9. **Kümmere dich um das Sponsoring** für deine Veranstaltung. Das ist eine gute Alternative, um Kosten zu decken und ein zusätzliches Angebot von Getränken oder Essen zur Verfügung zu stellen. Wenn du dich für Sponsoring entscheidest, solltest du frühzeitig mit potenziellen kooperierenden Personen sprechen, da gerade große Unternehmen etwas länger brauchen, um solche Side Projects abzusegnen.

10. **Diversität** ist auch bei Veranstaltungen ein relevanter Punkt. Ich achte bei der Gästeliste immer auf eine gute Mischung, auf Altersunterschiede zwischen den Teilnehmenden sowie Geschlechterdiversität. 2022 sorgte ein Foto für große Empörung. Bei der Münchener Sicherheitskonferenz wurden Führungspersonen aus Wirtschaftsunternehmen abgelichtet, fast alle männlich, weiß und grauhaarig – eindeutig nicht divers. Um einen solchen Shitstorm, der entstand, zu vermeiden, bietet es sich an, noch einmal über die Gästeliste zu gehen.[79]

11. **Kalkuliere Absagen ein.** Bei Events kommt es (leider) immer zu Absagen. Das Kind oder die Person selbst ist krank geworden, es gab Terminüberschneidungen oder, oder. Das kann passieren, auch wenn es für die veranstaltende Person ärgerlich ist. Aber ich rechne immer mit Absagen, überbuche meine Veranstaltungen mit zehn Personen oder arbeite mit einer Warteliste, von der ich kurzfristig Teilnehmende nacheinlade.

12. Die **Musik** ist bei vielen Events zu laut, um überhaupt ein Gespräch zu führen. Du solltest dich also vorher damit auseinandersetzen, welche Musik gespielt wird. Solltest du dich für einen DJ, eine DJane und eine Aftershow-Party entschieden haben, achte darauf, dass es einen Ort gibt, an dem es etwas ruhiger ist, damit Gäste sich zurückziehen können, um sich zu unterhalten.

13. **Goodie Bags** sind das Ü-Ei für Erwachsene! Auch ich liebe sie und die kleinen Erinnerungsstücke, die man nach einem schönen Abend mit nach Hause nimmt. Daher sorge mit kleinen Überraschungen für eine schöne Erinnerung an den Abend.

Events, über die keiner spricht

Es gibt Erlebnisse, die sind einzigartig. Meistens geschehen diese ausgerechnet dann, wenn du sie nicht erwartest oder deine Erwartung so hoch ist, dass du vor Spannung fast platzt. Über einige dieser Erfahrungen darf ich anonymisiert schreiben, denn wo wäre der Reiz, wenn es zu offensichtlich wäre? Neben den typischen Dinnerabenden in elitären Kreisen, die du in Instagram Storys sehen kannst, oder Netzwerkevents mit Pizza gibt es auch außergewöhnliche Abende.

The Dinner

Eine kleine schwarze Box wird mir von einer überbringenden Person übergeben, keine Info zur sendenden Person, keine Erklärung, nur eine Karte mit den Worten: »Du wurdest auserwählt.« Kurze Zeit später erhalte ich eine E-Mail mit einer Einladung für »The Dinner« (Name geändert) inklusive Dresscode, Tag und Uhrzeit, aber kein Ort. Die einzigen Regeln: Ich darf nicht darüber reden, währenddessen keine Fotos machen und ich soll meinen Personalausweis mitbringen. Als ich diese Einladung erhielt, kamen mir zwei Gedanken: Entweder ich wurde gerade von einer Sekte eingeladen und werde dort entführt oder das wird ein richtig geiler Abend. Sicher sein konnte ich mir nicht, sagte aber aus Neugier zu. Am Tag von »The Dinner« wurde die SMS mit dem Veranstaltungsort, einem Luxushotel in Berlin, gesendet mit dem Hinweis: Wer nicht pünktlich vor Ort ist, wird vom Dinner ausgeschlossen, weshalb ich überpünktlich in der Lobby eben dieses Hotels saß. Von einer Hostess wurde ich in einen Raum geführt, mir wurde die Jacke abgenommen, mein Personalausweis gecheckt und das Ungewöhnlichste: das Handy abgenommen, als Gen Z der absolute Horror! Das Gerät wurde sicher in einem schwarzen Samtsäckchen mit Logo von »The Dinner« verstaut.

Langsam trudelten die anderen Gäste ein. Insgesamt waren zwölf Menschen eingeladen, wie wir an dem gedeckten Tisch erkennen konnten. Doch als die Uhr 19:30 schlug, wurden die Türen geschlossen und wir waren nur zu acht. Wir haben nie erfahren, ob die anderen vier Teilnehmenden noch kamen, aber vor verschlossenen Türen und der Security standen. Die Erfahrung, als die Tür geschlossen wurde und wir uns mit zwei Hostessen und einem Kellner in dem Raum befanden, war eigenartig. Es erinnerte mich an den Horrorfilm »Escape Room – Tödliche Spiele«, bei dem eine Gruppe versuchen muss, in einer bestimmten Zeit den verschlossenen Raum zu verlassen. Nicht gerade ein Film, in dem ich gerne mitgespielt hätte. Zum Glück war dem nicht der Fall. Wir wurden lediglich gebeten, gemeinsam zu essen und über vorgefertigte Fragen zu diskutieren. Bis heute wissen wir nicht, wer uns eingeladen hat, warum die Person ausgerechnet uns ausgewählt hat und ob wir gefilmt wurden. Die Hostessen durften während des gesamten Essens nicht mit uns kommunizieren, auch wenn wir versucht haben, sie in ein Gespräch zu verwickeln. Sie dienten an dem Abend dazu, ein iPad zu halten – über das wir eine Videobotschaft ohne Gesicht und mit verzerrter Stimme von »Sally« erhielten, die uns einen schönen Abend wünschte – und uns während der Diskussionsrunden Karten mit Fragen zu überreichen, über die wir jeweils 15 Minuten sprechen sollten. Das Event bleibt mir auf jeden Fall in Erinnerung und ist ein gutes Beispiel dafür, dass Einladung und Abendgestaltung gerne originell sein dürfen – wobei du als gastgebende Person nicht anonym bleiben musst.

Berliner Partywochenende

Ein legendäres Wochenende, von dem ich exemplarisch berichten möchte, fand 2022 statt: Diesmal gab es keine Box, sondern eine Telegrammgruppe mit 25 Personen. Das Wochenende war durchgeplant, von Partybus und außergewöhnlichen Dinner

Locations bis hin zum Entspannungsteil in Thermen, um am nächsten Abend wieder gestärkt zu sein. Das Geburtstagskind war eines der international bekanntesten Gesichter der Start-up-Szene und hatte bereits mit 30 Jahren das erreicht, was viele Gründende sich wünschen: Er hatte zwei Unternehmen für mehr als eine Milliarde Euro verkauft. Der Freundeskreis des Unternehmers war nicht weniger bekannt, denn ich fand mich bei dem Abschlussdinner auf einmal neben einem der reichsten und einflussreichsten Männer der Welt wieder. Auf die Begegnung war ich nicht gefasst und wurde im Nachgang gefragt, ob ich denn nach einem Investment gefragt hätte. Um ehrlich zu sein hatte ich an dem Abend überhaupt kein Gespräch über Business, sondern habe mir mit dem Herrn Pommes mit Ketchup geteilt, ein sehr nettes Gespräch geführt und ihm nach einer Umarmung eine gute Rückreise gewünscht. Das erste Wochenende wurde dann zu einer Woche, denn keiner der internationalen Gäste wollte nach der Feier zurück ins Silicon Valley.

Die Eventexpertin – ein Gespräch
Tatjana von Oeynhausen, was machst du beruflich und wie kamst du dahin?

Ich bin 27 Jahre und lebe seit fast 15 Jahren mit zwei Jahren Unterbrechung in Berlin. Seit sechs Jahren bin ich als Eventmanagerin tätig – und lebe und liebe meinen Beruf. Bis ich diese Liebe aber tatsächlich für mich entdeckt und ausgelebt habe, bin ich andere Wege gegangen, da ich mich durch gesellschaftliche Meinungen und mein Umfeld habe beeinflussen lassen. Gerade im jungen Alter haben solche Einflüsse eine erhebliche Schwerkraft für zu treffende Entscheidungen. Ich war noch sehr formbar. Tatsächlich hatte ich nämlich schon sehr früh ein Gefühl, dass Eventmanagement zu mir passen und mich erfüllen könnte, habe mich aber zunächst dagegen entschieden. Eventmanagement ist für mein Empfinden tatsächlich ein oftmals etwas belächelter Beruf: »Du schmeißt doch nur Partys und besorgst Partyhütchen.« Das ist ein Beispiel an Meinungen, die geäußert wurden und ich begann meine beruflichen Überlegungen noch mal über Bord zu werfen und in andere, ›mehr wirtschaftliche‹ Richtungen zu denken. Hierfür ausschlaggebend war zudem der gesellschaftliche Druck, der in meinen Augen in der heutigen Zeit deutlich zu spüren ist. Es müssen Jobs mit Inhalt und Sinn oder mit Aussicht auf wirtschaftliche Erfolge gegeben sein. So folgte ich schließlich meiner Leidenschaft, denn ›irgendwie‹ wusste ich ja schon immer, was ich wollte.

Wie kamst du zu deiner heutigen Position?

Ich kam zu meiner heutigen Position durch viel Durchhaltevermögen und die Fähigkeit, an meinen Zielen festzuhalten. Ich hatte immer eine klare Vorstellung davon, was ich erreichen wollte und arbeitete hart darauf hin. Ich setzte mir immer wieder Ziele und Herausforderungen, die mich ständig dazu brachten, mich zu verbessern und zu wachsen. Ich ließ mich außerdem nicht von Rückschlägen entmutigen, sondern nutzte sie, um mich gerade dann zu beweisen. Ich blieb fokussiert und engagiert, selbst wenn es schwierig wurde. Dies alles hat mir geholfen, meine Fähigkeiten und Erfahrungen zu entwickeln und die Chancen zu ergreifen, die sich mir boten, um meine Berufslaufbahn voranzutreiben und zu meiner heutigen Position zu gelangen. Vor allem möchte ich aber eins hervorheben: Ich habe mich nie von der gängigen Sichtweise beeinflussen lassen, wie man beruflich vorgehen sollte. Ich finde, es hat sich heute ein sehr klares Bild entwickelt, wie idealerweise ein »erfolgreicher« Berufsweg auszusehen hat. Ich bin allerdings der Meinung, dass jeder Mensch seinen eigenen Weg gehen sollte und dass es absolut nicht notwendig ist, hundert Praktika in namenhaften Unternehmen zu absolvieren oder in einem Konzern oder Start-up zu arbeiten, um erfolgreich und vor allen Dingen auch glücklich zu sein. Stattdessen glaube ich daran, dass jede Person ihre Talente und Interessen nutzen sollte, um den eigenen Weg zu gestalten. Ich denke, es ist wichtig, mutig zu sein und sich falls notwendig auch auf unkonventionelle Wege einzulassen. Hätte ich auf alles gehört, was mir empfohlen wurde, wäre ich heute nie in meiner Position. Ich bin einfach dem gefolgt, was mich glücklich macht und habe es geliebt, mit einer Firma mitzuwachsen. Ich bin davon überzeugt, dass man hierdurch auch noch mal ganz andere Erfahrungen sammeln kann.

Wie ist es, in der Geschäftsleitung zu sein? Gerade als junge Frau, gibt es da Hürden oder sogar Vorteile in deiner Branche?

Gerade als junge Frau gibt es sowohl Hürden als auch Vorteile, die es gilt anzunehmen und daran zu wachsen. Ich denke, es fängt schon damit an, dass einem überhaupt immer wieder diese Frage gestellt wird. Das impliziert bereits die Vermutung, dass Geschlecht und auch Alter einen vor »besondere« Herausforderungen stellen könnten. Eine Herausforderung als junge Geschäftsleiterin ist bestimmt, dass man oft nicht sofort als kompetent wahrgenommen wird und man sich oftmals erst beweisen muss. Manchmal kommt es mir so vor, dass besonders auch aufgrund des Alters andere das Gefühl haben, dass man keine Erfahrung hat und nicht in der Lage ist, wichtige Entscheidungen zu treffen. Es erfordert daher viel Überzeugungskraft, um das Vertrauen aufzubauen. Dies gilt sowohl für Kund:innen und Dienstleister als auch für Mitarbeiter:innen. Gerade Zweiteres war eine große Umstellung für mich. Es ist anfangs befremdlich, die Vorgesetzte von Gleichaltrigen sowie Männern zu sein, mit denen man vorher Hand in Hand die Projekte umgesetzt hat. Ich musste lernen, meine eigene Position anzuerkennen und einen guten Grad aus Nähe und beruflicher Distanz zu finden. So war es zu Beginn beispielsweise auch eine große Herausforderung, nicht nur die Kolleg:innen zu sehen, mit denen man sich vorher über berufliche Belange auch privat ausgetauscht hat, sondern auch unternehmerisch zu denken und Professionalität zu wahren. Zeitweise kann sich diese Änderung auch etwas einsam anfühlen, da man nun eben in gewisser Hinsicht auf einer anderen Seite steht und der Austausch nicht mehr in dem Maße stattfinden kann wie vorher.

Generell ist mir aufgefallen, dass ich gerade bei älteren und konventionelleren Kunden durchaus manchmal das Gefühl hatte, dass meine Position nicht richtig erkannt und ernst genommen wurde. Das hat mich oftmals getroffen, denn ich konnte diese Sichtweise noch nie wirklich nachvollziehen. Es geht doch um das Können, die Erfahrung und die Sensibilität für das, was man tut, und nicht um das Geschlecht oder das Alter. Allerdings gibt es natürlich Vorteile und ich habe nie an meiner Entscheidung gezweifelt. Ich wurde immer wieder gefragt, ob ich Angst davor hätte, meine Position anzutreten – dem war nicht so. Ich wollte das immer und habe dafür alles gegeben.

Ein Vorteil als junge Geschäftsleiterin ist, dass ich mit einer anderen Perspektive und Herangehensweise an die Arbeit herantrete. Als junge Person bringe ich neue Ideen, Technologien und Denkweisen ein, die das Unternehmen voranbringen und uns einen Vorteil gegenüber Konkurrenten verschaffen können. Gerade auch die Nähe zu den Mitarbeiter:innen in Bezug auf die aktuelle Lebensphase und Empfindungen lässt mich Situationen gut einschätzen und bewerten. So ist es mir beispielsweise ein großes Anliegen, eine angemessene Work-Life-Balance zu schaffen und die physische und mentale Gesundheit in den Vordergrund zu stellen. Durch meine Erfahrungen in der digitalen Welt und den sozialen Medien kann ich das Unternehmen außerdem auf die neusten Trends und Entwicklungen ausrichten, um Kunden zu begeistern. Letztendlich denke ich, dass es definitiv Herausforderungen als junge Frau in meiner Position gibt. Allerdings lohnt es sich, diesen mit Selbstbewusstsein entgegenzutreten und sie zu meistern. Es ist mein Ziel, neue Wege zu gehen, eine frische Perspektive zu bieten und meine Erfahrungen weiterzutragen.

Wie kommt man auf Gästelisten? Was beachtet ihr bei den Einladungen, wie sucht ihr die Leute aus?

Es gibt tatsächlich kein Regelwerk dafür, wie man auf Gästelisten kommt. In der Regel ist es eine Mischung aus ganz vielen verschiedenen Einflüssen. Oftmals werden Gästelisten von ähnlichen Events mit einer ähnlichen Zielgruppe als Vorlage beziehungsweise Grundstamm genommen und um weitere Datensätze erweitert. Die Agentur sucht nach Gästen, die zum Event passen und einen Mehrwert für die Veranstaltung bieten. Das kann sich sowohl auf die Tätigkeit als auch auf das Alter, den Look, die äußere Wirkung oder die tagesaktuelle Relevanz beziehen. Auch die Social-Media-Präsenz kann heutzutage eine große Rolle spielen und für die Entscheidung einer Einladung ausschlaggebend sein. Grundlegend denke ich aber, dass Gästelisten auch vor allen Dingen aus dem persönlichen Netzwerk der Mitarbeiter:innen sowie durch persönliche Empfehlungen von anderen Gästen und Kontakten entstehen. Nur so lässt sich das tatsächliche Auftreten des Gastes wirklich gut einschätzen und dem Kunden die Wahl gegenüber gut vertreten. Letztendlich geht es darum, eine interessante und vielfältige Gästeliste zu erstellen, die zur Veranstaltung passt und den Gästen ein unvergessliches Erlebnis bietet.

Dieses Kapitel möchte ich mit einigen Denkanstößen abschließen.

Impulse zum Umgang mit Social Media, Netzwerken und Events

1. **Sage nein.** Ab einem gewissen Erfolg wollen Leute ständig mit dir arbeiten und neue Projekte starten. Am Anfang willst du noch überall ja sagen, aber Vorsicht: Sei wählerisch, positioniere dich und sage auch klar nein. Lasse dich nicht ausnutzen.
2. **Mache aktiv auf dich/dein Start-up aufmerksam. Die sozialen Medien** können eine gute Inspiration für das eigene Leben sein – aber auch schnell dazu führen, dass du nur noch konsumierst, statt zu produzieren.
3. **Hole dir Unterstützung (Coaching/Mentoring).** Wäge ab, ob du ein teures Intensivtraining für 3.000 Euro/Woche für LinkedIn & Personal Branding ausgibst – oder dir Hilfe beziehungsweise Unterstützung im Netz suchst, und zwar Personen, die dir persönliche Tipps geben und dich etwas länger auf deinem Weg begleiten. Im Gegenzug kannst auch du deine Unterstützung anbieten, wenn die Person Hilfe braucht. Stichwort Reverse Mentoring.
4. **Achte und lebe Diversität.** Vor allem nach Panel Talks kommen manchmal Personen auf mich zu, dass sie »meine Meinung« nicht vertreten. Aber (meine) Meinung ist keine Wahrheit. Es geht um diverse Meinungen und teilweise vertrete ich nicht mich, sondern versuche, mit meinem Hintergrund(wissen) und meinem Netzwerk auch andere beziehungsweise mehrere Sichtweisen aufzuzeigen. Teilweise ist das dann natürlich kontrovers, aber genau darum geht es: Diversität auch in Einstellungen und Haltungen zulassen und wertschätzend diskutieren. Es darf nicht vergessen werden, dass ich nicht als Privatperson da oben sitze, sondern als »Panelistin« meistens vorher gebrieft worden bin, welche Themen angesprochen werden sollen, um eine gewisse Seite zu beleuchten. Soll heißen: Lass dich in Gesprächen nicht verunsichern. Deine Meinung ist ebenso viel wert wie jede andere.
5. **WhatsApp-Gruppen für Start-ups.** Netzwerken ist wichtig für den Austausch und deinen Erfolg. Du kannst eigene WhatsApp-Gruppen gründen, um dein Netzwerk miteinander zu verknüpfen oder dich informieren, welche Netzwerke es gibt, zu denen du passen würdest.

15 Investment, Exit & Bootstrapping

Ich mag den Einfach-machen-Spirit. Das Unternehmerische steht mehr im Vordergrund als das Denken in Prozessen. Schade finde ich, dass oft die Bedingung genannt wird, dass das Geschäftsmodell skalierbar sein muss und ein Exit ›Pflicht‹ ist. Nachhaltige Unternehmen werden so schnell ausgegrenzt und erhalten wenig Aufmerksamkeit.

Sylvia Tantzen, Business Angel

Investments und die Gefahren

Geld braucht man. Gerade wenn du ein Start-up gründen möchtest, was auch einer der Gründe ist, warum in der Start-up-Szene kaum ein Thema mehr besprochen zu werden scheint als Finanzierungsmöglichkeiten. In Artikeln und auf LinkedIn werden Beiträge zelebriert, bei denen es um eine erfolgreich »geraiste« Runde geht – wobei Geld »raisen« schlicht beschaffen bedeutet.

Das Problem bei der Idealisierung von Fundraising auch in der Start-up-Welt liegt darin, dass der Eindruck entsteht, ein junges Unternehmen kann nur mit externen Geldern von Investoren oder Krediten wachsen. Das ist ein Irrglaube und sogar tückisch. Denn einige Start-up-Gründer fokussieren sich zu sehr auf die Suche nach finanziellen Mitteln und zu wenig auf den Ausbau ihrer Idee. Es wird immer wieder neu Geld eingesammelt, um das Überleben noch eine Weile zu garantieren. Ein Start-up sollte aber langfristig durch Kunden finanziert werden und nicht durch Business Angels oder VCs. Aus zuverlässigen Quellen weiß ich, dass einige bekannte Start-ups sich derzeit nur über Wasser halten, indem sie bei hochkarätigen Investoren um Geld bitten in der Hoffnung, die »Trockenphase« zu überstehen – obwohl die Chancen schlecht stehen.

Business Angel – Venture Capital

Business Angels investieren mit ihrem Vermögen in Start-ups, meistens in einer frühen Phase, und erhalten im Gegenzug Anteile. Dabei leitet die Bezeichnung »Engel« eher fehl, denn es geht beim Investment in Start-ups in der Regel um ein finanzielles Motiv und nicht um selbstlose Hilfestellung.

Ein VC, eine Venture-Capital-(Wagniskapital-)Gesellschaft, investiert meistens zu einem späteren Zeitpunkt, dafür mit einer höheren Summe, meist ab etwa 500.000 Euro.[80]

Ein Freund hat es so formuliert: »Mit einem Investment bist du eigentlich auch nur ein Angestellter eines VCs.« Wo sich viele die Freiheit erhoffen, verlieren sie diese direkt wieder durch Vorgaben und regelmäßige Update-Calls mit Investoren.

Farisa Magazieva, Investorin beim Venture Capital Fund b2venture, erläutert die Unterschiede von VCs und Business Angels.

»Aus meiner Perspektive gibt es bei der Entscheidung zwischen einem Venture Capital Fund (VC) und einem Business Angel klare Unterschiede zu berücksichtigen. VCs bieten oft größere finanzielle Ressourcen und ein breites Netzwerk, können jedoch auch mehr Kontrolle und höhere Renditeerwartungen haben. Business Angels hingegen sind flexibler und bieten oft wertvolles Fachwissen und persönliche Unterstützung, können aber möglicherweise weniger Kapital bereitstellen. Die Wahl hängt von den individuellen Bedürfnissen des Start-ups ab.«

Wachstumsphasen und Finanzierungsmöglichkeiten

Philipp Szep hat weltweit Projekte betreut und ein Start-up in Österreich mit aufgebaut. Nach dem Verkauf an einen amerikanischen Mitbewerber und der Post-Merger-Integration hat er das Unternehmen verlassen. Seit ein paar Jahren leitet er einen Venture Fund, hinter dem ein Family Office steht. So durfte er in den letzten Jahre alle Phasen des Lebenszyklus eines Start-ups durchlaufen.

»Es gibt die Seed Stage, die Early und die Late Stage. Die Grenzen zwischen den Phasen verschmelzen jedoch mehr und mehr. In der Regel ist in der Seed Stage eine Idee vorhanden, diese wird dann zu einem Produkt ausgebaut. In der Early Stage kann das Unternehmen erste Umsätze vorweisen und in der Late Stage ist das Geschäftsmodell bereits erprobt beziehungsweise etabliert und das Unternehmen wächst. Durch sehr viel Kapital am Markt sind in den letzten Jahren einige Unternehmen in Stages (z. B. Late Stage) vorgedrungen, obwohl deren Geschäftsmodell nicht etabliert war. Dies führt nun in Krisenzeiten bei einigen Unternehmen zu Schwierigkeiten.«

Diese drei Phasen, die ein Start-up durchlaufen kann beziehungsweise in der es sich zu einem gewissen Zeitpunkt befindet, können noch etwas ergänzt beschrieben werden. Dabei scheitern manche bereits in der Seed-Runde, andere schaffen es, gewisse Phasen innerhalb kürzester Zeit hinter sich zu lassen und zu einem »Unicorn« zu werden. Ich werde diese Thematik nur streifen. Bei Interesse und Relevanz gibt es ausreichend Experten, die du konsultieren kannst.

1. Pre-Seed,
2. Seed (Early Stage Start-up),
3. Growth-Phase oder Expansion Stage,
4. Series A,
5. Series B,
6. Series C, D, E, F,
7. für erfolgreiche Start-ups der IPO (Initial Public Offering), der Börsengang.

Die unterschiedlichen Finanzierungsmodelle sind:

1. Business Angels/Investoren,
2. Venture Capital (VC),
3. Bootstrapping,
4. Crowdfunding,
5. Crowd Investing,
6. Kredite/Darlehen,
7. Family & Friends,
8. Accelerators,
9. Inkubatoren,
10. Stipendien (z. B. Berliner Start-up-Stipendium),
11. Wettbewerbe.

Ein Early Stage Start-up ist, wie der Name verrät, ein Unternehmen, das ganz am Anfang steht. Hier unterteilt man in der Finanzierungsrunde zwischen Pre-Seed-, Seed- und Start-up-Phase. Pre-Seed bedeutet, dass man sich kurz vor der Gründung befindet. Das ist die Zeit, in der entschieden wird, ob man alleine gründet oder im Team. Natürlich kann man auch zu einem späteren Zeitpunkt einen Co-Founder an Bord holen. Aber die meisten wünschen sich schon am Anfang einen Sparringspartner, der gewisse Kompetenzfelder abdeckt, in denen sie selbst keine Expertise haben. In dieser Zeitspanne steht häufig nur eine erste Idee und noch kein klares Konzept, weshalb es auch die schwerste Zeit ist, an Gelder zu kommen.

Tipp: Das Bundesministerium für Wirtschaft und Klimaschutz (BMWK) bietet gerade am Gründungsanfang Stipendien wie das EXIST Förderprogramm für technologieorientierte und wissensbasierte Unternehmensgründungen an. Es gibt auch ausgewählte Bundesländer, die Zuschüsse anbieten. Diese kannst du in der BMWi-Förderdatenbank des Bundesministerium für Wirtschaft und Energie einsehen.

Irrelevant, ob du dich für ein Stipendium, ein VC oder einen Business Angel entscheidest: Du benötigst dafür einen Pitch. Dabei handelt es sich um ein Verkaufsgespräch (in der Wirtschaft) oder das »Buhlen« mehrerer Konkurrenten um einen Werbeetat in Form eines Wettbewerbs (Agenturen). In der Start-up-Welt wird eigentlich immer irgendetwas gepitcht, meist nach dem Motto: Je knapper, desto besser. Die kürzeste Form ist der sogenannte »Elevator Pitch«.

Elevator Pitch

In der Marketing- und der Start-up-Welt ist der »Elevator Pitch« ein gängiger Begriff. Damit ist eine sehr kurze Präsentation des Start-ups oder der Geschäftsidee gemeint, die auch bei einer Fahrt im Fahrstuhl (Elevator) vorgestellt werden könnte – und somit auch nur 30 bis 60 Sekunden dauert. Für ein Investorenmeeting ist der Pitch länger und wird mit einem Pitch Deck (Folien) ergänzt.[81]

Ein Job in einem Unternehmen lehrt viele Perfektion. Der Pitch, die Website, das Projekt müssen von Anfang an »perfekt« sein – besser: so gut, dass du sie nach außen kommunizieren und dich mit ihnen überzeugt und überzeugend präsentieren kannst. Ich merke oftmals, wie es angehenden Gründenden schwerfällt, nach einer Festanstellung diesen Glaubenssatz – alles muss tadellos sein, bevor ich es mit anderen teile – aufzugeben. Denn ein Start-up ist sehr lange nicht ansatzweise perfekt. Der erste Pitch ist im Rückblick häufig zum Gruseln. Aber genau darum geht es. Rauszugehen, etwas vorweisen zu können, von dem du überzeugt bist, und immer weiter daran zu arbeiten. Mir hat die Anfangsphase rückblickend unglaublich viel Spaß gemacht, ständig etwas verändern zu können, weil ich noch nicht unter Beobachtung der Öffentlichkeit stand und kaum einer Person die Änderungen aufgefallen sind. Events zu besuchen ist eine gute Option, um mit deiner potenziellen Klientel zu sprechen und die bisherigen Fortschritte zu testen. Statt in Kaltaquise oder ein Salesteam zu investieren, solltest du besser branchenspezifische Events besuchen, um pitchen zu üben.

Farisa Magazieva teilt zwei wertvolle Tipps zum Pitchen.

»Aus meiner Perspektive gibt es zwei wichtige Dinge, die Start-ups beim Pitchen beachten sollten:

1. So weit es geht Traktion aufbauen und Leidenschaft zeigen. Eine solide Traktion, sei es durch Kunden oder Umsatz, bestätigt ein funktionierendes Geschäftsmodell.
2. Gleichzeitig ist es entscheidend, dass das Gründerteam seine Leidenschaft für das Produkt oder die Dienstleistung überzeugend vermittelt. Eine klare Kommunikation und eine überzeugende Geschichte, die das Marktpotenzial verdeutlicht, sind ebenfalls wichtig – besonders in der frühen Phase der Unternehmen.«

Daher ist es unabhängig davon, welche Form von Investment du im Auge hast, ganz wichtig, dass du deinen Pitch sowie Elevator Pitch sorgfältig vorbereitest, jeweils auf die Zielperson (Investor/en) zuschneidest sowie gerade den 30- bis 60-Sekünder wirklich auf den Punkt bringst. Denn du erzeugst in den ersten Sekunden und Minuten den Eindruck, den Investoren von dir und deinem Start-up/deiner Idee gewinnen – was entscheidend ist für den weiteren Verlauf eurer Begegnung.

Wann macht ein Investor (keinen) Sinn?

Ein Investment ist eine heikle Sache – und auch wenn dir Geld von einem potenziellen Investor zugesichert wurde, kann diese Person immer noch kurzfristig einen Rückzieher machen und du endest in der Bredouille. Auch die Ticketgröße, also die Anzahl von Geld gegen Anteile, spielt eine immense Rolle. Viele Gründer möchten nur eine begrenzte Anzahl an Investoren haben. Und das ist nachvollziehbar, wenn man bedenkt, dass zu viele Köche den Brei verderben. Bloß dass es sich in dem Game nicht um irgendeinen Brei, sondern um Millionenbeträge handelt. Hast du nur einen Investor, kann dessen Rückzieher den frühen »Tod« für dein Start-up bedeuten – vor allem, wenn du bereits mit der benötigten Summe gerechnet hast und die laufenden Kosten nicht auf andere Weise stemmen kannst.

Farisa bringt die Vor- und Nachteile eines Investments auf den Punkt.

»Investment als Start-up aufzunehmen, bietet finanzielle Ressourcen für Wachstum, Zugang zu wertvollem Fachwissen und einem starken Netzwerk, erhöhte Glaubwürdigkeit und Reputation, beschleunigtes Wachstumspotenzial, Exit-Möglichkeiten und die Möglichkeit, Marktchancen schneller zu nutzen. Jedoch kann es zu Eigentumsverwässerung und Abhängigkeit von Investoren führen, die vorher gut durchdacht werden müssen. Nach Aufnahme eines Investments müssen größere Entscheidungen oft mit Investoren abgesprochen werden, was zu weniger Flexibilität führen kann und zu längerer Zeit in der Umsetzung von neuen Ideen.«

Gegen ein Investment sprechen vor allem folgende Aspekte – wobei du die meisten von ihnen auch »umdrehen« und somit als Vorteil sehen kannst.

1. **Keine Begegnung auf Augenhöhe.** Der Investor ist in der Machtposition, die ausgenutzt werden kann. Die Botschaft »Ohne mich bist du nichts« kann große Verunsicherung bei dir auslösen. Du bekommst das Gefühl, du musst gefallen und dich verkaufen – statt du selbst zu sein. Das ist bereits eine Hürde, denn jegliche Authentizität kann bei einer solchen »Beziehung in Schieflage« verloren gehen.

2. **Du bist neu im Game.** Damit hast du im Gegensatz zu den Investoren einen Nachteil, denn sie kennen den Prozess bereits. Daher solltest du dir einen Rechtsbeistand suchen, der dich bei Verträgen beraten kann und immer auch auf das Kleingedruckte achtet.

3. **Viele wollen nur in Teams und nicht Solo-Founder investieren.** Davon solltest du dich aber nicht ablenken lassen. Einige der erfolgreichsten Unternehmer waren am Anfang »allein«.

4. **Eine Gründung hat einen hohen Preis**, den du nicht nur mit Geld zahlst und ist ein Risiko, welches nicht nur dich betrifft, sondern auch die Gelder von Investoren. Das Risiko erzeugt bereits Druck – und kann durch Investoren noch verstärkt werden.

5. Einige entscheiden sich für Investitionen Dritter, obwohl **Kooperationen ausreichen** würden. Du kannst spannende Kooperationen eingehen, um Synergien zu schaffen und erst einmal mit der Person zusammenarbeiten, um zu schauen, ob ihr auch auf Dauer zusammenpasst.

6. **Das Geld von Investoren ist an eine Erwartung gekoppelt.** Das Geld landet nicht auf deinem Konto, sondern in deinem Unternehmen und soll der Erwartung langfristig gerecht werden.

7. **Du gibst fremdes Geld aus.** Das kann überfordernd sein und auch ein unangenehmes Gefühl. Du möchtest den Investor glücklich machen und in Entscheidungen einbinden. Einige Investoren kommen mit einem beruflichen Hintergrund, der

sich bereits mit der Thematik deines Start-ups beschäftigt hat und wollen dir einen Rat geben. Aber dieser Rat sollte auch genau nur das sein: eine Empfehlung. Letztendlich musst du entscheiden, ob du ihn umsetzen möchtest. Denn DU bist der Gründer und solltest auf dich vertrauen.

8. **Der Verlust zur Realität.** Viele Start-ups starten mit einem sozialen, nachhaltig orientierten Geschäftsmodell, werden aber durch den Druck von Investoren zu schnellem Wachstum und kommerziellen Zielen gedrängt. Das heißt, deine ursprünglichen Motivatoren, Nachhaltigkeit und sozialer Anspruch, leiden darunter.

Prof Dr. Franziska Leonhardt ist Mutter, Gründerin von Ave & You, einem Beauty-Tech-Unternehmen, Anwältin und Investorin. Sie beantwortet aus Investorinnensicht die Frage, was für und gegen ein Investment spricht.

»Als erfahrene Investorin kann ich sagen, dass Investitionen eine großartige Möglichkeit sein können, um finanzielle Ziele zu erreichen und langfristig die eigene Unabhängigkeit zu fördern. Es ist jedoch wichtig, vor jeder Investition eine gründliche Recherche durchzuführen, um das Potenzial und die Risiken der jeweiligen Asset-klasse beziehungsweise eines jeden anvisierten Investments zu verstehen. Für Investitionen in Start-ups müssen insbesondere die Geschäftsidee, das Gründungsteam, die Marktaussichten und die Wettbewerbslandschaft sorgfältig geprüft werden. Es ist auch wichtig zu verstehen, wo genau das Unternehmen steht und welche Chancen es hat, eine Rendite zu erzielen und sich vorher über die eigene ›Wunschrendite‹ im Klaren zu sein. Gerade gilt: Je höher die in Aussicht gestellte Rendite, desto höher oftmals das Risiko, welches mit dem Investment einhergeht. Es ist auch wichtig, die spezifischen Risiken zu verstehen, die mit dem Engagement in diesem Bereich verbunden sind, wie zum Beispiel Liquiditätsrisiken und Wertschwankungen. Ganz klar muss man schauen, wie viel Kapital man monatlich entbehren kann und zu welchem Zeitpunkt welche Investments die Richtigen sind und in welcher Assetklasse. Auch den Totalverlust auf dem Schirm zu haben, ist wichtig. Denn statistisch gesehen sind nur wenige der ausgewählten VC-Investments wirklich am Ende erfolgreich, wobei da draußen ja oft nur die 10x-Cases belobt und präsentiert werden. Aber auch mit den Investitionen ist es wie mit den Gründungen. Man lernt nicht nur aus Erfolgen, sondern oft sind die Failures die größten Lehren.«

Exit: Time to say goodbye!

Bei einer Insolvenz ebenso wie nach einem Exit, also freiwilligem Verkauf, ist häufig ein Gefühl der Leere vorhanden. Das Unternehmen ist »weg«, verbunden mit einer großen Geldsumme – entweder als Gewinn oder als Verlust. Im positiven Fall sieht es so aus: Dein Unternehmen läuft, du hast es hochskaliert und die Zahlen sprechen für deine Erfolge. Der Moment ist gekommen, die »Erlösung« naht: Du strebst den Verkauf deines nicht mehr so startigen Unternehmens an!

Diesen Moment hat Sabrina Spielberger erlebt, die 2021 ihr Unternehme digidip erfolgreich verkaufte. Angefangen mit einem Fashion-Blog, ohne VC-Gelder bis hin zum Verkauf gab es einige Learnings.

»Alles hat mit meinem damaligen Fashion Blog angefangen, den ich irgendwann neben meiner Tätigkeit im Onlinemarketing gelauncht habe, als kreativen Ausgleich sozusagen. Als ich ein bisschen Traffic auf der Seite hatte, habe ich mir überlegt, ihn zu monetarisieren. Mir war aber wichtig, dass ich ihn nicht mit Bannern fülle, sondern lediglich durch die Verkaufsprovisionen der Produkte verdiene, die ich auf der Seite empfehle. Ich habe Lösungen gesucht, die das so elegant und automatisiert wie möglich machen und nach langem Suchen und Ausprobieren kein Tool gefunden, was ich gut genug für meine Ansprüche fand. Also habe ich mein eigenes programmieren lassen. So ist dann meine Firma entstanden, weil ich es dann nicht nur selbst benutzt, sondern schnell Blogger-Kolleginnen wie auch großen Webseiten und Verlagen angeboten habe. Heute ist die Technologie globaler Marktführer in der Monetarisierung von Premium-Webseiten, wurde mehrfach als High-Growth-Start-up ausgezeichnet und das alles ohne VC Funding. Ich hatte Business Angels, die es mir einfach gemacht haben, weil sie mir die notwendigen Programmierer zur Verfügung gestellt hatten. Ohne die hätte ich es nicht so weit geschafft. Ich selbst hatte nämlich keinen Tech-Background und wäre spätestens an diesen Kosten gescheitert.«

Noch gibt es keine Ebay-Kleinanzeigen für Unternehmensverkäufe (Marktidee!), wo du schnell mal dein Start-up hochladen kannst und an die meistbietende Person verkaufst. Es sollte eine wohl überlegte Entscheidung sein, wann und vor allem wer dein Unternehmen kauft.

Sabrina hatte gute Gründe für den Verkauf ihres Unternehmens. »Für mich war das eine Mischung aus persönlichen und strategischen Gründen. Ich wollte eine Lebensveränderung und war der Meinung, dass das Unternehmen unter meiner Führung ihr volles Potenzial erreicht hat und dass eine größere Organisation es auf die nächste Stufe bringen kann. Kurz vor der Pandemie habe ich also M&A-Berater kontaktiert, ob sie mir beim Verkauf helfen können. So haben wir dann an einer sogenannten Longlist mit potenziellen Interessenten gearbeitet. Man kann das auch ohne M&A-Berater machen, jedoch würde ich das nur Unternehmen empfehlen, die ein gut aufgestelltes Finance-Team haben. Es braucht nämlich eine gründliche Analyse der Finanzen, neben der Analyse des eigenen Kundenstamms, des geistigen Eigentums und des Marktanteils des Unternehmens. All das definiert den Kaufpreis und erst dann kann man eine realistische Preisvorstellung für den Verkauf festlegen. Sobald man den Wert des Unternehmens kennt, macht man sich auf die Suche nach potenziellen Käufern. Mir war es wichtig, einen Käufer zu finden, der gut passt und meine Vorstellungen von der Zukunft teilt. Dann geht es ans Aufräumen: Bevor man mit potenziellen Käufern spricht, sollte man an der Bereinigung der Finanzen arbeiten, die Dokumentation der Prozesse und die Klärung rechtlicher oder behördlicher Fragen, die während des Due-Diligence-Prozesses auftauchen könnten. In unserem Fall ging es zum Beispiel um Datenschutzthemen, die damals durch die neuen Cookie-Richtlinien relevant wurden.«

Definition: M&A

Mergers&Acquisitions-Beratungen (Fusionen & Akquise) unterstützen unter anderem ein Start-up vor, während und nach dem Verkauf. Wer sich für die Start-up-Szene interessiert, aber kein eigenes Start-up gründen möchte, kann sich den Beruf von M&A-Beratern anschauen, da Einblicke in erfolgreiche Start-ups Teil des Jobs sind.[82]

Was Due Diligence ist, erklärt Investor Philipp Szep: »Eine Due Diligence (Anm.: erforderliche Sorgfalt, im M&A-Bereich insbesondere im Kontext einer Transaktion) durchleuchtet das Unternehmen und dient nicht nur dazu, das Unternehmen in allen Aspekten (Marktsituation, Produkt, Finanzplanung, Team, Rechtrisiken usw.) zu verstehen und Risiken abzuschätzen, sondern auch dazu, das Team kennenzulernen und zu sehen, wie dieses arbeitet und tickt. Meiner Meinung nach ist der wichtigste Erfolgsfaktor ein starkes, integres und komplementäres Team.«

Sabrina Spielbergers Tipps für einen erfolgreichen Exit

1. **Absolute Geheimhaltung.** Es ist wichtig, den Verkauf vertraulich zu behandeln, bis er abgeschlossen ist, sonst kann es zu unnötigen Störungen kommen.
2. **Flexibel sein.** Man sollte sich vorher schon mit den verschiedenen Optionen einer Deal-Struktur vertraut machen, um für sich die richtige Lösung zu finden. Durch die Flexibilität, wie zum Beispiel Earn-out (Anm.: Eine Earn-out-Klausel legt in einem Kaufvertrag den Kaufpreisanteil fest, der später erfolgsabhängig monetarisiert wird) oder Verkäuferfinanzierung, kann der Verkäufer den Pool potenzieller Käufer vergrößern und eine Struktur finden, die für beide Parteien geeignet ist. Es ist jedoch wichtig zu beachten, dass jede Struktur ihre Vor- und Nachteile hat und man sollte die Risiken und Vorteile jeweils sorgfältig abwägen, bevor man eine Entscheidung trifft.
3. **Mit Profis arbeiten.** Ich hatte das Glück, dass ich top Steuerberater, eine super kompetente Rechtsanwaltskanzlei und die zu mir passenden M&A-Berater an meiner Seite hatte, um den Verkaufsprozess zu steuern und einen wirklich guten Exit hinzulegen. (Anm.: Mein Tipp »dahinter«: Wähle die Menschen um dich herum auch in dieser Phase sorgfältig aus! Sprich auch mit anderen, die gute Erfahrungen mit konkreten Kanzleien und Beratungen gemacht haben. Lass dich nicht auf den Nächstbesten ein oder den, der am lautesten schreit. Es geht um deine Zukunft!)

4. **Geduld und cool bleiben.** Der Verkauf eines Unternehmens kann einige Zeit in Anspruch nehmen, also unbedingt Geduld mitbringen und nichts überstürzen. Oft kann es auch an die Substanz gehen, weil beide Seiten den besten Deal für sich machen wollen. Unbedingt cool und sachlich bleiben, denn der Exit ist nur der Anfang. Danach geht es an die Post-Sale-Integration und da möchte man idealerweise weiterhin auf Augenhöhe miteinander arbeiten, um einen reibungslosen Übergang für alle Stakeholder zu gewährleisten.

Vor einem Exit wissen viele nicht, dass meistens über die genaue Verkaufszahl nicht mit Dritten gesprochen werden darf. Häufig unterschreiben Gründer, die ihr Start-up gewinnbringend verkaufen, daher einen NDA-Vertrag (Non-Disclosure Agreement, Geheimhaltungsvertrag), der festlegt, über was gesprochen werden darf.

Und was kommt jetzt? – Die Zeit danach

Häufig wird mir auf Instagram das Bild einer Treppe gezeigt von dem Erfolg und wie die einzelnen Schritte abgelaufen sind bis zum Exit. Meistens endet die letzte Treppenstufe mit »I did it!«. Doch was passiert danach?

Kein Start-up-Posting auf den sozialen Medien bereitet dich für die Zeit »nach dem Erfolg« vor. Es wird erwartet, dass du selbst entscheidest, was dann passiert – nach dem Motto: »Unterstützung bis zum Erfolg oder Scheitern, aber nicht darüber hinaus.« Ein großer Irrglaube ist auch, dass es nach einem Exit nur noch ein Leben unter Palmen mit einem (Virgin) Sex on the Beach in der Hand gibt. Statt die große Erleichterung zu verspüren, fallen viele Gründer in ein Loch, fühlen sich verloren.

Sabrina teilt auch dazu ihre Erfahrungen: »Ich war danach ein bisschen lost, ehrlich gesagt. Aber ich habe so hart auf dieses Ziel der finanziellen Unabhängigkeit hingearbeitet, dass ich schon extrem erleichtert war. Ich habe diesen Zustand des ständigen ›Pleiteseins‹ gehasst. Ich bin mit wenig aufgewachsen, habe früh anfangen müssen mit zig Nebenjobs, um meine Eltern finanziell nicht mehr zu belasten. Mir hat es zwar an nichts gefehlt und ich bin sicher, dass mich das auch sehr geprägt hat, meine Arbeitsmoral zum Beispiel. Die ist ganz weit entfernt vom heutigen Work-Life-Balance-Gedanken. Wenn man sieht, wie die Eltern lange arbeiten und kämpfen, um über die Runden zu kommen, kann das den Wunsch wecken, es besser zu machen und sich ein besseres Leben zu schaffen. Dies war für mich jedenfalls ein starker Motivator, der mich angetrieben hat, hart zu arbeiten und nach Erfolg zu streben. Meinen Eltern war es immer wichtig, Bildungs- und Karrieremöglichkeiten wahrzunehmen, die uns Kindern eigentlich verwehrt waren, und unsere Herkunft als Quelle der Stärke und Widerstandsfähigkeit zu nutzen. Heute will ich mich weiterentwickeln und mich auf Themen fokussieren, für die ich brenne. Im Bereich Wellness & Nutrition bilde ich mich weiter und setze mich parallel mit meiner Stiftung für Chancengleichheit und Diversity ein. Außerdem bin ich kurz nach der Amtsniederlegung als CEO nach dem

Exit schwanger geworden und freue mich, dass ich mich voll auf die Schwangerschaft einlassen kann.«

Auf die Frage, ob Sabrina wieder gründen würde, antwortet sie: »Auf jeden Fall. Ich dachte zwar, ich bin durch mit dem Thema, aber sollte ich irgendwann wieder für eine Idee brennen, muss ich es einfach wagen. Auch wenn ich heute vielleicht nicht so mutig bin, wie ich es bei meiner letzten Gründung war.«

Auch Sophie Kühn, Gründerin von Miss Sophie, verkaufte ihr Start-up erfolgreich.

»Der Exit meines Start-ups Miss Sophie war ein spannender und lehrreicher Prozess. Nach Jahren harter Arbeit, vielen Rückschlägen und großem Wachstum erregten wir die Aufmerksamkeit eines größeren Unternehmens in der Kosmetikbranche. Sie erkannten das Potenzial von Miss Sophie und boten uns die Gelegenheit, unsere Vision in einem größeren Stil zu verwirklichen. Während des Verkaufsprozesses lernte ich die Bedeutung von Geduld, da der Prozess komplex und langwierig war. Es war wichtig, den Wert unseres Start-ups realistisch einzuschätzen und selbstbewusst in Verhandlungen einzusteigen – dabei half uns externe Expertise von einer M&A-Beratung wie auch erfolgreicher Anwälte in dem Gebiet. Um einen erfolgreichen Exit zu erreichen, mussten wir sicherstellen, dass unser Unternehmen solide finanzielle Kennzahlen, klare Prozesse und eine starke Unternehmenskultur aufwies. Die Vorbereitung auf den Due-Diligence-Prozess war ebenfalls wichtig, da wir alle Aspekte unseres Unternehmens offenlegen und transparente Informationen bereitstellen mussten, um Vertrauen zu schaffen und den Verkaufsprozess zu beschleunigen. Schließlich war es ebenfalls entscheidend, die Bedürfnisse all unserer Mitarbeiter:innen zu berücksichtigen, da sie maßgeblich zum Erfolg von Miss Sophie beigetragen haben. Teamwork really does make the dream work! Insgesamt bin ich superglücklich mit der Entscheidung und dem neuen Partner an unserer Seite. Somit steht dem gemeinsamen Wachstum nichts mehr im Weg!«

Ich möchte noch einmal zentrale Tipps zusammenfassen, die du bei beziehungsweise vor einem Verkauf beachten solltest:

Tipps vor dem Verkauf

1. Hole dir externe Meinungen und Unterstützung ein von Anwälten, Beratern und Experten.
2. Sprich mit deinem Team, was es sich für die Zukunft wünscht.
3. Kenne deine Zahlen, um bei Verhandlungen sicher aufzutreten.
4. Kenne deine Vision und formuliere diese, um das Weiterbestehen deines Unternehmens zu sichern.

Die Exit-Serientäter

Ja, es gibt sie – und nicht wenige: jene Gründer, die von einem Exit zum nächsten ziehen. Das erinnert an das Gesellschaftsspiel Monopoly. Du kannst noch zehnmal über Los gehen oder du kannst akzeptieren, dass du bereits die Parkallee und die Schlossstraße besitzt – und ein neues Spiel beginnen, das einfach nur nicht Monopoly, sondern Start-up-Selling heißt.

Viele halten an ihren alten Erfolgen fest und wiederholen immer wieder die Schleife und die damit verbundenen Prozesse. Es scheint nie genug zu sein – was ich traurig finde. Diese Menschen haben Erfolge erreicht, für die viele ihr Leben lang arbeiten und nicht einmal einen Verkauf erreichen. Dadurch kommt bei mir das Gefühl auf, dass es bisweilen keinen wirklichen Exit aus der Start-up-Welt gibt, dass eine Gründung bis zum Exit geht, nur um dann wieder von vorne, »bloß« mit mehr Geld anzufangen.

Ein kleiner persönlicher Gedankenexkurs: Je mehr Zeit ich in der Start-up-Welt verbringe, desto mehr wünsche ich mir einen Ausgleich, eine zweite Karriere in einer anderen Branche. Wo Angestellte sich eine Selbstständigkeit oder Gründung wünschen, wünsche ich mir manchmal, zum Beispiel Opernsängerin zu werden, einfach um noch einmal eine neue Welt zu betreten. Denn die (häufig) gleichen Prozesse, Gesichter und Aufgaben in der Start-up-Szene werden gelegentlich eintönig.

Eine kritische Gegenfrage auf meine Frage, wie man am besten ein Unternehmen verkauft, hat Frank Sippel, Gründer der Real Future AG & GmbH: »Dafür habe ich absolut keine Tipps und Tricks. Vielmehr eine kritische Frage gegenüber dem oft gelebten Fokus auf einen Exit: WARUM sollte man sein Unternehmen verkaufen? Jede Unternehmerin und jeder Unternehmer sollte sich diese Frage stellen und vor allem dafür sorgen, dass er nicht verkaufen ›muss‹, weil seine Investoren dies fordern. Bei einem Verkauf sollte es aus meiner Sicht immer um die Weiterführung eines Unternehmens gehen und nicht um das ›Heben‹ von stillen Reserven oder gar das ›Wetten‹ auf zukünftige Wachstumschancen. Mit derartigen Preissteigerungen entsteht immer Wachstumsdruck und genau dieser ist der natürliche Feind der Nachhaltigkeit. Mein Tipp ist zum Beispiel die Überschreibung von Anteilen an die Firma selbst, an die Belegschaft oder die Einbindung von neuen Strukturen, wie beispielsweise Verantwortungseigentum. All dies lässt sich auch nach einer fairen Abzahlung von eingesammeltem Kapital und Gründeranteilen bewerkstelligen.«

Echte Einhörner

Es gibt sie: Einhörner! Allerdings nicht die Fabelwesen, sondern Start-ups, die vielen Menschen einen Arbeitsplatz geben. Darunter auch Dominic Klingberg. »Ich bin froh, dass es mich damals in die Start-up-Szene verschlagen hat. Denn sie verkörpert für mich modernes Arbeiten, Innovation und Digitalisierung. Auch wenn man hier und da Horrorgeschichten von 60- bis über 80-Stunden-Wochen, Drogenkonsum und Tyrannei am Arbeitsplatz hört, wurde ich bisher von solchen verschont. Für mich bedeutet das Arbeiten in einem Start-up vor allem eines: die Möglichkeit, sich selbst zu verwirklichen, die Digitalisierung voranzutreiben und in einem modernen und schnelllebigen Umfeld arbeiten zu können.«

Ohne Studium oder klassische kaufmännische Ausbildung hat er es geschafft, in der Berliner Start-up-Szene Fuß zu fassen und seither diverse Rollen im Vertrieb kennengelernt. Heute leitet Dominic das deutsche Vertriebsteam von Pleo, einem der Top-ein-Prozent-SaaS-Start-ups in Europa und FinTech-Unicorn. Nebenbei hat er selbst gegründet und betreibt seit 2022 einen der erfolgreichsten deutschen Vertriebs-Podcasts: Sales & Pepper Interviews, bei dem auch ich bereits zu Gast sein durfte.

»Es war Januar 2021, mitten in der Coronapandemie, als ich als Account Executive im Sales bei Pleo angefangen habe. Damals hatte das Unternehmen rund 200 Mitarbeiter und ich konnte nicht ahnen, welche wahnsinnige Reise mich erwarten würde. Pleo wurde 2015 von Jeppe Rindom und Niccolo Perro in Kopenhagen gegründet und hat nach nur sechs Jahren Unicorn-Status erreicht. In der Series-C-Finanzierungsrunde hat Pleo 350 Millionen US-Dollar von Investoren erhalten zu einer Bewertung von 4.7 Milliarden US-Dollar und wurde somit zum ersten dänischen FinTech-Unicorn.«

Definition: Unicorn

Als »Einhorn« (Unicorn), wird ein Start-up bezeichnet, das eine Firmenbewertung von über eine Milliarde US-Dollar vor dem Börsengang hat. Diese sind sehr selten, weshalb der Name zustande kam.

Dominic, wie wird ein Start-up zum Einhorn?

Meiner Meinung nach gibt es kein Geheimnis, aber es gibt definitiv Parallelen zwischen den erfolgreichsten SaaS-Start-ups. Dazu gehören eine starke Unternehmenskultur und Vision, die Toptalente anzieht und motiviert, ein skalierbares Geschäftsmodell mit einem starken Gründerteam und ein Markt, der bisher nicht ausreichend digitalisiert beziehungsweise erschlossen ist.

Und was macht man, wenn man so viel Geld eingesammelt hat?

In den Hypergrowth-Mode schalten. im Jahr nach der Finanzierungsrunde haben wir uns mehr als verdoppelt. In Topzeiten sind teilweise bis zu 150 neue Mitarbeiter in einem Monat gestartet. Das Wachstum in so kurzer Zeit bringt jedoch auch einige Herausforderungen mit sich, zum Beispiel die schnelle Rekrutierung der richtigen Mitarbeiter und die Aufrechterhaltung der Unternehmenskultur. Meistens stoßen nach kurzer Zeit die alten Prozesse an ihre Grenzen. Dies und das Onboarding einer großen

Anzahl von Mitarbeitern bremsen den Wachstum des Unternehmens dann meist ungewollt auf natürliche Weise. Nicht zu vergessen ist die Konkurrenz, die in einen Markt drängt – denn da, wo viel Geld (Venture Capital) investiert wird, lassen alternative Anbieter meist nicht lange auf sich warten. Oft ein Tabuthema: der steigende Druck auf Start-ups und deren Mitarbeiter, wenn Millionensummen von Investoren eingesammelt werden. Die Investoren erwarten eine entsprechende Rendite nach fünf bis zehn Jahren, weshalb es hier eine ganz klare Erwartungshaltung gibt, wie schnell das Unternehmen wachsen beziehungsweise bestimmte Zahlen erbringen sollte.

Was war die schwierigste Situation in deiner Karriere?

Im Jahr 2022 kam es aufgrund des Ukraine-Krieges, der damit verbundenen Energiekrise und steigender Zinsen zu einem Einbruch des VC-Marktes und Investoren wurden plötzlich sehr vorsichtig. Dies hatte für viele Start-ups, einschließlich Pleo, einen Strategiewechsel zur Folge und es war keine Rede mehr von Hyperwachstum. Plötzlich ging es um Effizienz und nachhaltiges Wachstum und in der Szene wurde viel über Restrukturierungen und Entlassungen gesprochen. Dies bedeutete, dass Abteilungen aufgelöst und Projekte, die nicht rentabel waren, eingestellt wurden, was viele Menschen ihren Job kostete. Ich muss ehrlich sagen, der Tag, an dem wir 15 Prozent unserer Belegschaft entlassen mussten, hat mich auf den Boden der Tatsachen zurückgeholt und war einer der schlimmsten Tage meiner Karriere. In den Jahren zuvor lief alles so gut, man fühlte sich unbesiegbar und viele Kollegen wurden zu Freunden. Es war hart, sie gehen zu sehen. Nun könnte man fragen, warum so viele Menschen eingestellt und dann wieder entlassen wurden. Eine einfache Antwort gibt es darauf meiner Meinung nach nicht. Denn die angespannte Marktlage hat niemand kommen sehen und nicht zu handeln, wäre grob fahrlässig gewesen für den Fortbestand des Unternehmens. Dies gilt sowohl für Pleo als auch für viele andere SaaS-Start-ups, die in den letzten Monaten Mitarbeiter entlassen mussten. Ich glaube sogar, dass die Entlassungswellen in 2022 und 2023 erst der Anfang waren. Start-ups, die in der Krise nicht zeigen können, dass sie profitabel werden, werden nach und nach aufgekauft werden oder insolvent gehen in den nächsten ein bis drei Jahren. Für alle anderen bedeutet dies, dass sie ihren Vorsprung weiter ausbauen werden.

Wie kann man sich in Zukunft vor Massenentlassungen schützen?

Komplett absichern kann man sich nicht, aber aus meiner Sicht ist das auch nicht notwendig, denn es gibt genügend Start-ups da draußen, die gute Mitarbeiter suchen. Aber: Fragt in Vorstellungsgesprächen nach der finanziellen Situation des Unternehmens und nach finanziellen Kennziffern (Umsatz oder Gewinn pro Mitarbeiter oder Cash-Burn-Rate des Unternehmens).

Was bedeutet die aktuelle Marktlage für junge Gründer?

In den nächsten Jahren wird das Geld bei Investoren nicht mehr so locker sitzen. Es wird schwieriger, sie zu überzeugen und Geld zu guten Bewertungen einzusammeln. Eine Alternative ist »Bootstrapping«. Versucht so lange wie möglich ohne Fremdkapital auszukommen. Dies ist mit Sicherheit die nachhaltigere Variante, um ein Unternehmen aufzubauen, jedoch auch die herausforderndere.

Bootstrapping

»Wegen der schlechten Wirtschaftslage und steigender Zinsen sind Investoren vorsichtiger. Bewertungen werden nach unten korrigiert, Gespräche nehmen mehr Zeit in Anspruch«[83], schreibt Dominik Lambersy in einem Artikel im Business Insider. Es ist für Gründer schwerer, Runden zu schließen und Geld zu erhalten, was vorher gefühlt wie bei einem Super-Mario-Spiel herumlag. Daher lohnt es sich zu überlegen, ob das Unternehmen »gebootstrappt« wird.

Bootstrapping

»Bootstrapping« ist eine Finanzierungsform der Gründung, bei der auf externe Gelder verzichtet wird. Dadurch werden vermeidbare Ausgaben gemindert und die Einnahmen schneller maximiert. Am Anfang steht dem Gründer weniger Geld zur Verfügung, dafür behält er meist alle Anteile am Unternehmen und die damit verbundene Entscheidungsmacht.[84]

Farisa Magazieva erläutert, warum sich diese Finanzierungsalternative rentieren kann. »Bootstrapping lohnt sich für Start-ups, wenn sie über begrenzte finanzielle Ressourcen verfügen, schnell erste Einnahmen erzielen können und eine hohe Kontrolle und Flexibilität wünschen. Es erfordert jedoch eine durchdachte Planung und eine gute Umsetzung, um erfolgreich zu sein. Zudem kann es zu einem langsameren Wachstum führen, im Vergleich zur Entscheidung für externes Investment.«

Ein Erfolgsbeispiel ist Sophie Kühn. Sie hat gebootstrappt und ohne das Geld von Investoren gegründet.

»Als ich Miss Sophie gründete, entschied ich mich bewusst dafür, ohne externe Investoren zu starten, also zu bootstrappen. Diese Entscheidung resultierte aus dem Wunsch, die volle Kontrolle über mein Unternehmen zu behalten und die Möglichkeit zu haben, meine Vision ohne Kompromisse umzusetzen. Das Bootstrapping brachte sowohl Vor- als auch Nachteile mit sich. Zu den Vorteilen zählte erstens die Freiheit, Entscheidungen zu treffen, ohne Rücksicht auf die Erwartungen von Investoren nehmen zu müssen. So war ich flexibel und konnte jederzeit die Strategie ändern, ohne um Erlaubnis zu fragen. Und zweitens die Möglichkeit, die Unternehmenskultur und -werte von Anfang an selbst zu gestalten, ohne dass externe Einflüsse meine Entscheidungen beeinflussten. Zu den Nachteilen des Bootstrapping gehört definitiv der eingeschränkte finanzielle Spielraum. Ohne die finanzielle Unterstützung von Investoren musste ich sehr genau darauf achten, wie ich meine Ressourcen einsetzte. Das bedeutete auch, dass ich selbst die ersten vier Jahre nach der Gründung auf Gehalt verzichtete und jeden Cent dreimal umgedreht habe, um das Unternehmen am Laufen zu halten. Trotz der Herausforderungen hat das Bootstrapping meinen unternehmerischen Geist gestärkt und mir geholfen, ein erfolgreiches Unternehmen aufzubauen, das auf meinen eigenen Werten und Visionen basiert. Meiner Meinung nach ist es ein guter Prozess, um ein Gefühl für Kosten und Investitionen zu bekommen und ein Unternehmen profitabel zu führen.«

Auch Agenturbesitzerin Sarah Emmerich hatte Gründe zu bootstrappen, die auch dafür sorgen, dass sie die Start-up-Szene manchmal nicht mag.

»Leider werden oft privilegierte Menschen zu Gründern, weil sie die Möglichkeiten und Kontakte haben. Dass es zu wenige weibliche Gründerinnen gibt. Dass oft das Geld der VCs verbrannt wird. Natürlich geht das für viele Ideen und Businessmodelle nicht, aber ich bin stolz darauf, gebootstrappt erfolgreich mit meiner Agentur zu sein! Mich nervt das Mindset, dass man so schnell wie möglich wachsen will, anstatt nachhaltig!«

Auch ich kann dir nur empfehlen zu versuchen, mit dem eigenen Ersparten auszukommen oder dich nach Programmen umzuschauen, bei denen du keine Anteile abgeben musst. Das Geld Dritter scheint verlockend und die Angebote von Investoren klingen teilweise zu gut, um wahr zu sein. (Erinnere dich an den Kapitelanfang: Das ist es nämlich teilweise auch nicht!) Dennoch gibst du damit etwas Großes ab, was für die meisten ein Hauptgrund der Gründung ist: deine Freiheit.

Du musst als Gründer keinen LinkedIn-Beitrag oder -Artikel über eine erfolgreiche, abgeschlossene Finanzierungsrunde deines Start-ups posten. Denn deine Erfolge werden nicht daran gemessen, wie viel Geld du von Investoren bekommst, sondern wie sehr dein Unternehmen gebraucht wird und was und wie sehr es etwas (Sinnvolles) verändert. Fokussiere dich darauf und behalte deine Ausgaben und Einnahmen im Blick. Mein ultimativer Tipp: Lebe während deiner Anfangszeit nicht in Saus und Braus, sondern erst einmal auf Sparflamme. Überlege dir, welche Kosten du minimieren oder sogar eliminieren kannst und wie viel Geld du für Wohnung, Nahrung und so weiter brauchst (und wie luxuriös du wirklich wohnen und essen »musst«). Das alles sollte finanziell abgedeckt sein und alles darüber solltest du auch nicht ausgeben, nur weil dir die Mittel derzeit zur Verfügung stehen.

Business Angel

Es gibt nie eine Garantie für den Erfolg. Auch Investoren können sich irren und setzen im Fall eines Start-up-Invests teils Beträge in Millionenhöhe in den Sand. Letzten Endes müssen Menschen bereit sein, für die Dienstleistung, das Produkt zu zahlen. Doch du musst auch kein Elon Musk sein, um in ein Start-up zu investieren. Dabei sollte das Risiko auf Investorenseite beachtet werden, denn ein »Umtausch« ist meist nicht möglich.

Business Angel

»Ein Business Angel (BA) ist eine Privatperson, die Existenzgründer finanziell, aber auch mit unternehmerischem Know-how in der Anfangsphase unterstützt. Es handelt sich hier um vermögende Personen, die oft selbst ein Unternehmen leiten und über ein großes Branchennetzwerk und Erfahrung verfügen. Ähnlich wie bei einer Venture-Capital-Beteiligung investiert der Business Angel mit einem hohen Risiko, da der Erfolg des Start-ups ungewiss ist. Aus diesem Grund ist der Zinssatz des eingesetzten Kapitals in diesem Fall vergleichsweise hoch.«[85]

Sylvia Tantzen hat ihre Anteile an der novomind AG, für die sie 14 Jahre in Führungsverantwortung tätig war, verkauft und wollte mit dem Geld etwas Gutes tun nach dem Motto »giving it back«. Mit Anfang 40 wurde sie Business Angel.

Sylvia, in welche Start-ups investierst du und worauf achtest du?

Ich habe weder Gender- noch Themenfokus. Ich werde oft darauf angesprochen, dass ich als Frau doch dann wahrscheinlich nur in Frauen investiere – was ich nicht tue. Mir ist der Mensch wichtig und das Geschäftsmodell. Und ich möchte das Gefühl haben, dass ich mit den Gründer:innen, bei denen ich investiere, auch gerne zusammenarbeite und auch mal abends ein Bier trinken würde.

Was spricht gegen Investoren? Wieso sind ein Netzwerk und Kunden wichtiger als Investoren?

Ein Investor ist nur eine Art für Wachstum. Natürlich gibt es auch die Möglichkeit, mit Kunden und Netzwerk zu wachsen, was oft auch nachhaltiger ist. Es kann länger dauern, aber oft lernen die Gründer:innen dabei mehr. Ich würde mir derzeit ein Bewertungstool wünschen, bei denen Business Angels von den Start-ups bewertet werden. Denn für beide Seiten ist es wichtig, dass man gut zusammenpasst.

Investment geht auch ohne Geld

Es gibt zahlreiche Artikel über erfolgreiche Gründer, die (mit)teilen, dass sie Geld erhalten haben und auf welche Weise. Aber oft fehlen Einblicke in die Welt der Investoren. Daher kommen sie in diesem Kapitel zu Wort.

Ein Investment muss nicht immer finanzieller Natur sein. Als Business Angel kannst du neben Geld auch deine (Arbeits-)Zeit, Ideen und Kontakte in ein Start-up investieren. Dafür erhältst du dann beispielsweise Anteile. Die sind zwar kleiner als jene, die jemand mit einem finanziellen Investment erhält, aber dennoch nicht zu unterschätzen. Denn ein finanzielles Investment ist ein großes Risiko für Investoren – gerade in Anbetracht der »Quote des Scheiterns«. 90 Prozent der Start-ups schaffen es nicht. Das heißt, wenn du in zehn Start-ups jeweils 10.000 Euro investierst, verlierst du voraussichtlich 90.000 Euro und machst nur einen minimalen Gewinn mit dem einen erfolgreichen Unternehmen. Daher solltest du nur Geld investieren, welches du auch zur Verfügung hast und nicht für andere Dinge benötigst. Oder eben überlegen, wie du ein Start-up auf andere Weise sinnvoll und nachhaltig unterstützen kannst.

Auch Dr. Marco Adelt ist Business Angel. Ihm ist es wichtig, dass sich die Rahmenbedingungen für Start-ups in Deutschland verbessern. Deshalb engagiert er sich in dieser Legislaturperiode zum Beispiel auch in einem Digital-Expertengremium des Bundesfinanzministeriums.

»Kapital wird seit Frühjahr 2022 neu bepreist. Unabhängig davon, ob jemand fremdes Kapital für einen Konsumkredit, eine Baufinanzierung oder die Wachstumsfinanzierung eines jungen Unternehmens benötigt, haben sich die Rahmenbedingungen substanziell verändert. Gründerinnen und Gründer haben es gegenwärtig schwerer, eine Finanzierung für ihre Geschäftsidee zu bekommen, als noch vor ein oder zwei Jahren. Spätestens wenn die Idee sehr groß ist oder im Marktkontext eine sehr schnelle Umsetzung erforderlich ist, kommt ein Start-up selten ohne Investoren aus. In der Frühphase, zum Beispiel Pre-Seed, setzen viele Gründerinnen und Gründer auf Business Angels. Meistens haben Business Angels selbst erfolgreich ein Start-up aufgebaut und können neben Startkapital insbesondere auch mit Know-how oder Netzwerk unterstützen. Während VCs in der Vergangenheit oft erst in Spiel kamen, wenn der erste Proof of Concept nachgewiesen werden konnte, waren VCs in den letzten Jahren auch zunehmend in frühphasigen Pre-Seed- und Seed-Runden als Lead-Investoren vertreten. Grundsätzlich stehen diese Finanzierungsmöglichkeiten nach wie vor zur Verfügung. Seit Frühjahr 2022 ist aber zu beobachten, dass Investmententscheidungen auf Seiten von VCs oder Business Angels länger dauern. Auch müssen sich Gründerinnen und Gründer auf kritischere Fragen zum Geschäftsmodell einstellen. Trotzdem steht weiterhin noch ausreichend Kapital zur Verfügung. Es ist aber mehr Qualität auf Start-up-Seite erforderlich, um dieses Kapital auch zu fairen Konditionen zu erhalten. Oft sind Finanzierungsrunden in der rechtlichen Ausgestaltung komplex. Bei einem hundertseitigen, englischsprachigen Vertragstext mit dutzenden abstrakt klingenden Klauseln können Gründerinnen und Gründer schnell den Überblick verlieren. Gerade in der gegenwärtigen Phase, in der sich Investoren eher zurückhaltend verhalten und sich zusätzlich absichern wollen, ist in Finanzierungsrunden Vorsicht geboten. Schnell wird ein medial vermeintlich beeindruckendes Funding sonst zum Boomerang. Ob und wann ein Investor überhaupt sinnvoll sein kann, ist immer individuell zu betrachten. Die Tatsache, dass ein Investor in ein Start-up investiert, sagt per se noch wenig über die Qualität des Unternehmens und damit verbundene Erfolgschancen aus. Ein jahrelanges Bootstrapping kann genauso zum Erfolg führen wie das großvolumige Pre-Seed-Funding eines international bekannten VCs.«

Marco ist zudem selbst Gründer, weshalb er Start-ups nicht nur mit Geld, sondern auch mit seinem Wissen unterstützen kann und um die Relevanz von Erfahrungen weiß. Diese beeinflusst auch seine Entscheidung, worin er investiert.

»Die absolute Mehrheit meiner Zeit und Energie fließt nach wie vor in CLARK. Auch acht Jahre nach Gründung ist unsere Mission noch längst nicht erfüllt. In den Medien mag der Schritt zum Unicorn wie ein Zieleinlauf klingen. Für mich war das nie eine essenzielle Motivation. Mich treibt immer noch jeden Tag an, dass wir mit unserer Arbeit die Möglichkeit haben, eine wenig moderne Industrie zu verändern. Auf meinem beruflichen Weg durfte ich viele Erfahrungen sammeln: ob in mehr als 50 Projekten als Unternehmensberater oder bei der Gründung und Skalierung von CLARK zu einem international tätigen Unicorn. Mit diesen Erfahrungen unterstütze ich heute auch Gründerinnen und Gründer als Business Angel, beispielsweise die Investment-App BEATVEST, den Cyber-Security-Anbieter B AOBAB oder die Betreuungsplattform HEYNANNYLY. Zum einen macht es mir Spaß, auch mal wieder in frühe Phasen eines Start-ups einzutauchen. Die Zeit auf der Suche nach dem Product-Market-Fit ist für jedes Unternehmen und jedes Team besonders intensiv und spannend. Zum anderen ist es mir persönlich wichtig, meine Fähigkeiten und Fertigkeiten nicht nur für mich zu behalten. Bei einer Investmententscheidung sind mir zwei Punkte besonders wichtig. Erstens der Markt – respektive die damit verbundene Frage, ob sich das Start-up in einem attraktiven Markt bewegt. Zweitens das Team. Hierbei achte ich darauf, dass die Gründerinnen und Gründer ihren Markt im Detail verstehen und eine Umsetzungskompetenz mitbringen. Die eigentliche Idee ist für mich zweitrangig, da ich davon ausgehe, dass sich die Idee auf der Suche nach dem Product-Market-Fit verändern wird. Ein starkes Team wird in einem attraktiven Markt immer Gutes umsetzen können.«

Frank Sippel, Besitzer von Real Future, investiert ebenfalls in Start-ups. Dabei achtet er besonders auf zwei Dinge.

»Ich investiere sehr selten und punktuell. Das liegt daran, dass ich selten Geld zum Investieren verfügbar habe. Gelegentlich kommt es vor, dass ich als Investor qualifiziere und dann habe ich folgende klare Regeln: 1. Wenn ich Geld habe zum Investieren, habe ich mehr Geld als ich benötige. Also wird 50 Prozent meiner Investmentsumme in Form von Spenden fließen. Spenden sind auch Investitionen, einfach nur in gemeinwohlorientierte Unternehmen. 2. Wenn ich ›klassisch‹ investiere, dann gebe ich Geld an Start-ups und verlasse mich dabei ausschließlich auf meinen Freundeskreis und mein Bauchgefühl. Ich schaue mir vor allem die Businessidee und die Gründer:innen an. Der Finanzplan ist unwichtig. Was ich als Start-up beachten würde beziehungsweise was ich Gründer:innen empfehle, ist, dass sie sich immer selbst treu bleiben. Einem

Investor bringt es schließlich nichts, wenn die Leidenschaft für ein Start-up aufgrund emotionsloser Wachstums- und Renditeforderungen langsam erlischt. Tragisch dabei ist unser komplexes Rechtssystem und die gängige Regel, dass große Geldgeber auch große Beteiligungs- und Stimmquoten haben. Start-ups sollten hierbei selbstbewusster werden. Ich darf darauf hinweisen, dass ich mit obiger Haltung auch die eine oder andere auch wirtschaftlich sehr erfolgreiche Investition getätigt habe. Wenn Gründer:innen frei mit ihrem Start-up arbeiten dürfen, motiviert das sehr und führt auf ganz neuen Wegen wiederum zu Ergebnissen, die in unserem alten System als ›gute Performance‹ interpretiert werden.«

Philipp Szep hat ebenfalls wichtigen Input, was es für ein gutes Investment braucht. »Um erfolgreich in Start-ups zu investieren, ist ein gewisser Level an Professionalität, Wissen und Erfahrung notwendig. Wer dieses Wissen mitbringt und zusätzlich noch ein Netzwerk hat, kann an einem spannenden Ökosystem teilnehmen.« Für ihn macht einen guten VC und Business Angel Folgendes aus: »Ein guter Investor wählt Beteiligungen sorgfältig aus, investiert nicht nur in Hypes und fokussiert sich auf solide Geschäftsmodelle mit planbarem Risiko. Ein guter Investor ist diszipliniert, lässt sich nicht von makroökonomischen Umständen beeinflussen und behält auch in schwierigen Situationen Ruhe. Ein guter Investor kann über Jahrzehnte hinweg einen erfolgreich Track-Record vorweisen, nicht nur in den Boom-Jahren.«

Angehende Investoren sollten laut Philipp Szep noch auf einiges achten, gerade bei Firmenbewertungen. »Betrachte die Geldbeschaffung als ein Instrument, das dem Unternehmen zum Erfolg verhilft. Nicht als Selbstzweck. Sei vorsichtig mit Bewertungen. Unternehmer neigen (verständlicherweise) dazu, ihr Unternehmen so hoch (teuer) wie möglich zu bewerten, was natürlich erstmals gut klingt, weil man im Rahmen einer Finanzierungsrunde weniger Anteile (Prozente) an Investoren abgeben muss. Man sollte jedoch nicht vergessen, dass man dieser Bewertung auch gerecht werden muss. An hohe Bewertungen sind hohe Erwartungen geknüpft, was zu hohem Druck führt. Dies führt wiederum dazu, dass oft zu wenig Zeit ist, um interne Prozesse auf einen Level zu bringen, das schnelles nachhaltiges Wachstum zulässt. Enttäuschte Erwartungen machen es in Folgerunden schwierig, neue Finanzmittel zu guten Bedingungen (oder überhaupt) einzusammeln. Ich habe schon mehrere Unternehmen aus diesem Grund scheitern sehen. Bei jungen Unternehmen ist eine (akkurate) Bewertung schwierig. Im Grunde kommt es auf Angebot und Nachfrage an. Es gibt gewisse Faktoren, die eine Unternehmensbewertung beeinflussen beziehungsweise akkurater machen. Glauben die Investoren, dass sie eine gute Rendite erzielen können und gehen sie von einer hohen Eintrittswahrscheinlichkeit aus, werden sie das Unternehmen höher bewerten. Hat das Unternehmen bisherige Erwartungen erfüllt und ist es den Gründern in der Vergangenheit gelungen, ausreichend Finanzmittel einzusammeln, um Ziele zu erreichen, wird dies eine Bewertung nach oben treiben. Befindet sich das Unternehmen in einer herausfordernden Situation und hat Erwartungen nicht erfüllt, werden Investoren das Unternehmen niedriger bewerten. Aus diesen und anderen Faktoren ergibt sich eine gewisse Bandbreite, wie Unternehmen bewertet werden. Irgendwo innerhalb dieser Bandbreite liegt die richtige (akkurate) Bewertung.«

Doch ab wann kann sich jemand Investor nennen? Kann man nur mit Beträgen ab einer fünfstelligen Zahl investieren? »Das Investieren in Ideen, Projekte und junge Unternehmen birgt signifikante finanzielle Risiken. Jeder Stakeholder (Unternehmer, Gründer, Investor) muss sich dieses Risikos bewusst sein. Investieren kann de facto jeder, der Zugang zu Kapital und Deals hat. Ob man in die Asset-Klasse Start-up investieren sollte, muss jeder im Rahmen seiner Möglichkeiten und persönlichen Situation selbst entscheiden. Wichtig ist, dass man sich darüber im Klaren ist, dass man bei Investments Geld verlieren wird – vor allem dann, wenn man nicht die notwendige Zeit investiert, um Opportunitäten eingehend zu prüfen. Man muss die Fähigkeit haben, ein Portfolio aufzubauen und Fehler zu machen. Man lernt, indem man investiert, aber es ist eine teure Lernkurve. Eine einzige Investition zu tätigen, ist mit hoher Wahrscheinlichkeit eine fehlgeschlagene Strategie«, rät Philipp Szep.

Keiner ist also ein besserer oder schlechterer Investor, nur weil die eingebrachte Summe höher ist. Für die wenigsten Menschen ist ein Investment in Höhe von 500.000 Euro eine Kleinigkeit. Es ist ein minimaler Prozentsatz der Weltbevölkerung, die ihr Vermögen reinvestieren können, ohne sich Sorgen um die Zukunft machen zu müssen.

Und es ist definitiv möglich – und sinnvoll –, auch mit kleineren Beträgen zu investieren. Sarah Emmerich ist hier ein gutes Beispiel.

»Als Agenturgründerin habe ich kein Start-up im klassischen Sinne. Ich finde es spannend, in andere Business Cases und Ideen zu investieren. So kann ich vielleicht auf lange Sicht mein Netzwerk monetarisieren! Außerdem bin ich relativ risikofreudig. Dann habe ich natürlich das Glück, spannende Kontakte zu haben, durch die sich tolle Investitionsmöglichkeiten ergeben, und natürlich auch das Privileg, die finanziellen Mittel dazu zu haben. Bisher habe ich aber auch ›nur‹ in drei Start-ups investiert: MANIKO Nails, Reachfox und FC Viktoria Berlin. Und zwar jeweils im unteren fünfstelligen Bereich.«

Aimie-Sarah Carstensen, Gründerin von ArtNight, hat dazu ebenfalls eine Meinung.

»Um in Start-ups finanziell zu investieren, braucht man Geld. Wenn man eines in den ersten Jahren in einem Start-up als Gründer:in nicht verdient, ist es Geld. Viele, so wie ich auch, erhalten jahrelang ein unterdurchschnittliches Gehalt und machen nicht unbedingt direkt einen Exit – that's part of the game. Du kannst auch investieren, wenn du kein:e Millionär:in bist. Ich investiere aktuell mein Erspartes und kann zusätzlich mit meinem Know-how unterstützen. Das können kleinere Beträge sein von wenigen

Tausend Euro. Da es sich bei einem Start-up-Investment immer um eine Risikokapitalanlage handelt, finde ich es sehr wichtig, sich zuvor mit dem Unternehmen, dem Vorhaben und dem Businessmodell intensiv auseinanderzusetzen, bevor man diesen Schritt geht.«

Wie in anderen Kapiteln bereits thematisiert, fehlt es auch in der Investorenwelt immer noch an Frauen. Weibliche Investierende sind auch hier deutlich in der Unterzahl. Das Problem kennt auch Prof. Dr. Franziska Leonhardt, die Teil des Senior Management der Rocket Internet SE war. Damals konnte sie dazu beitragen, Rocket von einem kleinen Start-up zu Europas größtem Tech-Unternehmen zu machen, einschließlich der Arbeit am IPO im Jahr 2014. Sie hat Entscheidungen des Vorstands im globalen Rocket-Start-up-Netzwerk in über 110 Ländern umgesetzt und mit 50+-Gründerteams zusammengearbeitet. Heute ist sie strategische Beraterin für Corporates, VC & Private-Equity-Fonds – und Mentorin bei FeMentor.

»Ich glaube, dass über das Thema Finanzen und Investments viel zu wenig gesprochen wird. Denn über Geld spricht man ja nicht. Und keiner will sich die Blöße geben, über Dinge zu sprechen, die er/sie (noch) nicht versteht. Ich fand es immer ein spannendes Thema, aber erst mit meinem ersten Gehalt nach dem Studium habe ich wirklich angefangen, nachhaltig selbst zu investieren. Ich hab mich lange nicht getraut, wirklich allein loszulegen. Es fehlte und fehlt hier auch einfach an weiblichen Role Models, die Spaß am Investieren haben, aber auch offen mit den Herausforderungen umgehen, die solche Investments mit sich bringen. Ich habe das Glück, gemeinsam mit meiner Schwester Dr. Louisa Leonhardt investieren zu können. Wir haben uns eigentlich gut aufgeteilt und diversifizieren unser Portfolio gemeinsam. Meine Spezialität ist dabei eher Venture Capital und Private Equity. Was am Ende nämlich so leicht aussieht – der letzte Schritt, Notar:in, das Investment, also die Unterschrift –, ist im Grunde nur der Abschluss einer langen Zeit von Vorbereitungen und Recherchen. Denn ganz oft schaut man sich x-mal so viel an und macht nur einen kleinen Bruchteil der Investments am Ende. Hier habe ich wirklich Glück, meine erfahrene Schwester an der Seite zu haben und quasi zwei Paar Augen auf allen Angelegenheiten zu wissen. Gerade bei Angel Investments sieht man so viel, bevor man wirklich investiert, denn Louisas und meine Prämisse ist, immer auch unser Können und Netzwerk für die Gründer:innen einbringen zu können.«

Last, but not least: Gehe über Los & kassiere eine Förderung

Ja, wir sind im letzten Kapitel und es geht bereits um deinen Exit und eigene Investitionen in andere Unternehmen. Aber dennoch möchte ich an dieser Stelle noch einmal auf Anfang gehen – und zwar zu dem Punkt, an dem du noch keine Rechtsform für dein Unternehmen hast eintragen lassen. Denn viele Gründungsinteressierte wollen sofort losstürmen. Die Idee sowie der Name stehen, der Notartermin ist womöglich auch schon gebucht, ein Investor hat Interesse bekundet, alles scheint ready for takeoff. Halte dennoch einen Moment inne – denn es gibt einige Förderungen, die du in Anspruch nehmen kannst. Allerdings sind diese häufig nur dann möglich, wenn du noch keine Rechtsform angemeldet hast.

Was du bei einer Förderung beachten solltest: Es dauert Zeit! Bekannte von mir haben über 500 Stunden in den Bewerbungsprozess zum Erhalt von Fördermitteln gesteckt. Zudem solltest du dich ausführlich informieren, wie du das Geld verwenden darfst, da es an einen Zweck gebunden sein kann.

Gründen ist teuer, das weiß auch Christian Michael Gnerlich, CEO von brainjo. Das Start-up entwickelt Anwendungen mit Virtual Reality und Brain Computer Interfaces für Unternehmen und zur Therapie von unter anderem ADHS. Christian weiß, was man bei einer Förderung als Querfinanzierung beachten sollte.

»Nicht immer hat man Zugang zu Kapital von Anfang an. Dennoch müssen die Lebenshaltungskosten der Gründer gedeckt werden, die Betriebskosten des Unternehmens sowie Anwalts- und Beratungskosten. Zudem entstehen Kosten, die man häufig vorher gar nicht kommen sah – vor allem, wenn man zum ersten Mal ein Start-up gründet. Gerade in Deutschland gibt es jedoch unglaublich tolle Fördermöglichkeiten, die den Einstieg in die Start-up-Welt erleichtern. Auf verschiedene Art und Weisen werden junge Unternehmer:innen in Deutschland unterstützt. Von kostenlosen Beratungs- und Coachingleistungen bis hin zu finanzieller Voll- bzw. Teilfinanzierung. Ich möchte exemplarisch drei Förderprogramme mit finanzieller Unterstützung nennen, da dies wohl mit am interessantesten für die meisten Gründer:innen ist:

Exist/Flügge:	ZIM/BayTOU:	Eurostarts:
• für Gründungen nach dem Studium, • 100 % Förderung mit max. drei geförderten Personen, • Gesamtfördervolumen bei drei Personen ca. 90.000 bis 120.000 Euro. Vorlauf einplanen: ca. 4 bis 5 Monate.	• für Start-ups mit Cashflow, • ca. 45 bis 50 % Förderung, • Gesamtfördervolumen bis ca. 500.000 Euro. Vorlauf einplanen: ca. 6 bis 8 Monate.	• für Start-ups mit Cashflow, • für europaweite Kooperationsvorhaben, • Verbundförderung mit zwei Unternehmen und ggf. einer Uni/Hochschule, • Gesamtfördervolumen pro Unternehmen bis ca. 500.000 Euro. Vorlauf einplanen: ca. 12 Monate.«

Dank der deutschen Förderlandschaft wurde Christian bei der Finanzierung seines Start-ups bereits mehrfach unterstützt. Er hat sehr praktische Tipps sowie Dos & Don'ts für die zwei Phasen 1. Auswahl eines geeigneten Förderinstruments und 2. Antragsphase vor dem Förderzeitraum.

Auswahl der Förderung

1. Einen Zwei-Pager erstellen mit den wichtigsten Inhalten zu deinem Vorhaben.
2. Deine Anforderungen klären: Wie viel Personal wird benötigt? Welche zusätzlichen Kosten entstehen? Gibt es Anforderungen an Zeit und Ort?
3. Feedback zum Zwei-Pager einholen.
4. IHK-Gründungsberatung einholen (kostenlos).
5. Gründungsbüro der Hochschule/Uni deiner Wahl kontaktieren.
6. Förderrichtlinien der engeren Auswahl durchlesen.
7. Förderkriterien: Welche kann ich erfüllen, welche nicht? Welche kann ich bis zum Start der Förderung erfüllen?
8. Alle offenen Fragen auflisten.
9. Umfangreiche Onlinerecherche.
10. Projektträger kontaktieren (am besten anrufen).
11. Generelle Förderfähigkeit erfragen.

Antragsphase – nur exzellente Anträge werden bewilligt

1. Alle notwendigen Dokumente vom Projektträger organisieren, die für die Antragsstellung gefordert sind.
2. Stichpunktartig die Inhalte füllen, die später ausformuliert werden.
3. Ausreichen Zeit für die Erstellung einplanen.
4. Letters of Intent (LOIs), Empfehlungsschreiben von Wissenschaftlern, Politikern oder Persönlichkeiten aus der Wirtschaft können helfen.
5. Es tut gut, den Antrag wie eine wissenschaftliche Arbeit zu behandeln, das heißt, saubere Quellenangaben, Visualisierungen und keine schwammigen Aussagen! »Es wird ggf. eine Studie durchgeführt«, ist schlecht. »Wir werden im Zeitraum März bis Mai eine Proof-of-Concept-Studie zusammen mit der Uni Regensburg durchführen und dabei mit 30 Studenten die Wirksamkeit unseres Virtual Reality Trainings evaluieren«, ist deutlich besser.
6. Drei bis vier Feedbackrunden. Früh versuchen, eine 80-%-Version fertig zu haben, die man an Beratungsstellen senden kann. Diese geben meist kostenlos Feedback. Wichtig: Zeit einplanen! Die Leute werden ihre Zeit benötigen, eure Dokumente zu lesen.
7. Wer gibt gutes Feedback? Gründungszentren, Hochschulgründungsberatungen, IKH, Projektträger, erfolgreiche Gründer, Wissenschaftler mit Drittmittelerfahrung.
8. Kommentarfunktionen und Onlinespeicherplätze erleichtern die Zusammenarbeit mit Beratungsstellen.
9. Enger Austausch mit dem Projektträger. Manche sind dazu mehr manche weniger bereit. Man kann aber fast immer anrufen und Fragen stellen.«

Wenn für dich also eine finanzielle Unterstützung durch Förderungen interessant ist, lohnt es sich, diese Listen zu nutzen und die Doings abzuhaken, um nichts zu vergessen.

Die Doppelmoral

Auch bei diesem Thema möchte ich eine Schattenseite ans Licht holen. Die Doppelmoral hinter Investments erschreckt mich teilweise in der Start-up-Szene. Auf der einen Seite werden Investoren gefeiert, aber letztendlich verdienen sie mit »Nichtstun« Geld und sie haben meistens das nötige Kleingeld, um Verluste zu verkraften. Es hat eine Weile gedauert, bis ich nicht mehr bei Nennungen von Beträgen in Millionenhöhe mit dem Augenlid gezuckt habe. Für Außenstehende oder »unerfahrene« Gründer kann die im Nebensatz genannte, geraiste Geldsumme schon einmal äußerst überraschend sein. Die enormen Beträge, die für Programme teils regelrecht verbrannt werden, sind für mich nach wie vor in einigen Fällen eine Verschwendung von Ressourcen. Bei einigen Accelerator-Programmen erhält man für zehn bis zwölf Wochen Arbeit an einer Start-up-Idee pro Team 3.000 bis 25.000 Euro.

Doch das bedeutet nicht zwangsläufig, dass es den Geldgebern am Herzen liegt, junge Unternehmer zu fördern und zu unterstützen. Häufig beanspruchen die Investoren von einem oder sogar mehreren der erfolgreichen Ausgründungen einen hohen Prozentsatz des Firmenanteils und erhalten damit teilweise das gesamte oder mehr Geld zurück, als sie ursprünglich in den ganzen Batch investiert haben. Als Teilnehmer bei solchen Acceleratoren dreht es sich nicht nur um die finanzielle Vergütung, die du erhältst, sondern meistens um den Zugang zum Netzwerk, was aus relevanten Mentoren, Businesskontakten und Investoren besteht. Du solltest dich vorher immer fragen, ob der Wert deiner Anteile im Verhältnis zu dem steht, was dir ein solches Programm bieten kann.

Ein kleiner Ausblick – und ein großes Dankeschön

Ich wollte nie Teil der Start-up-Szene sein. Denn mir war damals nicht bewusst, dass es mir so viel geben würde. Heute weiß ich es besser – aber auch, was du aufgibst, wenn du den Weg in diese Welt findest. Auch wollte ich nie ein Fachbuch schreiben, sondern wenn überhaupt einen kitschigen Roman, den ich selbst gerne lese. Und dennoch habe ich ein halbes Jahr lang dem Schreiben von »[Ge]Gründet – Start-up-Szene uncovered« gewidmet.

Und wer sich jetzt denkt: Und warum machst du es dann? Nur weil ich ursprünglich etwas nicht wollte, heißt es nicht, dass ich nicht die Liebe dazu entwickeln kann. – Diese Erfahrung machst auch du hoffentlich. – Ich habe mir nie über den Inhalt eines Buches Gedanken gemacht, falls ich je eines schreiben würde. Auf meiner Bucket List, die ich mit 14 Jahren schrieb, stand einfach nur »Buch schreiben« und dass ich es meinem ersten Pickel »Famos« widmen möchte. Heute fallen mir unzählige Menschen ein, denen ich gerne danken würde.

Als mich 2022 eine E-Mail des Haufe Verlages erreicht, »Topautorin gesucht«, dachte ich zuerst, das wäre Spam. Doch zum Glück öffnete ich die Mail – und unterschrieb dadurch auch mein »Schicksal«. Als ich den letzten Satz für dieses Buch schrieb, trat eine gewisse Trauer ein. Das soll es jetzt gewesen sein? Bis du jetzt dieses Buch in den Händen hältst, sind für mich Monate vergangen mit vielen Momenten, in denen ich gezweifelt habe, ob das alles so richtig war und ob es ein Buch wie dieses überhaupt braucht. Und doch hast du es bis hierhin gelesen (oder vielleicht auch nur überflogen, aber nimm mir nicht die Illusion).

Über gewisse Themen zu schreiben, war schwer für mich. Von schlaflosen Nächten bis zu vielen Tränen war mir nicht immer klar, wie ich sensible Geschichten einbaue. Denn auch wenn es ein Fachbuch ist, liegen Emotionen in den Erfahrungen anderer sowie in meinen. Bin ich mit 23 Jahren wirklich die Richtige, gewisse Aspekte aus der Start-up-Welt kritisch zu beschreiben, ja sogar zu bewerten? Auch wenn ich selbst nach wie vor keine Antwort darauf habe, wurde mir von vielen in meinem Umfeld gespiegelt, dass es das Mädchen aus dem Märchen »Des Kaisers neue Kleider« auch für die Gründenszene braucht. Eine Person, die sagt: »Aber der Kaiser hat ja gar nichts an«, eine Person, die eingesteht, dass eben nicht alles so toll ist, wie es von außen aussieht.

Dieses Buch soll als Warnung, aber auch als Mutmacher dienen. Das Schönste, was mir passieren könnte, wäre, wenn sich nach der Veröffentlichung einige von euch bei mir melden, ob ihr gegründet oder euch dagegen entschieden habt. Ich will eure, deine Geschichte kennenlernen, ob dir das Buch geholfen hat, eine Entscheidung zu fällen.

Ich lebe nach wie vor nach dem »Motto«, zu allem und jedem eher ja zu sagen, gerade wenn eine Situation oder Aufgabe mir Angst macht. Mein Wunsch ist, dass wir mehr Mut entwickeln, die Courage aufbringen, uns mit anderen zu vernetzen, unsere Träume zu erfüllen und über diese hinweg zu träumen. Und auch die Entschlossenheit entfalten, herauszufinden und uns einzugestehen, was wir wollen und warum (damit wären wir wieder bei Kapitel 1).

Wohin meine Reise gehen wird, weiß ich (noch) nicht. Doch ich wusste es damals auch nicht, als ich mit dem Abiturzeugnis das letzte Mal das Gymnasium verließ. Und doch hat sich alles irgendwie gefügt. Als extrovertiertes Kind habe ich in meinem Leben zwei Sätze am häufigsten gehört: »Du hast aber einen schönen Namen« und »Die geht schon ihren Weg«. Falls du bisher von niemandem den zweiten Satz gehört hast, möchte ich es dir etwas abgeändert sagen: DU FINDEST DEINEN WEG!

Denn wir brauchen alle jemanden, der an uns glaubt. Und manchmal schaffen wir es nicht, diese Person zu sein, beispielsweise aufgrund von Selbstzweifeln (Kapitel 10) oder des Impostor-Syndroms (Kapitel 6). Daher lass mich an dieser Stelle an dich glauben. Du bist einzigartig – vergiss das nie!

Entschuldigt meine Sentimentalität, aber ich bin erfüllt von Dankbarkeit gegenüber all den Menschen, die an mich geglaubt, die mir Chancen gegeben haben und die ich auf meinem Weg bis dato kennenlernen durfte.

Und ich möchte mich bei allen bedanken, die ein Teil dieses Buch sind und auf dieser Reise an mich geglaubt haben. Ein herzliches Dankeschön an dich, dass du das Buch gewählt hast. An den Verlag, der auf mich aufmerksam wurde. An Yalun, du hast den Stein ins Rollen gebracht. An Jessica, Kerstin, Anne und Mirjam, ihr habt mich von Anfang an begleitet und ohne euch wäre ich teilweise verzweifelt. Ein herzliches Danke an Juliane, du hast mit deinem Lektorat Ordnung und Struktur in meine Gedanken gebracht und immer die richtigen Worte gefunden, wenn sie mir gefehlt haben. Ihr alle wart eine Bereicherung für dieses Buch.

Ich bin dankbar für all die Menschen, die ich in der Gründendenszene kennenlernen durfte, die Frauen, die sich bei FeMentor gefunden und mich zu einem Teil ihrer Reise gemacht haben und für all die Freundschaften, die entstanden sind. An dieser Stelle auch ein herzliches Dankeschön an alle Personen, die ich in diesem Buch zitieren durfte.

Ich wäre heute nicht hier, wenn meine Familie, die durch Blut verbundene und meine gewählte (Bubo sowie Teddy), nicht wären, die Menschen, die ich lieben darf und von denen ich zu meinem größten Glück zurückgeliebt werde. Danke an meine geliebte Oma Spatz, du hast immer mit mir (übers Telefon) gelacht, getanzt und dein Wissen an mich weitergegeben und danke an meinen geliebten Opa, du bist für mich wie ein Vater und dass ihr beide mich so liebt, wie ich bin (auch wenn ich kein Mathegenie wie du geworden bin, Opa). Und da das Beste immer zum Schluss kommt (ja, es kommt ein »Oscar-Moment«): das größte Dankeschön an dich, Mama, du hast mir unzählig viele Tassen Tee gebracht, mich beraten und du warst mein erstes Role Model. Du sagst immer, ich war dein bestes Projekt und jetzt kann ich endlich sagen: Du hast alle meine Projekten zu den besten Erfahrungen gemacht, einfach weil du für mich da bist.

Endnoten

1   Vgl. aerzte.de (2021): Pubertät: Wenn die Hormone nicht mehr zu bremsen sind, https://www.aerzte.de/gesundheitsratgeber/pubertaet-wenn-die-hormone-nicht-mehr-zu-bremsen-sind, letzter Abruf 08.08.2023.

2   Vgl. RND (17.02.2023): Angst vor Klimawandel: Wie die Klimakrise junge Menschen belastet, https://www.rnd.de/wissen/angst-vor-klimawandel-wie-die-klimakrise-junge-menschen-belastet-EHKJPBVFAJDL7MNYNCODX4MQMM.html, letzter Abruf 08.08.2023.

3   Vgl. Gillmann, B. (2020): Der Trend zum Studium kommt zum Stillstand, https://www.handelsblatt.com/politik/deutschland/fachkraeftemangel-ende-des-akademisierungswahns-der-trend-zum-studium-kommt-zum-stillstand/28464758.html, letzter Abruf 07.08.2023.

4   Vgl. Beck, H. (09.06.2019): Overchoice-Effekt: Zuviel Auswahl macht Menschen unglücklich, https://www.wiwo.de/technologie/forschung/entzauberte-mythen-strategische-ignoranz/24427164.html, letzter Abruf 08.08.2023.

5   Online Lexikon für Psychologie & Pädagogik (o. D.): Selbstfindung, https://lexikon.stangl.eu/21312/selbstfindung, letzter Abruf 17.07.2023.

6   Vgl. Wikipedia, 2023, ,Wim Hof, https://de.wikipedia.org/wiki/Wim_Hof, letzter Abruf 08.08.2023.

7   Vgl. Signer, D. (07.04.2022): »Mount Everest der Drogen«: Krötengift sorgt für einen Hype – nun ist das Tier vom Aussterben bedroht, https://www.nzz.ch/panorama/kroetengift-sorgt-fuer-einen-hype-kroetenart-vom-aussterben-bedroht-ld.1677110, letzter Abruf 08.08.2023.

8   Vgl. Gründerpilot (2023): Wie viele Startups scheitern, https://www.gruenderpilot.com/wie-viele-startups-scheitern/, letzter Abruf 08.08.2023.

9   Vgl. Fichter, L. (23.04.2021): Warum Menschen gründen – und was das für ihren Erfolg bedeutet, https://www.businessinsider.de/gruenderszene/karriere/Start-up/warum-grunder-grunden-unternehmenserfolg-studie/, letzter Abruf 27.07.2023.

10 Vgl. Heilen, K. (29.04.2022): So geht ›Frauen stärken‹! 7 der spannendsten Frauen-Netzwerke in Deutschland, https://www.emotion.de/leben-arbeit/karriere/frauen-netzwerke-deutschland, letzter Abruf 07.08.2023.

11 Harry Potter Wiki, 2023, Dementor, https://harry-potter.fandom.com/de/wiki/Dementor, letzter Abruf 07.08.2023.

12 Vgl. Hüsing, A. (2016): Über 33 Start-ups, die ihren Namen geändert haben, https://www.deutsche-startups.de/2016/05/09/ueber-33-start-ups-die-ihren-namen-geaendert-haben/, letzter Abruf 07.08.2023.

13 Vgl. startplatz.de (2023): MVP – Minimum Viable Product, https://www.startplatz.de/startup-wiki/mvp/, letzter Abruf 08.08.2023.

14 Vgl. Heinemann, M. (24.07.2022): #metoo: Das steckt hinter der Kampagne, https://praxistipps.focus.de/metoo-das-steckt-hinter-der-kampagne_99786, letzter Abruf 08.08.2023.

15 Vgl. UN Women UK (2021): PUBLIC SPACES NEED TO BE SAFE AND INCLUSIVE FOR ALL. NOW., https://www.unwomenuk.org/safe-spaces-now, letzter Abruf 07.08.2023.

16 Antidiskriminierungsstelle des Bundes (25.10.2023): Jede elfte Person hat in den vergangenen drei Jahren Belästigung im Job erlebt, https://www.antidiskriminierungsstelle.de/SharedDocs/aktuelles/DE/2019/20191025_PK_Studie_Sexuelle_Belaestigung.html, letzter Abruf 08.08.2023.

17 Vgl. Bundesministerium der Justiz: § 19 BGleiG – Einzelnorm, https://www.gesetze-im-internet.de/bgleig_2015/__19.html, letzter Abruf 10.07.2023.

18 Vgl. Rudnicka (28.10.2022): Verteilung der Gründer von Startups in Deutschland nach Geschlecht bis 2022, https://de.statista.com/statistik/daten/studie/573712/umfrage/verteilung-der-gruender-von-startups-in-deutschland-nach-geschlecht/, letzter Abruf 07.08.2023.

19 Zahlen auf Basis der Initiative #KEINEVONVIELEN, https://www.instagram.com/p/Cpi-NXZIca9/, letzter Abruf 10.07.2023.

20 Ebd.

21 Vgl. Startup City Hamburg (08.03.2023): So wichtig sind Business Angels für Startups, https://startupcity. hamburg/de/news-events/startup-news/so-wichtig-sind-business-angels-fuer-startups, letzter Abruf 08.08.2023.

22 Vgl. von Sydow, E. (2022): Regenbogen-Kaffee bringt Farbe in den Instagram-Alltag, https://praxistipps. focus.de/pinkwashing-das-bedeutet-der-begriff_135387, letzter Abruf 07.08.2023.

23 Vgl. Hausbichler, B. (2021): Feminist Washing: Achtung vor dem Populär-Feminismus! https://www. annabelle.ch/leben/feminist-washing-achtung-vor-dem-populaer-feminismus/, letzter Abruf 07.08.2023. – meine Leseempfehlung! –

24 Vgl. Hoffner, N. (2020): Frauen gründen anders – weil sie es müssen, https://www.her-career.com/frauen-gruenden-anders/, letzter Abruf: 08.08.2023.

25 Ebd.

26 Vgl. SportScheck (23.09.2019): Die 5 härtesten Ultra-Marathons der Welt, https://www.sportscheck.com/ blog/laufen/die-5-spektakulaersten-ultra-marathons/, letzter Abruf 07.08.2023.

27 Vgl. Junge, S. (04.02.2021): Diskriminierung in der VWL: Feindselige Seminarkultur für Frauen, https://www.faz.net/aktuell/wirtschaft/diskriminierung-in-der-vwl-feindselige-seminarkultur-fuer-frauen-17267239.html, letzter Abruf 07.08.2023.

28 Wikipedia: Queen bee syndrome, https://en.wikipedia.org/wiki/Queen_bee_syndrome, letzter Abruf 11.07.2023.

29 Vgl. Fischer, J. (2022): Queen-Bee-Effekt: Dieses Syndrom sorgt für Sexismus im Job! https://www.elle.de/ female-empowerment-queen-bee-effekt, letzter Abruf 07.08.2023.

30 Vgl. LpB BW (2023): Diversity und Gender Mainstreaming, https://www.lpb-bw.de/diversity, letzter Abruf 08.08.2023.

31 Vgl. Scheel, M. (04.11.2021): Nach dem viralen Ausraster: Kümmert sich jetzt die Politik? https://www. funk.net/channel/deep-und-deutlich-12229/nach-dem-viralen-ausraster-kuemmert-sich-jetzt-die-politik-i-marco-scheel-1774673, letzter Abruf 08.08.2023.

32 Vgl. Ifo (2023): Chancenmonitor 2023 – Bildungschancen hängen stark vom Elternhaus ab, https:// www.ifo.de/pressemitteilung/2023-04-18/chancenmonitor-2023-bildungschancen-haengen-stark-vom-elternhaus-ab, letzter Abruf 07.08.2023.

33 Vgl. Hochschulbildungsreport (2020): Chancen für Nichtakademikerkinder, https://www. hochschulbildungsreport2020.de/chancen-fuer-nichtakademikerkinder. letzter Abruf 07.08.2023.

34 Vgl. Orth, 2021.

35 Vgl. Larissa (o. N.) (17.05.2022): Was ist eigentlich…Pretty Privilege, https://frauenseiten.bremen.de/blog/ was-ist-eigentlich-pretty-privilege/, letzter Abruf 09.08.2023.

36 Vgl. Haniel, H. (01.05.2023): Ungleichheit in »Die Höhle der Löwen«? Studie stellt Show-Konzept in Frage, https://www.chip.de/news/Ungleichheit-in-Die-Hoehle-der-Loewen-Studie-stellt-Show-Konzept-in-Frage_184742119.html, letzter Abruf 09.08.2023.

37 Deutschlandfunk (17.03.2023): Impostor-Syndrom, https://www.deutschlandfunkkultur.de/hochstapler-syndrom-impostor-100.html, letzter Abruf 09.08.2023.

38 Vgl. Digital Guide Ionos (2023): Fear of Missing Out (FOMO), https://www.ionos.de/digitalguide/online-marketing/social-media/fomo-fear-of-missing-out/, letzter Abruf 09.08.2023.

39 Vgl. Bindrum, V. (2022): Welche Burnout-Phasen gibt es? https://hellobetter.de/blog/burnout-phasen/, letzter Abruf 07.08.2023.

40 Vgl. Tschöke, M. (2021): 3 Übungen für mehr Selbstliebe, https://erliebe-dich.de/uebungen/, letzter Abruf 07.08.2023.

41 Vgl. Freeman, M., Johnson, S., Staudenmaier, P. & Zisser, M. (updated 17.04.2015): Are Entrepreneurs »Touched with Fire«? https://michaelafreemanmd.com/Research_files/Are%20Entrepreneurs%20 Touched%20with%20Fire%20(pre-pub%20n)%204-17-15.pdf, letzter Abruf 09.08.2023.

42 Vgl. Neff, K. D., Hsieh, Y.-P. & Dejitterat, K. (2005): Self-compassion, achievement goals, and coping with academic failure. Self and Identity, 4(3), S. 263–287.

43   Vgl. Gründerpilot (2023): Wie viele Startups scheitern, https://www.gruenderpilot.com/wie-viele-startups-scheitern/, letzter Abruf 04.09.2023.

44   Vgl. Kroker, M. (22.01.2019): 400 Millionen Gründer weltweit – und viele weitere überraschende Startup-Fakten, https://blog.wiwo.de/look-at-it/2019/01/22/400-millionen-gruender-weltweit-und-viele-weitere-ueberraschende-startup-fakten/, letzter Abruf 09.08.2023.

45   Startup Verband (12.01.2023): Startup-Neugründungen gehen 2022 gegenüber dem Vorjahr um 18 Prozent zurück | München überholt Berlin, https://startupverband.de/presse/pressemitteilungen/2-startup-neugruendungen-gehen-2022-gegenueber-dem-vorjahr-um-18-prozent-zurueck-%7C-muenchen-ueberholt-berlin-12-01-2023/, letzter Abruf 08.08.2023.

46   Spreter, J. (11.07.2023): Zahl der Start-up-Gründungen steigt deutlich, https://www.zeit.de/wirtschaft/unternehmen/2023-07/start-up-gruendung-berlin-hamburg-muenchen, letzter Abruf 07.08.2023.

47   Vgl. Bluepartner (08.02.2021): Alter Hase oder Neuling – Ab wann ist ein Start-up kein Start-up mehr? https://bluepartner.de/ab-wann-ist-ein-start-up-kein-start-up-mehr/, letzter Abruf 09.08.2023.

48   Vgl. Top50Startups, 2023, Die 10 wichtigsten Start-up-Metropolen in Deutschland sind…, https://www.top50startups.de/start-ups/fakten/staedteranking, letzter Abruf 07.08.2023.

49   Vgl. D.vinci (22.01.2020): Interview mit Meike Neitz – Neo-Generalisten, https://www.dvinci.de/recruitingspot/interview-mit-meike-neitz-neo-generalisten-das-habe-ich-noch-nie-versucht-also-bin-ich-mir-ziemlich-sicher-dass-ich-das-kann/, letzter Abruf 07.08.2023.

50   gesund.bund.de (2023): ICD-10-Code: Z73, https://gesund.bund.de/icd-code-suche/z73, letzter Abruf 07.08.2023.

51   Bishop, T. (2012): Jeff Bezos: 7 gems from his Amazon Web services talk, https://www.geekwire.com/2012/jeff-bezos-5-gems-amazon-web-services-talk/, letzter Abruf 07.08.2023.

52   Vgl. Fimanto (o. J.) (2018): Dotcom-Blase – Zusammenfassung der Internetblasehttps://www.fimanto.de/lexikon/dotcom-blase, letzter Abruf 07.08.2023.

53   Wikipedia (2016): Momox, https://de.wikipedia.org/wiki/Momox, letzter Abruf 08.08.2023.

54   Vgl. Röhlig, M. (12.08.2019): Ostquote, https://www.spiegel.de/politik/ostquote-sind-junge-ossis-die-besseren-chefs-a-5cda47b4-a78a-4a12-b7e6-c7c289d71053, letzter Abruf 07.08.2023.

55   Vgl. Schumann, S. (21.07.2018): Empty Nest Syndrom, https://www.brigitte.de/familie/mitfuehlen/empty-nest-syndrom-es-ist-alles-so-still-11235266.html, letzter Abruf 07.08.2023.

56   Vgl. Rick, C. (06.04.2023): Fintech-Fundingzahlen sinken auf Tiefstwert, https://financefwd.com/de/fintech-fundingzahlen-q1-2023/, letzter Abruf 07.08.2023.

57   Vgl. Rottwilm, C. (06.03.2015): Weniger Frauen in Vorständen als Männer, https://www.manager-magazin.de/politik/artikel/weniger-frauen-in-mdax-vorstaenden-als-maenner-namens-thomas-a-1022017.html, letzter Abruf 07.08.2023.

58   Vgl. Schnor, P. (13.02.2019): Michaels, Thomasse und Andreasse dominieren die Gründerszene, https://www.businessinsider.de/gruenderszene/perspektive/vornamen-ranking-handelsregister/, letzter Abruf 07.08.2023.

59   Vgl. Der Standard (16.05.2023): Laut Ö3-Jugendstudie will Gen Z heiraten, neue Lehrpläne und Klimapolitik, https://www.derstandard.at/story/2000146468401/laut-oe3-jugendstudie-will-gen-z-heiraten-neue-lehrplaene-und, letzter Abruf 09.08.2023.

60   Vgl. Röhlig, M. (21.06.2019): Millennials bekommen später keine Rente mehr – stimmt das wirklich? https://www.spiegel.de/panorama/altersvorsorge-bekommen-millennials-spaeter-keine-rente-mehr-a-f0793f33-8b88-4b98-874a-32843c5f8d52, letzter Abruf 07.08.2023.

61   Vgl. Grenz, T. (08.02.2020): Her mit den grauen Gründern!, https://www.manager-magazin.de/unternehmen/artikel/gruender-start-ups-brauchen-aeltere-menschen-mit-mehr-erfahrung-a-1304603.html, letzter Abruf 07.08.2023.

62   Vgl. Pabst, J. (2021): Tristan Horx: »Gen Z ist am besten ausgebildete Generation«, https://www.trend.at/wirtschaft/tristan-horx-gen-z-generartion-11710070, letzter Abruf 07.08.2023.

63   Vgl. Oe24 (2022): Jeder vierte Gen Z Jugendliche will Influencer werden, https://www.oe24.at/buzz24/jeder-vierte-gen-z-jugendliche-will-influencer-werden/528710749, letzter Abruf 07.08.2023.

64 Vgl. Jany, A. (28.09.2022): Diese Berufe wollen 60 % der Gen Z später ausüben, https://www.wmn.de/business/von-wegen-faul-diesen-berufswunsch-haben-60-der-gen-z-id378939, letzter Abruf 07.08.2023.

65 Vgl. Loh, M. (18.04.2023): Südkorea zahlt isoliert lebenden Jugendlichen monatlich 500 Dollar – damit sie das Haus verlassen, https://www.businessinsider.de/leben/suedkorea-zahlt-isoliert-lebenden-jugendlichen-monatlich-500-dollars/, letzter Abruf 07.08.2023.

66 Vgl Rudnicka, J. (01.12.2022): Verteilung der Gründer von Startups in Deutschland nach Altersgruppen laut DSM* im Jahr 2022, https://de.statista.com/statistik/daten/studie/573534/umfrage/verteilung-der-gruender-von-startups-in-deutschland-nach-altersgruppen/, letzter Abruf 07.08.2023.

67 Vgl. Textbroker (2023): Shitstorms: Was Sie wissen sollten, https://www.textbroker.de/shitstorm, letzter Abruf 07.08.2023.

68 Vgl. Rulf, D. (26.04.2023): Deshalb liebt unser Gehirn Bilder, https://speakture.ch/deshalb-liebt-unser-gehirn-bilder/, letzter Abruf 07.08.2023.

69 Vgl. Wick Frona, J. (31.07.2023): Unique Selling Proposition (USP), https://blog.hubspot.de/marketing/usp-unique-selling-proposition, letzter Abruf 07.08.2023.

70 Vgl. Haupt, J. (2022): Farbpsychologie, https://www.lernen.net/artikel/farbpsychologie-farben-bedeutung-12396/, letzter Abruf 07.08.2023.

71 Vgl. Influence Me (o. J.): Influencer: Typen und Kategorien, https://influenceme.de/arten-und-kategorien-von-influencern, letzter Abruf 07.08.2023.

72 Vgl. Funk, H. (31.10.2022): Social Media: Warum Influencer so gehasst werden, https://www.br.de/nachrichten/kultur/social-media-warum-influencer-so-gehasst-werden,TKFVsSS, letzter Abruf 07.08.2023.

73 Ebd.

74 Vgl. Haltenhof, M. (18.06.2023): Demografische Statistiken zu Instagram, https://www.matthiashaltenhof.de/blog/instagram-nutzer-statistiken/, letzter Abruf 07.08.2023.

75 Vgl. Statista (2021): Influencer-Einkommen pro Post, https://de.statista.com/statistik/daten/studie/1119636/umfrage/influencer-einkommen-pro-post/, letzter Abruf 07.08.2023.

76 Vgl. Mai, J. (2.02.2023): Keynote Speaker, https://karrierebibel.de/keynote-speaker/, letzter Abruf 07.08.2023.

77 Vgl. Mattscheck, M. (o. J.): Personal Branding, https://www.onlinemarketing-praxis.de/online-pr/personal-branding-grundlagen-ziele-strategie-beispiele-tipps, letzter Abruf 7.8.2023.

78 Vgl. Schäfer, L. (08.03.2023): Frauen handhaben Finanzen in fünf Punkten vollkommen anders als Männer, https://www.focus.de/finanzen/internationaler-frauentag-in-diesen-fuenf-punkten-gehen-frauen-komplett-anders-mit-finanzen-um-als-maenner_id_187151129.html, letzter Abruf 07.08.2023.

79 Vgl. Friess, D. (21.02.2022): Foto von CEO-Lunch auf Münchner Sicherheitskonferenz sorgt für Ärger, https://www.fr.de/politik/muenchner-sicherheitskonferenz-ceo-lunch-nur-maenner-twitter-foto-kritik-91360296.html, letzter Abruf 07.08.2023.

80 Vgl. Startbase (o. J.): Business Angel, https://www.startbase.de/lexikon/business-angel/, letzter Abruf 07.08.2023.

81 Gertz, J. (04.07.2019): Startup-Pitch, https://www.ruhrgruender.de/startup-pitch-welche-formen-es-gibt-und-was-einen-guten-pitch-ausmacht/, letzter Abruf 08.08.2023.

82 Vgl. Nieswandt, C. (o. D.): Berufsbild – Was ist ein M&A-Berater? https://treuenfels-personalberatung.com/job-glossar/ma-berater/, letzter Abruf 09.08.2023.

83 Lambersy, D. (01.07.2022): Diese Gründer haben trotz Krise Millionen geraised – das sind ihre Tipps, https://www.businessinsider.de/gruenderszene/business/fundraising-tipps-b/, letzter Abruf 09.08.2023.

84 Deutschland startet (o. D.): Was bedeutet der Begriff Bootstrapping? https://www.deutschland-startet.de/bootstrapping/, letzter Abruf 09.08.2023.

85 unternehmer.de (2020): Business Angel, https://unternehmer.de/lexikon/existenzgruender-lexikon/business-angel, letzter Abruf 21.07.2023.

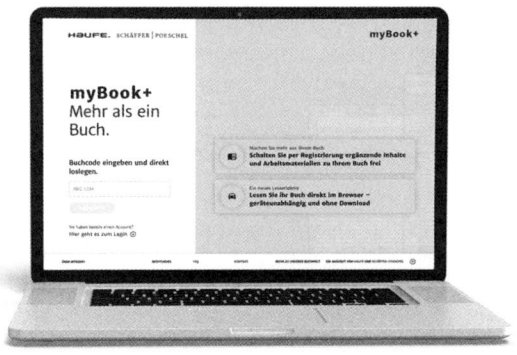

Ihre Online-Inhalte zum Buch: Exklusiv für Buchkäuferinnen und Buchkäufer!

▶ https://mybookplus.de

▶ Buchcode: FPX-74027